珠江三角洲水资源配置工程建设系列丛书之四

珠江三角洲水资源配置工程建设经验分享100招

徐叶琴　著

黄河水利出版社
·郑州·

图书在版编目(CIP)数据

珠江三角洲水资源配置工程建设经验分享100招/徐叶琴著. --郑州:黄河水利出版社,2024.6. --ISBN 978-7-5509-3893-9

Ⅰ.TV213.4

中国国家版本馆CIP数据核字第2024KJ5932号

组稿编辑 王志宽 电话:0371-66024331 E-mail:278773941@qq.com

责任编辑 景泽龙 责任校对 高军彦

封面设计 张心怡 责任监制 常红昕

出版发行 黄河水利出版社

地址:河南省郑州市顺河路49号 邮政编码:450003

网址:www.yrcp.com E-mail:hhslcbs@126.com

发行部电话:0371-66020550

承印单位 河南瑞之光印刷股份有限公司

开　　本 787 mm×1 092 mm 1/16

印　　张 19.25

字　　数 450千字

版次印次 2024年6月第1版 2024年6月第1次印刷

定　　价 86.00元

珠江三角洲水资源配置工程建设系列丛书

编委会

丛书前言

珠江三角洲水资源配置工程作为国家重大水利工程项目，肩负着优化珠江三角洲地区水资源配置、保障供水安全的重要使命。作为已建成输水项目中盾构隧洞施工线路最长的工程，盾构隧洞穿越西江、大金山、狮子洋海域、铁路运营线、高速公路、密集房屋群等，埋深大、内水压力高、施工难度大、风险极高。在工程建设过程中，我们共同经历了诸多挑战，也积累了宝贵的经验。工程通水后，上级领导及行业众多人士希望我们将这些宝贵经验提炼总结，以为其他项目建设提供参考。为此，我们编撰了“珠江三角洲水资源配置工程建设系列丛书”，将珠江三角洲水资源配置工程情况、建设实践和经验教训分享给广大读者，希望对未来类似工程的建设有所帮助。

本丛书共分 8 册：

第 1 册：珠江三角洲水资源配置工程介绍。介绍实体工程，包括工程整体线路、水工结构、机电及电气、金属结构、水力机械、安全监测、防洪度汛、工程运维等具体内容。

第 2 册：珠江三角洲水资源配置工程建设管理与创新。介绍项目法人在项目管理理念与方法上的创新成果，包括顶层视角看工程、项目法人治理结构、工程建设管理模式、建设管理体系创新，以及在管理上取得的成效。

第 3 册：珠江三角洲水资源配置工程技术与创新。介绍本工程创新应用的关键技术及取得的实际效果。

第 4 册：珠江三角洲水资源配置工程建设经验分享 100 招。简要介绍工程建设期间建设管理、设计和施工关键措施的特色及主要的经验教训。

第 5 册：珠江三角洲水资源配置工程智慧水利工程建设实践。介绍建设期工程采用智慧化建设管理措施、系统及运营期数字孪生体系规范、建设内容和关键技术等。

第 6 册：大型泵站关门运行技术。介绍泵站采用关门运行的无人值守技术，包括远方调度、安全对策、自动化元件可靠性、工程运维及管理、智能辅助系统等内容。

第 7 册：隧洞预应力混凝土内衬施工关键技术。介绍珠江三角洲水资源配置工程隧洞预应力混凝土内衬结构施工和管理主要措施。

第 8 册：珠江三角洲水资源配置工程科技成果集。汇集本工程科技成果以及知识产权。

珠江三角洲水资源配置工程建设系列丛书编委会

前　言

本书提炼了珠江三角洲水资源配置工程建设期间较为独特的建设管理措施、设计施工技术、经验借鉴,内容涵盖了从建管体系、智慧管理到设计匠心,从施工实践到技术创新,每一个篇章都凝聚了工程参与者的智慧和汗水,每一笔都源自实践的深刻体悟。管理篇着重介绍了工程管理的文化体系构建、安全生产观、土地节约措施、数字孪生技术的应用等先进管理方法和技术。设计篇聚焦工程设计的关键环节,涵盖了泵站、隧洞、调压塔等多个部位的设计创新,如设计巧妙的库沉沙池、最美调压塔、滨海高压输水盾构管片耐久设计等。施工篇则以实际施工过程中遇到的问题和解决措施为主线,涵盖了盾构掘进、内衬施工工艺、开仓换刀等多个方面,采用了创新技术解决实际问题。经验借鉴篇则收录了工程建设过程中遇到的突发问题及处理措施,如盾构始发涌水治理、防止钢管内衬混凝土浇筑发生变形等。

本书旨在为从事水资源配置工程建设的管理人员、技术人员、施工人员等提供有益的参考和借鉴,同时,也适用于关心我国引调水项目建设的广大读者。希望通过本书,让更多的人了解珠江三角洲水资源配置工程的建设过程,汲取工程的成功经验和教训,共同推动我国水资源配置事业的发展。

长距离引调水工程的建设是一项复杂的系统工程,涉及多个领域和专业。在工程建设过程中,我们需要不断创新、总结经验,以期为今后类似工程提供更有益的借鉴。然而,随着技术的发展和工程实践的积累,新的工程建设经验将不断涌现。因此,希望本书能够成为一个开放的载体,不断吸收新的内容,为我国引调水工程建设提供持续的动力。

本书由徐叶琴统筹,其中管理篇、经验借鉴篇由徐叶琴撰写,设计篇由秦晓川撰写,施工篇由陆岸典撰写,全书由华北水利水电大学汪伦焰校稿。特别鸣谢为本书编撰提供素材和帮助的人士:建设单位杜灿阳、王辉、李代茂、迟洪有、张兆波、乔国龙、夏敏、刘晨旭、薛广文、梁昊、曾令伟、李晨、王俊礼、李玉玲、曾东、吴多杰、宝忠海、吴多杰、芦庆恭、谭琪、侯征军、覃家皓、吴佩纯、刘震、郑雪莲,设计单位严振瑞、曾庚运、欧泽锋、朱维花、曾楚武、李支令、罗晓华、李海道、程严、张武、姚广亮、李晓春、谢小辉、黄井武、李军、龚芳、叶山李川、肖海明、黄文敏、吴燕玲,监理单位周光奎、柳进军、孙金龙、沈飞、汤鑫、赵伟超、冀铭希,施工单位刘亚军、陈云辉、谭荣珊、张建国、梁跃先、李甫福、李本辉、杨焕起、杜章华、熊杰、周克明、田亚岭、马海军、王海明、伍玉龙,科研单位刘梅清等。

最后,感谢您的阅读,希望本书能为您带来有益的启示和帮助。同时,我们也期待您的宝贵意见和建议。

谨以此书,献给所有关心和支持珠江三角洲水资源配置工程的广大读者。

作　者

2024年4月

目　录

一、管理篇

1. 构建独具特色的珠江三角洲水资源配置工程文化体系 …………………………… (3)
2. 建立五大控制体系作为工程管理的共同语言 …………………………………… (5)
3. 创新开展“党建+”行动…………………………………………………………… (8)
4. 划分让一流企业值得重视的标段 ………………………………………………… (11)
5. 创新设计咨询机制提高设计质量 ………………………………………………… (12)
6. 参建单位设立总部领导小组、专家组 …………………………………………… (14)
7. 设计本质安全 ……………………………………………………………………… (15)
8. 配强安全管理人员 ………………………………………………………………… (20)
9. 网格化管理,安全权责清晰 ……………………………………………………… (21)
10. “8 小时”外检查,安全监管全覆盖 ……………………………………………… (22)
11. 复工安全管理,及时恢复生产条件 ……………………………………………… (23)
12. 党建促安全,激发安全主动性 …………………………………………………… (25)
13. 建立安全智慧监管系统 ………………………………………………………… (26)
14. 收地三阶段 ……………………………………………………………………… (32)
15. 节约土地措施 …………………………………………………………………… (33)
16. 项目征地管理办法 ……………………………………………………………… (35)
17. 临时用地退地管理 ……………………………………………………………… (37)
18. 实现提前通水的系列举措 ……………………………………………………… (39)
19. 深度应用 720°全景航拍 ………………………………………………………… (42)
20. 利用智能视频监控技术加强现场监管 ………………………………………… (44)
21. 利用物联网技术实时监管原材料、中间产品、试件质量 ……………………… (47)
22. 数字孪生珠江三角洲水资源配置工程建设 …………………………………… (50)
23. 利用数字孪生技术模拟充水排水试验 ………………………………………… (52)
24. 系统谋划工程建筑设计 ………………………………………………………… (56)
25. 参建单位全面应用 PMIS ………………………………………………………… (60)
26. 利用 PMIS 实现投资的实时统计………………………………………………… (63)
27. 水利工程建设管理首次应用电子签章 ………………………………………… (67)
28. 创新管理办法提高施工图设计质量 …………………………………………… (70)
29. 关门运行 ………………………………………………………………………… (73)
30. 成功进行大型泵站满负荷水锤试验 …………………………………………… (76)
31. 创新主泵空转充水 ……………………………………………………………… (81)
32. 合理编制引调水工程设施编号 ………………………………………………… (83)

二、设计篇

33. DN4800液控蝶阀动水启闭研究与应用 …… (87)
34. 小栏杆大智慧 …… (89)
35. 最美调压塔 …… (91)
36. 鲤鱼洲为取水泵站而生 …… (95)
37. 工作井赋能美丽乡村建设 …… (98)
38. 水平定向取芯技术在水工跨海隧洞勘探中的首次应用 …… (100)
39. 工作井吊脚地连墙设计 …… (103)
40. 48台盾构机选型 …… (106)
41. 抗盐腐蚀高压输水盾构管片设计 …… (108)
42. 深埋隧洞通风设计 …… (111)
43. 高水压下光缆引出隧洞的密封设计 …… (113)
44. 主水泵模型试验及水力开发 …… (115)
45. 深埋隧洞数据传输技术应用 …… (118)
46. 设计巧妙的高新沙水库沉沙池 …… (121)
47. 利用盾构接收井巧妙布置倒虹吸检修排水井为“井中井” …… (123)
48. 取水泵站、检修排水井与盾构工作井巧妙结合 …… (126)
49. 深埋压力输水盾构隧洞钢内衬复合衬砌结构研究与设计 …… (129)
50. 隧洞预应力结构缝装配式止水设计 …… (132)
51. 隧洞预应力内衬结构设计 …… (135)
52. 鲤鱼洲泵站桥机安装BIM创新应用 …… (140)
53. 水泵变速设计 …… (144)
54. 电动机变速设计 …… (146)
55. 深埋隧洞检修交通设计 …… (149)
56. 层层拦截,合理布置进水拦漂 …… (153)
57. 泵站吊物孔盖板调整 …… (157)
58. 高新沙水库库盆土壤隔离技术 …… (159)
59. 圆形与矩形工作井比选 …… (161)

三、施工篇

60. 多措并举超前地质预报 …… (167)
61. 隧洞盾构掘进增效措施 …… (171)
62. TBM下穿怀德水库 …… (174)
63. TBM下穿大溪水库 …… (177)
64. 穿越居民区盾构由土压平衡改为泥水平衡 …… (180)
65. 下穿高速公路填方段施工工艺优化 …… (181)
66. 盾构穿越断层破碎带空腔地带措施 …… (184)

67. 安全为先,TBM 逆坡掘进 …………………………………………………… (189)
68. 土压平衡盾构隧洞垂直皮带机出渣技术 ……………………………………… (192)
69. 深埋盾构隧洞特殊地段冷冻法开仓换刀 ……………………………………… (194)
70. 热熔结环氧粉末防腐技术在隧洞内衬钢管中的应用 ………………………… (196)
71. 内衬钢管在深隧中的智慧运输 ……………………………………………… (200)
72. 隧洞自密实混凝土内衬工效改进措施 ……………………………………… (203)
73. 输水隧洞自密实混凝土内衬温控防裂措施 …………………………………… (206)
74. 隧洞预应力混凝土内衬施工工艺 …………………………………………… (208)
75. 隧洞预应力混凝土内衬锚具槽应用免拆模板 ………………………………… (216)
76. 合理规划隧洞预应力混凝土内衬工作面 ……………………………………… (218)
77. 隧洞预应力混凝土内衬张拉增效措施 ……………………………………… (220)
78. 实时网上监管预应力张拉施工 ……………………………………………… (225)
79. 世界首例输水盾构隧洞缓黏结预应力混凝土内衬 …………………………… (227)
80. 超高垂直井壁结构内防护涂料施工方法 ……………………………………… (232)
81. 超高性能混凝土(UHPC)在水利工程中的运用 ……………………………… (238)
82. 长距离管道光缆敷设技术 …………………………………………………… (241)
83. 提高监测仪器安装成活率的措施 …………………………………………… (243)
84. 分布式传感光纤在输水隧洞安全监测中的应用 ……………………………… (246)

四、经验借鉴篇

85. 解决高新沙旧堤加固异常的措施 …………………………………………… (253)
86. 盾构始发涌水治理及预防措施 ……………………………………………… (255)
87. 穿海隧洞外侧渗压计冒水及改进措施 ……………………………………… (257)
88. 解决堆土期间堤岸发生滑坡的措施 ………………………………………… (259)
89. 工作井围封地连墙发生断桩处理措施 ……………………………………… (262)
90. 鲤鱼洲泵站 7 号泵组试运行电容器故障分析处理 …………………………… (263)
91. 解决电缆廊道基础沉降的措施 ……………………………………………… (270)
92. 防止工作井大跨度预制横梁安装期间滑落 …………………………………… (273)
93. 防止钢管内衬混凝土浇筑发生变形 ………………………………………… (276)
94. 防止电缆桥架变形 …………………………………………………………… (279)
95. 防止出水管法兰变形 ………………………………………………………… (283)
96. 防止混凝土中埋设硅芯管堵塞 ……………………………………………… (285)
97. 工作井检修排水管法兰密封漏水处理 ……………………………………… (287)
98. 解决高新沙泵站基坑支护结构立柱与机组矛盾的有效措施 ………………… (289)
99. 大埋深隧洞盾构始发移动式反力架应用 …………………………………… (292)
100. 制定预留孔规范 …………………………………………………………… (295)

一、管理篇

文化赋能管理，构建全寿命周期视角下系统管理理念

本书管理篇以党的建设方针为指导，以独具特色的珠江三角洲水资源配置工程文化为引领，以安全、质量、进度、成本、廉洁“五大控制”体系构建及运行为依托，以智慧化和生态化理念和技术为支撑。内容涵盖珠三角水资源配置工程项目管理团队在工程项目法人组建、移民征迁、标段划分、规划设计、建设实施、运行管理等全寿命周期管理思想。以文化赋能管理，以管理支撑创新，构建全寿命周期视角下系统管理理念，引领工程高效建设和运行。

1. 构建独具特色的珠江三角洲水资源配置工程文化体系

工程文化是在工程设计和实践中形成的特有的文化氛围和价值观念,具有导向、凝聚、激励、约束等作用,能够高度统一参建各方的思想作风、价值观念和行为规范,在工程建设中形成强大的同化力量,对消极理念不断纠错和改造,使正确理念成为普遍的共识,把参建各方有效凝聚到工程建设目标之中,为共同的事业奋斗。

珠江三角洲水资源配置工程(可简称为珠三角配水工程)高度重视工程文化建设,将其作为激励管理团队和凝聚参建各方的重要工作。珠三角配水工程与东深供水工程精神同源、文化同根、团队同心,工程管理核心团队由粤海集团、粤海水务综合考虑有理想、有抱负、有情怀、专业对口、见多识广、经验丰富等条件要求,从东深供水工程“时代楷模”代表人物中精心挑选组建。管理团队传承弘扬了时代楷模“忠于祖国、心系同胞,勇挑重担、攻坚克难,不畏艰苦、甘于付出”的精神,在工程建设中尽职尽责、率先垂范,干最苦最累的工作,感染带动参建各方一起努力。

建设伊始,管理团队反复研判珠江三角洲水资源配置工程所处的地理位置、社会环境、建设任务、工程目标等因素,在前期征迁过程中提出了“少征地、少拆迁、少扰民”的工作思路,在工作中总结提炼出“把方便留给他人、把资源留给后代、把困难留给自己”(简称“三个留给”)的文化理念,并在工程设计、建设过程中认真践行。工程将传统的明渠输水方式改为深埋隧洞输水,在地下 60 m 施工建设,主动避让地面设施,减少征地近 2 万亩❶,为沿线城市发展以及未来电力、高速公路、地铁、高铁等建设预留大量地表和浅层地下空间,把一切便利让渡给沿线人民群众和地方政府。线路尽可能避开水库、公园、森林等区域,对无法避让的,通过优化设计将影响降到最小;鲤鱼洲泵站选址从山林调到滩涂地,罗田泵站进场道路改为“三桥一隧”;通水后,受水地市每年退还 3.28 亿 m^3 生态用水,助力东江流域生态保护。为了做到“把方便留给他人、把资源留给后代”,选择“把困难留给自己”,直面地下深 40~60 m、长 113.2 km 长距离深埋隧洞施工带来的巨大挑战,汇聚全国优秀的设计、监理、施工单位及专家、院士的力量,迎难而上、发力攻坚,攻克了珠江三角洲富水复杂地质深埋盾构控制、高压输水盾构隧洞衬砌设计与施工、大流量宽扬程高效泵组设计和研制、长距离深埋隧洞快速检修等难题。

在建设过程中,工程又逐步凝炼了“追求卓越”的工程文化,要求参建各方从“要我做好”转变为“我要做好”,在工作中做到思路出彩、过程出色、结果出众,在思想上永不满足、精益求精,在行动上多想一步、多干一点。“追求卓越”集中体现在管理团队团结带领参建各方集思广益、开拓创新,并做了很多探索,在水利行业第一次提出很多工作的思路和具体的做法。在建设过程中,管理团队带领参建各方聚焦价值、展现领导力、驾驭复杂性,努力克服三年疫情不利影响,取得了节约投资近 20 亿元、提前 6 个月通水的优异

---

❶ 1 亩 = 1/15 hm^2 ≈ 666.67 m^2。

成绩。

“三个留给”“追求卓越”等工程文化既传承了东深供水工程建设者群体“时代楷模”精神,体现了“生命水、政治水、经济水”的粤海水务文化,又充分凝结了粤海集团“担当作为、业绩至上、协同高效”的企业文化,在参建各方统一思想、增进共识上发挥了重要作用,成为推动工程高质量建设的根本指针。在工程建设的火热实践中,管理团队用文化理念凝聚员工,打造了有理想、有情怀、敢担当、能吃苦、肯奋斗的高素质员工队伍,感染带动全体参建单位深入学习、透彻理解工程文化,正确运用、深入践行工程文化,在开工阶段许下“我参与、我担责、我自豪”的铮铮誓言,在冲刺阶段践行“我守信、我拼搏、我必胜”的庄严承诺,画出最大同心圆,凝聚最大正能量,为推动工程高质量建设提供了最强大的精神动力。

2. 建立五大控制体系作为工程管理的共同语言

2.1 背景

珠江三角洲水资源配置工程投资354亿元,建设工期60个月,供水线路长113 km,建筑物包括3座泵站、2座高位水池、1座新建水库、5座输水隧洞、1条输水管道、2座倒虹吸、4座进库闸、2座进水闸、9座量水间、1座调压井、1座调压塔、10座检修排水井、23处渗漏排水井、2座通风竖井等。工程规模大、技术难度高、条件复杂,参建单位众多,建设管理难度极大。如何实现既定建设目标并高质量完成广东省委、省政府及粤海集团交给的任务,建设管理团队需要从项目法人治理结构、管理体系、制度建设、工作流程等方面构建系统的治理体系。

2.2 措施

管理团队结合珠江三角洲水资源配置工程特点,传承东深供水工程"时代楷模"精神,融合粤海集团企业文化,发展粤海水务文化,按照水利基本建设工程的规律,构建了珠江三角洲水资源配置工程安全、质量、进度、成本和廉洁五大控制体系,作为珠江三角洲水资源配置工程全体建设者的共同语言,横向到边、纵向到底,明确各参建单位的主体责任、行为规范和工作指南。

2.2.1 确立工程总目标

工程总目标:打造新时代生态智慧水利工程。

2.2.2 到主要参建单位总部宣贯

公司领导带队,到主要参建单位总部进行宣贯,主要参建单位项目领导小组、专家组及各相关职能部门负责人参加,使总部了解珠江三角洲水资源配置工程建设目标、建设管理要求等,统一思想。

2.2.3 领导小组组长和专家组长汇报机制

开工前,要求领导小组组长汇报项目管理策划方案、总部支持方式,专家组组长汇报工程重难点、拟解决措施,促使高层主动深刻了解工程,为后续支持工程推进提供基础。

2.2.4 五大控制体系

五大控制体系如图1-1所示。

2.2.4.1 安全控制体系

信念:事故可预防,伤害可避免,违章可杜绝。

五个三:

三个需要:法规红线、企业发展、个人家庭美好生活;

三个全面:全员参与、全程管控、全信息化;

三个投入:投入人员、投入时间、投入金钱;

三项持续:天天讲、月月讲、年年讲;

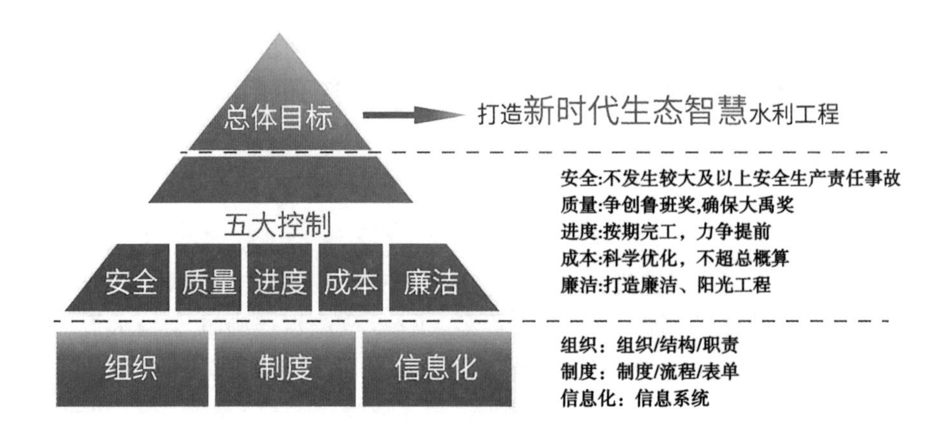

图 1-1 五大控制体系示意图

三个做起:从我做起、从现在做起、从小事做起。

核心业务:教育培训、现场管理、风险管控、隐患排查、应急管理、事故管理、考核改进。

关键举措:初设阶段编制安全专篇;招标评标标准中设安全标 10 分;梳理法律法规规定的项目法人、参建单位职责清单,全过程对照落实;强化施工验收的安全条件,纳入强制性条文执行;按风险程度设三级分区、智慧手段监管、无死角网格化管理、增加安全管理人员。

2.2.4.2 质量控制体系

理念:精益求精,追求卓越。

核心业务:科研、设计、施工、设备、验收、考核。

关键举措:全员参与(政府+参建+第三方质量咨询);梳理法律法规规定的项目法人、参建单位职责清单,全过程对照落实;三大检测相互验证(自检、监理平行检、业主对比检);在线实时监管(质量检测系统、预应力张拉监管系统)。

质量问题不手软:禁(不合格材料)、砸(不合格成品)、罚(不合格行为)。

2.2.4.3 进度控制体系

思路:梳理难点,狠抓关键,压茬推进,动态管理。

核心业务:报批报建,征地移民,设计进度,施工进度,验收进度,进度考核。

关键举措:挂图作战,实时检讨、定期考核;计划分级,按级管控;关键工期动态管理,重点管控;借助信息手段,实现进度智慧管理。

2.2.4.4 成本控制体系

目标明确:预结算、支付合法依规,想方设法进行优化,工程结算不超总概算。

核心业务:严格管控建管费、征地移民费,重点从设计、概预算、招标、变更、合同与支付方面进行管理。

关键举措:发挥第三方、专家力量把控设计质量;施工方案分级,所有二级、一级方案经专家审查,尽可能优化施工工艺;招标条款约定不平衡报价处置方式,严控不平衡报价;明确变更原则,设计监理、专家把控变更。

2.2.4.5 廉洁控制体系

思路:重廉洁防范和全程监督,推“不敢腐、不能腐、不想腐”机制,为工程建设保驾护航,使权力运行安全、干部安全、资金安全。

核心业务:宣教、防控、监督、问责。

关键举措:抓廉洁责任落实、四个核心业务和制度建设的责任落实。

2.3 成效

珠江三角洲水资源配置工程文化体系有效地嵌入到五大控制体系中,五大控制体系的有效运行统一了参建单位(主要参建单位百余家)的思想,规范了建设者7万余人的行为,提高了参建单位的管理水平和建设者的技术能力。项目法人聚焦价值、展现领导力、驾驭复杂性,在参建单位的共同努力下,克服三年疫情的不利影响,做到了节约投资近20亿元、提前6个月高质量完成既定目标。

3. 创新开展“党建+”行动

3.1 背景

“党建+”工作起着“激励党员、带动群众”和“凝聚共识、形成合力”的重要作用。一方面,重大工程建设,既要靠技术创新促效率、提质量、攻难关,也要靠党的建设聚人心、强斗志、促担当,“党建+”工作就是党建和业务充分融合的最佳切入点,能够在工程建设一线充分发挥基层党组织战斗堡垒作用和党员先锋模范作用,真正做到“党旗飘在一线、堡垒筑在一线、党员冲在一线”,凝聚工程全线党员力量,团结带动全体建设者持续拼搏奋斗。另一方面,珠三角配水工程参建单位多、施工线路长、工区工点多,不同单位之间文化理念不同,不同工区之间现场条件不同,又要和沿线四地市的多个镇村等打交道,要想在数量众多、各不相同的单位、人员之间达成共识、凝聚合力,就一定要找到大家都认可的“共同语言”。党的基层组织无处不在,每个参建单位、每个属地镇村都有党员,“党的建设”和“党员身份”就是这个“共同语言”的重要组成部分;“党建+”工作就是高质量开展党建工作、促进党建和业务融合、凝聚推动工程建设合力的最重要、最核心的抓手。

3.2 措施

3.2.1 以“党建+”促安全管理提升

在工程建设中,安全生产是一切工作的基础和前提。“党建+”工作首先要从安全生产入手,发挥党员带动作用,团结全体建设者在建设一线做到“人人讲安全、人人管安全、人人保安全”,坚决守住安全红线。一是专项印发“党建促安全”行动方案,讲清党员“做什么”。方案明确讲好安全生产“政治课”“业务课”、党建联建排隐患等具体措施,党员带头学习工程建设和安全管理知识,带头宣贯安全生产“三个需要”(安全生产是坚守生命红线和严守法律法规底线的需要,是企业生存和可持续发展的需要,是个人及其家庭美好生活的需要)理念,带头抓工作落实。二是推动齐抓共管,讲清党员“怎么干”。激励党员骨干投身安全生产一线,领导班子以身作则常态化开展“四不两直”(指不发通知、不打招呼、不听汇报、不用陪同接待,直奔基层、直插现场的一种工作方式)和“8小时外”安全检查,和施工人员交朋友,向管理人员问问题,研判安全管理队伍数量够不够、素质高不高、履职勤不勤,研判施工班组资质齐不齐、精神好不好、管理行不行,项目法人、监理单位、施工单位党员骨干互相监督、互相配合、齐抓共管。三是狠抓文明施工,要求党员“当模范”。以文明施工为抓手狠抓现场管理,以现场管理提升为基础促进安全生产。参建各方党员带头落实排队上下班、管理人员和班组同进同出、“工完料清”等措施,开展交叉检查和工区评比;带头开展作业环境、食宿场所卫生等专项整治,各工区实现“穿着皮鞋进去,穿着皮鞋出来”。

3.2.2 以“党建+”促工程建设提速

进度是工程建设的主线,遇到难点堵点,党员要冲在最前面,当好“突击队”“排头兵”。一是坚定必胜信念。珠三角配水工程以年度建设会议、半年工作会议等为契机，组织参建单位全面回顾建设历程和开工承诺，传导“我守信、我拼搏、我必胜”的坚定信念，要求党员干部带头守信担当、拼搏奋斗，以坚定信心凝聚奋进斗志，推动参建各方把最好的资源、最强的管理团队投入进来。二是“我是党员我先上”。在工程建设进度最紧张的时刻，项目法人党委发出致全体党员的一封信，带领全体党员重温入党誓词，号召党员干部以党旗为引领、以工程为事业、以工地为战场，为工程而战、为事业而战、为梦想和荣誉而战，冲锋在前、模范带动，带头拼搏，苦干实干，坚决打赢通水决战。项目法人领导班子带头放弃周末和节假日休息，加班加点解决工程建设难题，带动工程全线党员骨干撸起袖子加油干。三是集中力量攻坚克难，全线各参建单位党员通过党建联建团结在一起，工程全线“一盘棋”、参建各方“一家人”、干事创业“一条心”，营造出各参建单位既不甘落后、较劲比拼，又顾全大局、相互支持的干事创业氛围。

3.2.3 以“党建+”促企地共建提效

珠三角配水工程是关系供水安全的民生工程，工程建设为了人民，也要争取沿线镇村党委、居民的理解、支持和帮助，共同创造良好条件。一是邀请“走进来”加深了解。举办工地开放日，邀请村民代表参观，邀请地方党代表、人大代表、政协委员现场调研，了解工程意义，体会建设者情怀，发自内心理解支持。二是主动“走出去”加强沟通。参建单位与村居开展主题活动，宣传建设理念，讲解环保措施，听取意见建议，主动修缮道路、修建休闲公园、灌溉农田、清扫道路。三是聚焦“解难题”加快建设，项目法人领导带头与有关管理部门沟通汇报，各管理部党支部主动走访对接属地管理部门，党建联建解难题，为工程建设排忧解难。征地办证、安全生产、水土环保、工程验收等方面也得到政府部门的大力支持。

3.2.4 以“党建+”促绿美广东生态建设提标

绿水青山就是金山银山，珠三角配水工程深入贯彻习近平生态文明思想，积极响应广东省委、省政府关于在绿美广东生态建设中充分发挥基层党组织战斗堡垒作用和广大党员先锋模范作用的要求，以“党建+”为抓手认真抓落实。一是主动融入美丽乡村建设，党员干部带队走访周边村居，征集对沿线工作井外观的意见建议，在确保功能性的前提下，打造具有地方特色的休闲之地，共享建设成果；高标准建设高新沙水库，与大岗镇打造南沙区“多彩沙田”规划相衔接，成为其重要组成和首现之作；位于顺德区勒流公园的工作井成为当地景观之一，被水利部部长点赞的“全国最美调压塔”成为南沙区标志性建筑。二是坚持扩绿、兴绿、护绿，在高标准做好沿线园林绿化工程的基础上，按照粤海集团部署积极开展植树活动，种植绿化 3 万多 m^2，每一棵树都编号明确守护人；基层管理部主动联合地方政府开展“企地共建植树”主题党日活动，为工程及周边村居增绿添彩。

3.2.5 以“党建+”促职工干事创业提劲

“党建+”工作必须强化思想引领，激发广大党员干事创业的内生动力。一是劳动竞赛成效显著，组织开展难题攻坚、职工培训、技能竞赛、技术创新、劳模交流等劳动竞赛“五个一”活动，党员带头做表率，形成“比、学、赶、帮、超”良好氛围，7 个集体、3 名个人被授予“广东省五一劳动奖”，1 个集体获评“全国工人先锋号”。二是拼搏担当氛围浓厚，项目法人领导班子成员带头加班加点、创先争优，绝大部分时间扑在工地一线，感动、带领员工为推动工作倾尽全力、想尽办法，将“精益求精、追求卓越”的要求融入到工程建设方方面面。三是骨干人才不断成长，让党员成长为骨干，让还未入党的骨干积极向党组织靠拢，鼓励员工在工地一线磨砺，和最好的专家打交道，和优秀的同行交朋友，和院士面对面交流，增长见识，提升能力，努力成长为政治站位高、专业能力强、有情怀、有担当的高素质人才，为党和国家的水利事业做出更多贡献。

3.3　成效

“党建+”工作充分发挥了参建各方基层党组织战斗堡垒作用和党员先锋模范作用，通过党员带头奋斗，调动了全体参建人员的积极性和能动性；同时，“党建+”和“三个留给”建设理念、“五大控制”管理体系一起成为全体建设者的“共同认知”和“共同语言”，激励全体建设者聚焦工程建设重难点任务，心向党旗所指，拧成一股绳、汇成一股劲、合成一股力，为高质量推动工程建设凝聚了强大力量。

4. 划分让一流企业值得重视的标段

4.1 背景

珠江三角洲水资源配置工程线长、点多、面广,如何科学划分施工、监理标段,是提高工程建设管理水平,实现安全、优质、高效、节约、廉洁工程目标的重要基础。管理团队既要在招投标过程中引进一流的施工企业和监理单位,又要在建设中实现合同主体与项目法人目标一致、思想统一,因此划分标段需考虑规模适中、专业协同、便于管理等方面的因素,让一流的施工企业、监理单位的领导班子和主要领导在投标及建设中引起重视,确保合同主体在资金、人才、技术、设备等方面全力支持现场履约团队。

4.2 措施

从规模上看,若标段划分太小,大型企业重视程度不够,管理成本增加;若标段划分过大,竞争程度降低,管理层级较多,导致效率降低。因此,珠江三角洲水资源配置工程施工标段按照 10 亿~30 亿元的规模,结合专业协同、管理便捷进行划分;监理标段按照规模基本均衡的原则划分为 6 个标段。

从专业协同上看,按照水利水电工程建设相关规定,施工企业和监理单位需具备水利水电施工、监理相应资质,其中跨铁路段的施工需具备铁路施工资质。穿越铁路标段允许联合体投标,要求投标人既有水利资质又有铁路资质,如 A6、B3、B4 标段。

从管理便捷上看,尽量减少跨行政区域,降低建设期间同一标段的协调难度;同标段施工类型相对较少,便于对施工单位资质、业绩提出控制性要求,尽量发挥施工单位专业长处;根据工期策划、建设难易、关键情况分批招标,第 1 批为关键线路隧洞标段,第 2 批为其他隧洞、水闸标段,第 3 批为含泵站的标段、建筑标段。

4.3 成效

珠江三角洲水资源配置工程有 16 个施工/安装标段,中标单位 10 个,其中 8 个央企、2 个省企;6 个施工监理标段中标单位 6 个,其中 5 个央企、1 个省企。所有单位均将珠江三角洲水资源配置工程列为各自的重点项目进行管理。

5. 创新设计咨询机制提高设计质量

5.1　背景

珠江三角洲水资源配置工程主要建筑物深埋地下，工程沿途穿越 105 处重要建(构)筑物，其中高铁 4 处、地铁 8 处、高速公路 12 处、江河涌 16 处，地质条件和结构受力复杂、技术难度大、涉及专业多，施工强度大、供图要求紧，质量要求高、跨专业协调任务重，成本控制难度大、要求严，给设计和设计管理工作提出了更高的要求。传统的设计管理依靠项目法人的技术部门组织实施，难以实现有效、全面的专业管理。管理团队通过分析研究，提出了引进专业的、一流的设计单位开展设计咨询和监理工作。

5.2　措施

初步设计之前，项目法人通过公开招标在全国范围内选择一流的设计咨询单位，开展初步设计关键技术咨询，优化设计方案，为关键技术问题提供专业意见。初步设计获批后，项目法人通过公开招标在全国范围内选择施工图监理单位和施工期关键技术咨询单位。施工图监理单位开展施工图设计阶段的监理工作，监督管理设计单位的供图计划、施工图纸质量、设计变更等；施工期关键技术咨询单位开展施工期关键技术咨询，为重大设计变更决策提供技术支撑，为施工中重大技术问题提供专业建议。

5.2.1　初步设计关键技术咨询

初步设计关键技术咨询单位在初步设计阶段进驻勘测设计单位，参与到初步设计过程中，提出专业建议，审核勘测设计成果。咨询过程中，初步设计的每一个建筑物、每一项成果、每一个专题定稿前，必须获得设计咨询的专业建议和认同；咨询建议和勘测设计单位意见不一致时，将争议提交项目法人协调解决；项目法人仍然不能协商一致的，组织国内一流专家召开专家咨询会议解决。建立咨询单位及时向项目法人报告制度，每周报告初步设计及咨询进展情况，每月发布一份书面咨询报告，报告初步设计阶段成果和专业咨询建议，初步设计定稿后提交初步设计关键技术咨询总报告。

通过计算复核、现场调研及深化研究，提出优化设计建议，并与设计人员及时沟通交流后，在保证建筑物功能的前提下优化设计，使设计成果更安全、经济、合理，并方便现场实施。如：典型竖井复核优化、鲤鱼洲泵站复核优化、取消 2 号主隧洞 2 号通风竖井、取消 SL01 通风井井内楼梯、优化内衬施工工法、优化管片配筋、优化 GS 临 01 工作井洞口加固方案和衬砌厚度、取消 C1 标隧洞侧墙排水孔、鲤鱼洲高位水池至 LG01#工作井输水隧洞衬砌形式优化、NS02#工作井楼板钢筋调整、甘竹水文站结构体系优化等。

5.2.2　施工图设计阶段监理

设计监理主要控制要点包括强制条文的执行情况、设计引用标准规范的准确性、重要部位设计方案的安全可靠性及经济合理性、变更的必要性及原因等。设计监理单位设置了现场工作组、后方工作组及专家组，全方位支撑设计咨询工作。现场工作组审定设计单位供图计划、监督供图计划执行、组织审查并签发施工图;跟踪设计单位编制设计变更报告,审核设计变更方案的合理性及对工程安全、质量、投资和进度的影响情况;结合工程实际对打造生态智慧水利工程的有关设计方案进行审查,组织专家审查相关设计方案,并提出设计优化意见。后方工作组为现场工作组提供专业技术支撑,负责二级图纸审查工作、一级图纸校审工作,并整理专家组审图意见。专家组负责一级图纸和重大设计变更方案审查工作。

5.2.3 施工期关键技术咨询

咨询单位除了就合同约定的施工关键技术问题提出专业建议,还需要为施工过程中遇到的关键技术提出咨询建议。

工程建设过程中对一些涉及工程安全的重大或关键技术问题,充分利用设计咨询单位后方各专业技术资源,及时与设计人员和建设单位进行沟通与交流,积极献计献策,提出专业建议意见,确保实施方案安全、可行、经济、合理。如:TBM 下穿怀德水库方案、GZ21 工作井沉降处置、盾构穿越狮子洋西侧堤岸沉降修复加固方案、盾构穿越绕城高速设计及施工方案、工作井渗漏处理措施等。

组织国内知名专家咨询,汲取行业高端智慧,构建 1+1>2 的协同效应。组织召开《典型盾构工作井设计方案》、《典型钻爆法隧洞设计方案》、《典型盾构工作井复核优化方案报告》、重要建筑物建筑设计方案专家评审会等,基于工程全生命周期和多维度的视角,优化珠江三角洲水资源配置工程整体设计方案。

5.3 成效

5.3.1 初步设计关键技术咨询,优化了方案

在保证建筑物功能的前提下,通过设计优化,使设计成果更加经济合理,施工方案更加便捷高效。据初步估算,通过优化设计节省工程投资约 9 665 万元。通过对重大及关键技术问题的咨询,降低了工程施工安全风险,消除了工程后期运行安全隐患,为关门运行奠定了坚实的基础。

5.3.2 施工图设计阶段监理,提高了设计成果品质

通过对施工图纸及设计文件的审核,杜绝了图纸的“差、错、漏、碰”现象;提高了设计成果的完整性、准确性;避免了设计失误,消除工程质量隐患于萌芽阶段。对确保工程安全、提高工程质量、节约工程建设成本产生了积极影响。

5.3.3 施工期关键技术咨询,为决策提供了技术支撑服务

调动全国一流专家的优势资源,提高了设计风险的防控能力,支撑了设计方案的技术保障力,消除了设计缺陷,有效控制了工程质量和成本。

6. 参建单位设立总部领导小组、专家组

6.1 背景

经过调研全国大型引调水工程发现,不少项目的参建单位为了中标,在投标时把资历较好的人员,甚至是公司领导,作为项目主要负责人(施工项目经理、总工程师,总监理工程师等),在中标后提出更换。不少项目法人(建设单位)为避免项目主要负责人频繁更换,签订合同时明确规定更换项目主要负责人的需缴纳上百万元甚至500万元违约金,造成参建单位明面不更换,而暗地私自更换项目主要负责人的情况,甚至存在项目主要负责人缺位的现象。另外,参建单位在建项目往往较多,难以将大部分优质人力资源投入到某个项目,导致该项目优质资源投入不足、技术管理能力不强等问题。

6.2 措施

在合理分标的基础上,充分调动参建单位总部资源,以参建单位总部资源、技术力量支持现场机构日常工作,确保现场机构充分履行合同主体责任。

(1)合同约定参建主体设立领导小组、专家组,领导小组组长由公司主要负责人担任,专家组组长由公司技术负责人担任。领导小组组长参加每年度工程建设大会并汇报公司的支持情况,领导小组成员每季度参加季度建设大会并表态;专家组组长参加年度技术会议并汇报公司技术支持情况。确保项目实施过程中能够有效协调调动参建主体内、外部资源,为项目实施创造良好条件,协调解决项目实施过程中遇到的重大问题。

(2)建设过程中,领导小组组长根据工程进展到现场检查督战,针对工作偏差调动全公司资源,采取有效的工作举措,领导小组根据推进情况驻场协调,必要时主要领导进驻现场;专家组提供技术支持,分级审查施工组织策划、技术方案,根据项目推进情况组织相关专家驻场解决技术难题。

(3)合同约定了约谈机制,将项目法人的党建工作延伸,与相关单位开展党建共建活动。合同履行过程中,项目法人根据违约情况分别采取相应措施:约谈项目经理、公司领导,列席违约单位党委(领导班子)的珠江三角洲水资源配置工程相关专题会议,要求违约单位党委和纪委现场调研违约问题。

6.3 成效

通过参建单位设立总部领导小组、专家组,有效调动了参建主体总部优质人力资源和技术力量,为珠江三角洲水资源配置工程高质高效建设提供了重要支撑。参建主体主要负责人和技术负责人分别任领导小组组长和专家组组长,项目建设过程中实时了解项目情况,主动关心项目进展和项目推进过程中遇到的问题,为项目顺利推进创造良好条件,提供人力资源和技术力量支持。在各参建单位总部支持下,珠江三角洲水资源配置工程圆满完成了各项建设任务。

7. 设计本质安全

本质安全是指通过设计、材料、制造等手段使生产设备或生产系统本身具有安全性，并在考虑安全冗余的基础上，增加安全联锁、紧急切断、先兆预警等措施，确保在误操作或发生故障的情况下亦不会造成事故，也指设备、设施或技术工艺含有内在的能够从根本上防止事故发生的功能。

设计方案的优化调整是工程建设实现本质安全的重要手段，通过采用安全系数高、风险系数低的材料、工艺、设备，可以极大降低甚至消除施工期间的安全风险。

7.1 1号主隧洞进口边坡护坡

7.1.1 背景

1号主隧洞进口原为采石场，植被茂盛，显露出的岩体较为完整，但经过清表和排险后，揭露洞口顶部为松散堆积体，受雨水冲刷或爆破振动，可能发生滚石坠落损伤人员和设备。

7.1.2 措施

在洞口上方陡峭坡体上设置多道被动防护网，并对洞脸上方斜坡进行锚喷封闭，对进洞设计方案进行局部调整完善（见图1-2、图1-3）。

图1-2 1号主隧洞进口处边坡加固前

7.1.3 成效

安全平稳完成进洞施工，整个隧洞施工期间无滚石坠落等险情发生。

图 1-3　1 号主隧洞进口处边坡加固后

7.2　复合排水板调整为阻燃材料

7.2.1　背景

内衬钢管的复合排水板原设计为可燃材料，施工过程中焊接或切割作业时无法做到“三个一律”(动火前，一律不准进行交叉作业；一律清除现场可燃物质；一律检测可燃气体含量，保持良好通风，严防交叉作业动火引发爆炸、火灾事故)。飞溅的焊渣与火花易超出阻燃型材料范围，导致火灾。

7.2.2　措施

对焊缝两侧的复合排水板进行加宽，并在阻燃型泡沫板上加铺一层复合型防火隔热棉(见图 1-4)。复合型防火隔热棉将复合排水板底部完全覆盖，面层再采用聚合物砂浆硬壳覆盖，防止焊渣等堆积。

7.2.3　成效

安全、平稳、快速地完成洞内钢管焊接安装施工(见图 1-5)，在满足安全施工要求的同时，简化了洞内钢管焊接的防火措施。

图 1-4　阻燃排水板张贴

图 1-5　钢管安装

7.3 通风井开挖方式调整

7.3.1 背景

SL03#通风竖井洞径非常小,开挖内径仅 3 m,且有 30 多 m 的Ⅲ类围岩,爆破作业效率低且产生的渣料清出转运难度大,安全风险非常大。

7.3.2 措施

采用水磨钻钻孔、分块施工和吊运(见图 1-6、图 1-7)。

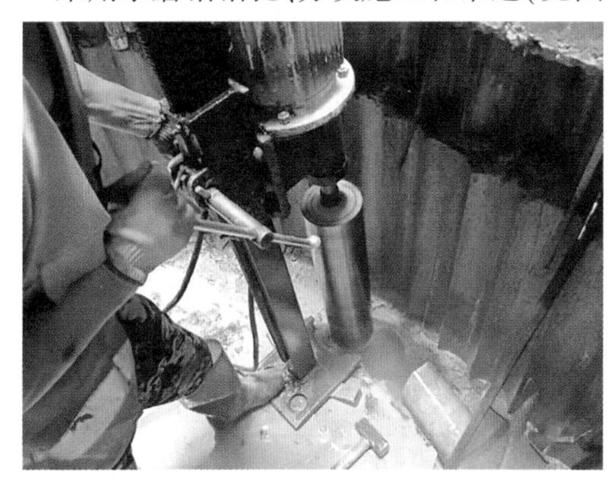

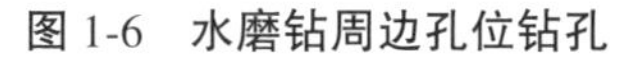

图 1-6 水磨钻周边孔位钻孔

图 1-7 水磨钻分块钻孔

7.3.3 成效

消除爆破作业爆炸风险,安全高效完成施工。

7.4 下穿广深高速公路、涵洞的盾构隧洞加固

7.4.1 背景

初设阶段加固区间为路面宽 33 m 的广深高速公路区间,施工时现场实际条件发生变化,因新建两侧广龙高速匝道,路面宽度增至 61.7 m。初设方案采用的 MJS 工法桩有效范围无法覆盖,如双向加固需增设工作井,增加了基坑开挖,造成相邻高速公路沉降的安全风险。

7.4.2 措施

为保障盾构掘进对地面影响最小,决定改用地面袖阀管灌浆和涵洞内部型钢支撑加固方案(见图 1-8)。

7.4.3 成效

盾构安全平稳穿越广深高速,涵洞及高速公路地面沉降未超预警值。

7.5 钻爆法穿越虎岗高速公路段调整为顶管穿越

7.5.1 背景

东莞分干线钻爆隧洞下穿虎岗高速公路段原设计采用钻爆法开挖支护,易发生涌水、流砂、掌子面坍塌,对高速公路容易产生扰动,穿越安全风险较高。

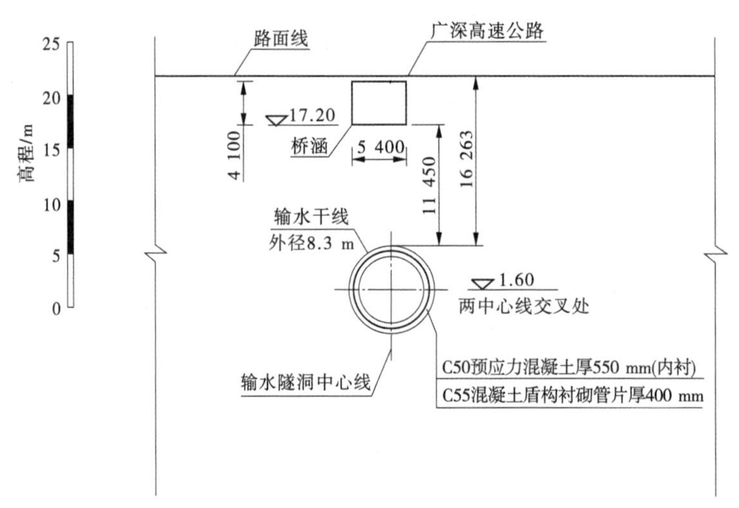

图 1-8　盾构隧洞与涵洞的位置关系

注:图中未注明单位的数字,高程单位为 m,尺寸单位为 mm,下同。

距离高速公路路肩外 2.6 m 有一处埋深 2 m、直径 600 mm、压力 4 MPa 的燃气管道(见图 1-9),钻爆法施工安全风险较高。

穿越段地质上软下硬且变化较大,存在透水砂层、球状风化等不良地质情况,可能导致流砂渗水、上部结构失稳和不均匀沉降等现象。

7.5.2　措施

东莞分干线钻爆隧洞下穿虎岗高速公路段由钻爆法调整为顶管法施工。

7.5.3　成效

隧洞平稳穿越虎岗高速公路,高速公路地面、燃气管线沉降未超预警值。

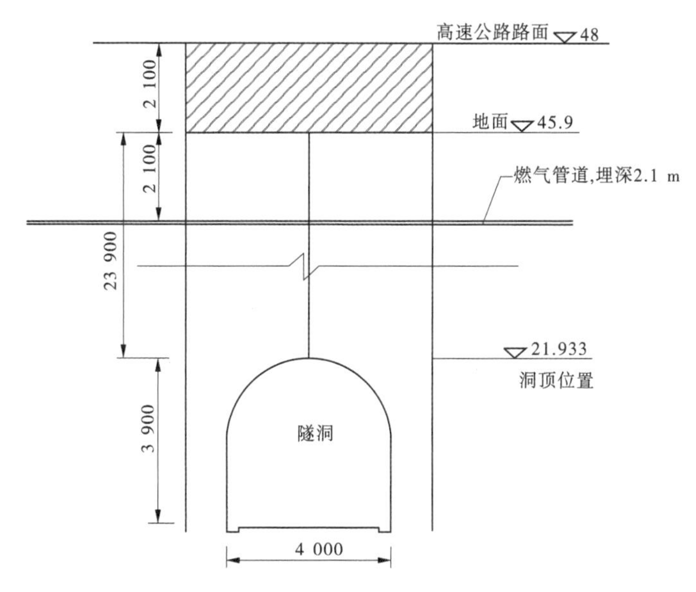

图 1-9　隧洞与虎岗高速公路及燃气管道位置关系

8. 配强安全管理人员

8.1 背景

珠江三角洲水资源配置工程主要为地下工程,与传统引调水工程相比,安全管控难度提高、安全隐患增加。16 个施工标段包括 52 个工区,高峰期同时施工人员约 1.5 万名,危险作业多、工期紧张、工序和人员转换快,造成安全生产监管压力巨大。

8.2 措施

为压实参建单位安全生产责任,增强现场安全监管力量,严格落实公司安全管理的各项要求,杜绝安全生产事故,采取以下措施:

(1)公司增配安全管理人员至 50 名(高峰期),约占员工总数的 1/4,每个管理部各增设 1 名安全主任和副主任,每个标段增设 1~2 名专职安全员。

(2)在项目法人的带动下,监理单位安全监理人员从应配 26 名增至 88 名,施工单位安全员从应配 80 名增至 146 名。

(3)分包单位安全员从应配 64 名增至 113 名,班组安全员从应配 133 名增至 189 名。

(4)各单位专兼职安全员在现场工作中佩戴红袖章,及时对违章违规行为进行制止,对违章违规人员进行口头教育。

8.3 成效

参建单位安全监管队伍开展隐患排查、纠正违章行为等力度有明显提升,为开展 8 小时外安全检查、网格化管理等提供更好的人力支持,保证了工程安全建设。

9. 网格化管理，安全权责清晰

9.1 背景

施工现场管理易出现薄弱环节，出现作业面无管理人员监管的情况，班后无人落实安全收尾，当发生违章违规行为或其他意外情况时，现场无人第一时间进行制止或消除，导致发生事故或事故扩大。

9.2 措施

各管理部组织监理、施工单位，按照作业的空间、时间安排，将工程全线 52 个工区划分为 71 个网格，白班、夜班分别明确对应的班组长（丙方）、施工员（乙方）、现场监理（甲方委托）责任人员，分别戴红袖章在现场进行监管。在各施工作业面出入口设置网格化信息牌（见图 1-10），结合门禁系统查询网格化人员现场履职情况，提高网格化责任人员现场履职意识，将安全责任压实到一线，确保有作业就有管理人员在岗监管。实施过程中，每个月对网格化人员履职情况进行评估考核，分别计入参建单位的考核中。

图 1-10 作业面出入口设置网格化信息牌

9.3 成效

网格化管理夯实了一线安全管理基础，规范了作业人员安全行为。2023 年推行网格化管理以来，人员不安全行为类隐患相比 2022 年大幅下降 34%。

10. “8 小时”外检查，安全监管全覆盖

10.1　背景

针对上下班途中、午休、夜间、周末、节假日等“8 小时”外，施工现场管理极易出现人员违章、监管薄弱的情况，“8 小时”外现场出现安全隐患未能及时排除，同时夜间施工存在视野受限、人员精神状态不佳等叠加安全风险，维持“8 小时”外安全监管力度非常重要。

10.2　解决措施

项目法人组织开展对“8 小时”外的安全管理实行“四不两直”检查，加强安全控制体系的监测评估，重点检查网格化人员现场履职情况，对履职不到位的网格人员采取警告、撤换、清退等方式督促整改提升。

上班前主要检查班前会质量，监理、施工单位管理人员到岗监督班前会开展情况。午休时段和夜间主要检查安全生产条件落实情况及班后“工完、料尽、场清、断电、关闸”等安全收尾工作落实情况。周末和节假日主要检查参建单位各方对施工现场的监管情况，检查节假日危险作业提级管理落实情况。

10.3　成效分析

开展“8 小时”外“四不两直”检查，加强安全控制体系的监测评估，有效落实了安全控制措施，及时纠正了安全偏差，使安全监管全覆盖、无死角。自 2023 年 2 月实施“8 小时”外检查以来，“8 小时”外未发生安全应急事件，安全生产形势整体可控。

11. 复工安全管理,及时恢复生产条件

11.1 背景

春节后复工复产是安全风险高发期。一是节后施工人员难以立即进入工作状态,个人安全意识水平较低;二是新进场作业人员多,违规违章风险高;三是施工设备停工期间可能出现安全附件损坏或故障,存在"带病"运行风险;四是节后容易出现管理人员流失,安全措施容易跟踪落实不到位,安全管理力量短时出现薄弱空间。

11.2 措施

开展节后复工安全生产条件检查和验收,按照图 1-11 所示表格内容开展检查工作,不合格不同意复工。

11.3 成效

通过实施复工安全管理措施,培训了新员工,提高了员工安全意识和施工设备运行的可靠性,及时恢复安全生产条件。

附件3　珠三角工程2024年春节后复工复产条件检查确认表

标段名称：土建施工C2标		检查日期：2024年2月23日		
施工单位		水电十一局	项目负责人	李振波
序号	检查项目	检查内容和要求	检查结果	备注
1	复工复产方案	制定一份周密的节后复工复产及应急处置方案，监理单位已批准	☑合格 □不合格	
2		复工后拟施工的分部分项工程方案已完成审批，超过一定规模的危大工程方案已通过专家论证评审	☑合格 □不合格	后续施工无超过一定规模的危大工程
3	人员到位	主要管理人员和现场作业面网格化人员已到位	☑合格 □不合格	主要管理人员、现场作业面网格化人员均到位
4	安全专题会议	项目领导组织召开春节后复工前安全专题会议	☑合格 □不合格	
5	安全风险管控	各项目开展一次春节复工后安全风险研判分析，制定管控措施	☑合格 □不合格	
6		危大工程安全保障措施落实到位	□合格 □不合格	后续施工无超过一定规模的危大工程
7	安全教育	作业人员重新开展一次三级安全教育； 新进场人员三级安全教育学习内容和时长必须满足规范要求； 施工方案安全技术交底到位；	☑合格 □不合格	
8		特种作业人员持有效证件上岗	☑合格 □不合格	
9		班组长资质核查、重新培训到位	☑合格 □不合格	
10	安全检查	开展一次复工复产专项安全检查，隐患已整改闭环	☑合格 □不合格	
11		复工前施工单位后方公司分管安全领导或安全管理职能部门到项目部管辖各工区开展一次全面隐患排查，隐患已整改闭环	☑合格 □不合格	
12	设施设备	脚手架搭设规范，连墙件、脚手板、踢脚板、安全网设置到位	☑合格 □不合格	
13		现场临边防护设置到位，临边防护要设置踢脚板；通往作业面设置安全通道、走道板满铺固定	☑合格 □不合格	
14		高处作业平台安全设施设置齐全，设置牢固且充足的安全带悬挂点	☑合格 □不合格	
15		临时用电系统重复接地设置到位，漏电保护器能够有效动作，电工个人绝缘防护用品配备到位	☑合格 □不合格	
16		开展一次龙门吊、施工升降机、汽车吊、履带吊等大型设备安全检查和维保，且在检验有效期内，杜绝带病运行	□合格 □不合格	不涉及
17		设备操作人员重新进行安全操作规程的交底或培训	□合格 □不合格	不涉及
18	应急准备	复工前开展一次应急物资盘点和应急设施设备维保，应急物资配备到位，应急设施设备处于常备状态	☑合格 □不合格	
检查确认结论	复工复产条件已具备，同意2月24日复工			
检查确认参加人员	施工单位：[签名] 2024年 2 月23 日 监理单位：[签名] 2024年 2月 23 日 建设单位：[签名] 2024年 2月 23 日			

图 1-11　节后复工条件验收检查确认表

12. 党建促安全,激发安全主动性

12.1 背景

为系统落实安全控制体系,参建单位发挥党组织的战斗堡垒和各党员的先锋模范作用,推动各项安全举措落地、落实、落细。项目法人开展了“党建促安全”的活动。

12.2 措施

一是项目法人领导班子成员担任4个管理部党支部书记,强化支部领导力,协调解决工程安全疑难杂症;二是明确党建引领,各党支部组织生活必学安全,党支部书记、党员领学安全内容,党支部书记带头参加施工班组班前会,打通安全“最后一公里”;三是畅通建言献策渠道,设置“党建促安全”意见征集和安全隐患举报专线,通过海报贴到工地,吸收群众优秀意见,不断完善安全体系;四是机关安全包点党员组织班组开展安全座谈会,了解一线人员心声,动态调整安全举措,推动各项安全要求落地落实。

12.3 成效

通过开展党建促安全活动,4个管理部党支部书记每月下基层开支部组织生活会,大大增强了公司制定现场安全管理要求的科学合理性,激发了施工班组参与安全管理的主动性。

13. 建立安全智慧监管系统

13.1　人员监管

13.1.1　背景

项目经理、安全负责人、质量负责人等主要管理人员往往身兼数职，很难一直在项目上履职。

13.1.2　措施

通过智慧监管门禁系统人脸识别数据重点对项目经理、项目副经理、技术负责人、安全负责人、质量负责人、进度负责人现场履职情况进行考勤监督，并落实合同平均每月考勤不少于22天的要求，亦可对其他参建人员进出工区现场情况进行实时监测（见图1-12、图1-13）。

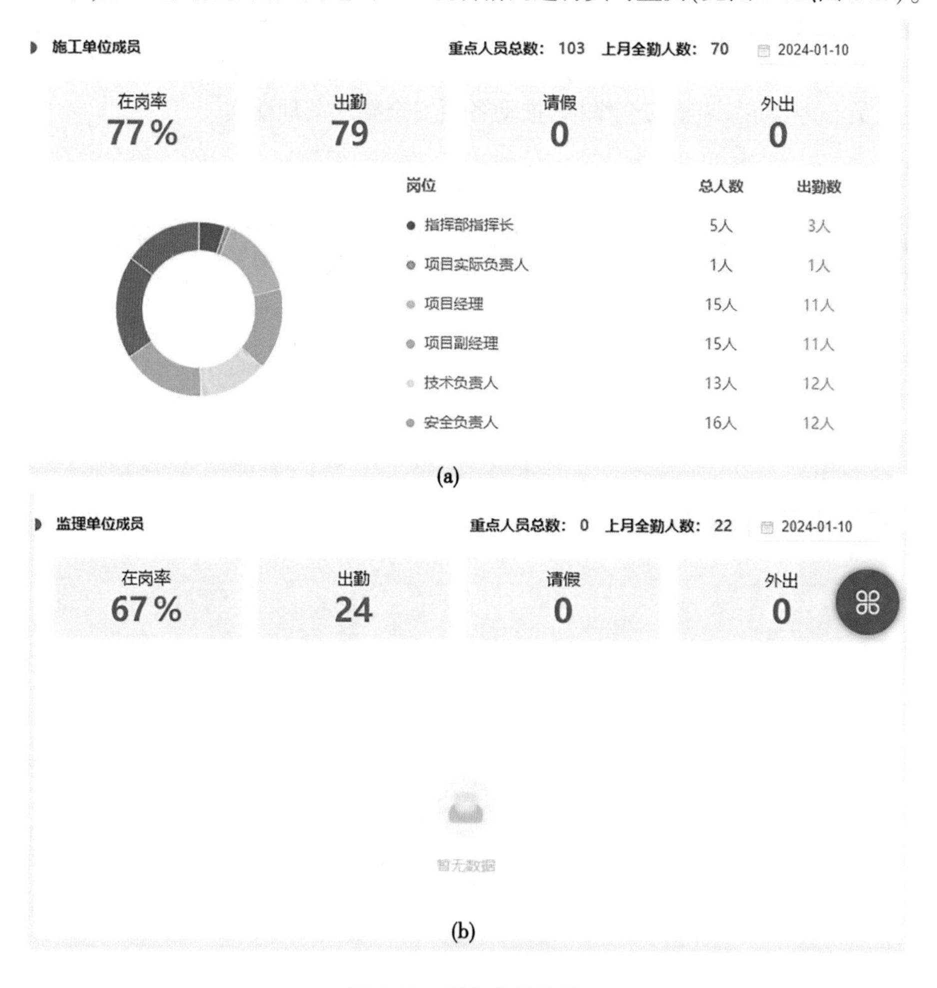

图1-12　重点人员监控

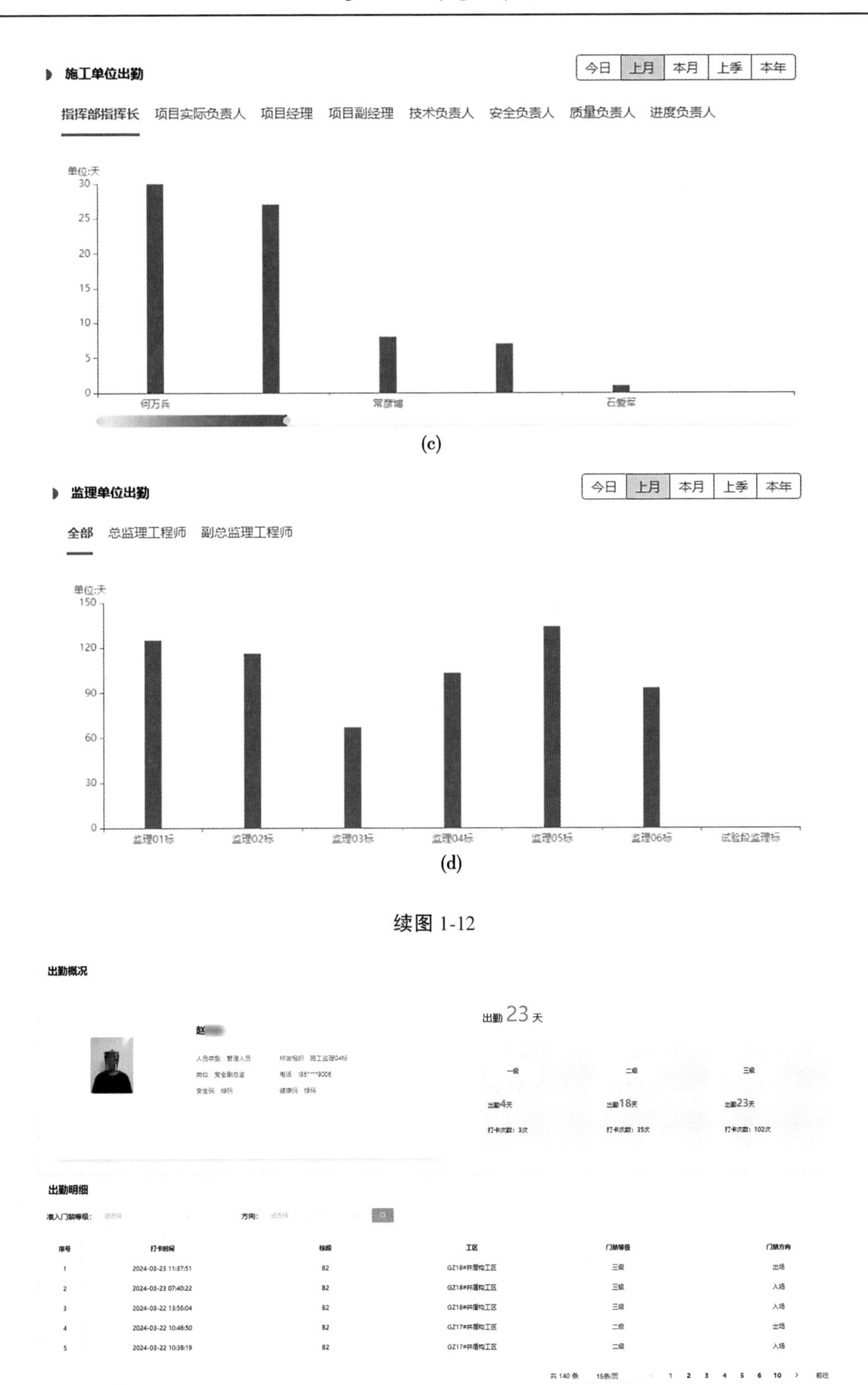

(c)

(d)

续图 1-12

图 1-13　个人考勤

13.1.3　成效

通过人员监管应用,珠江三角洲水资源配置工程各标段主要管理人员均能按照合同要求满足每月考勤不少于 22 天的要求。

13.2　安全码管理

13.2.1　背景

工程总工期长达 5 年,工序繁多,工人更换频繁,需防止有习惯性违章、教育培训不到位、特种作业未持证上岗等问题的工人进入施工现场。

13.2.2　措施

项目法人制定人员安全评分系统,对全线所有参建单位人员进行评分,评分与标准对比形成个人安全码(见图 1-14)。绿码人员正常工作,系统自动对黄码人员进行告警提示,红码人员进入施工现场系统自动推送告警信息至相关管理人员,确保现场人员安全可控。

13.2.3　成效

安全码系统运行 2 年来,自动对 78 名黄码人员进行告警提示,督促其教育整改尽快恢复成绿码;对 3 691 名红码人员进入施工现场情况,系统自动推送告警信息至相关管理人员,查找红码原因并对症下药,恢复绿码后再进场工作,确保现场人员安全可控。

13.3　防汛防风应急平台

13.3.1　背景

珠三角地区雨水充沛、台风频发,为统一三防期间应急响应信息、行动指引,并及时通知相关人员,项目法人创建三防应急模块。

13.3.2　措施

开发三防应急模块,按照预案由值班人员经三防指挥部同意后发布应急响应,信息经平台推送相关人员(见图 1-15、图 1-16),现场人员在平台上反馈现场检查和工作信息,极大缩短信息发布、收集时间,提高工作时效性。

13.3.3　成效

三防应急模块运行 4 年来,共启动应急响应 194 次,准确率 100%,通过系统自动发送应急响应信息及响应指引给相关人员,有效解决信息共享及传输慢的问题,为三防应急争取更多时间,避免危险发生。

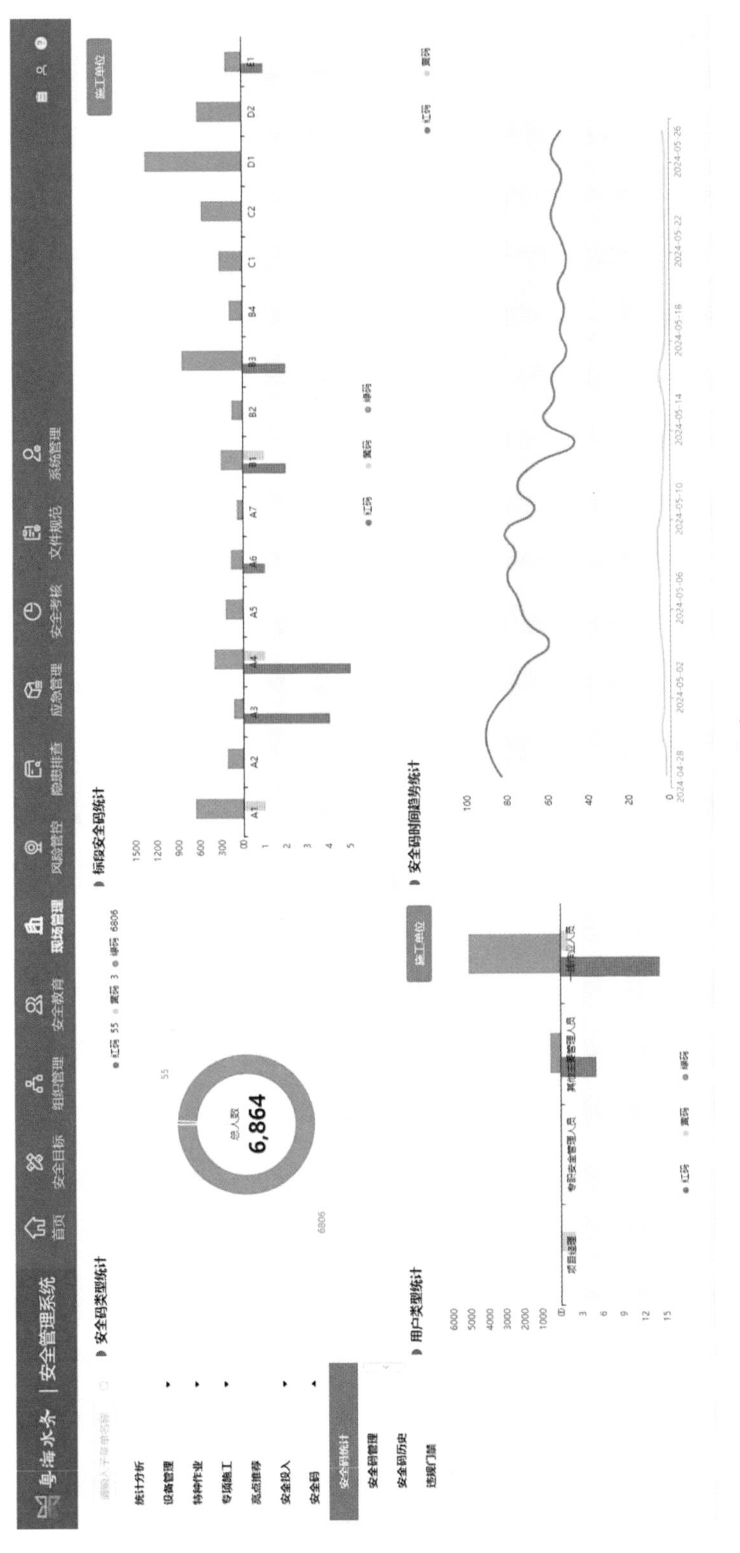

粤海水务 | 安全管理系统
首页
安全目标
组织管理
安全教育
现场管理
风险管控
隐患排查
应急管理
安全考核
文件规范
系统管理
统计分析
设备管理
特种作业
专项施工
安全投入
安全码
安全码统计
安全码管理
安全码历史
违规门禁
安全码类型统计
红码 55
黄码 3
绿码 6806
总人数
6,864
标段安全码统计
施工单位
用户类型统计
安全码时间趋势统计

图 1-14 安全码

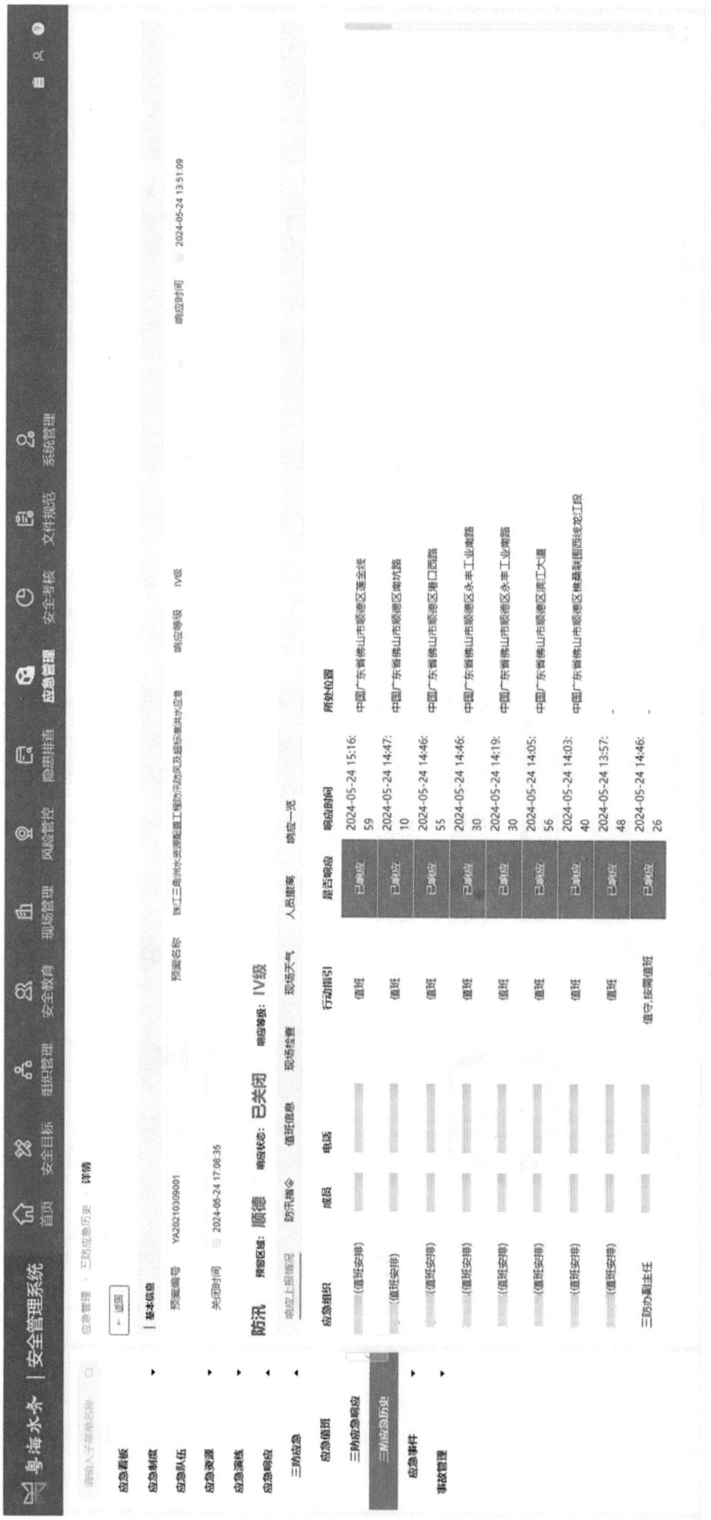

粤海水务 | 安全管理系统

首页　安全目标　组织管理　安全教育　现场管理　风险管控　隐患排查　应急管理　安全考核　文件规范　系统管理

应急看板
应急制度
应急队伍
应急资源
应急演练
应急响应
三防应急
应急值班
三防应急响应
三防应急历史
应急事件
事故管理

应急管理 › 三防应急历史 › 详情

← 返回

基本信息

预案编号　YA20210309001　预案名称　珠江三角洲水资源配置工程防汛防风及超标准洪水应急　响应等级　IV级　响应时间　2024-05-24 13:51:09

关闭时间　2024-05-24 17:08:35

防汛　预警区域：顺德　响应状态：已关闭　响应等级：IV级

响应上报情况　防汛指令　值班信息　现场检查　现场天气　人员撤离　响应一览

应急组织	成员	电话	行动指引	是否响应	响应时间	所处位置
(值班安排)			值班	已响应	2024-05-24 15:16:59	中国广东省佛山市顺德区莲金线
(值班安排)			值班	已响应	2024-05-24 14:47:10	中国广东省佛山市顺德区南坑路
(值班安排)			值班	已响应	2024-05-24 14:46:55	中国广东省佛山市顺德区港口西路
(值班安排)			值班	已响应	2024-05-24 14:46:30	中国广东省佛山市顺德区永丰工业南路
(值班安排)			值班	已响应	2024-05-24 14:19:30	中国广东省佛山市顺德区永丰工业南路
(值班安排)			值班	已响应	2024-05-24 14:05:56	中国广东省佛山市顺德区滨江大道
(值班安排)			值班	已响应	2024-05-24 14:03:40	中国广东省佛山市顺德区桑联围西线龙江段
(值班安排)			值班	已响应	2024-05-24 13:57:48	-
三防办副主任			值守,按需值班	已响应	2024-05-24 14:46:26	-

图 1-15　三防应急值班平台

图 1-16 预警信息推送平台

14. 收地三阶段

14.1　背景

珠江三角洲水资源配置工程建设用地总面积为 2 863.66 亩、临时用地 1 648.38 亩，共 48 宗用地，涉及范围包括佛山市顺德区，广州市南沙区、番禺区，东莞市和深圳市宝安区、光明新区等 4 市 5 区 17 镇（街道）。项目征地跨度大，布局分散，建设前工作尤为重要，尤其是征地速度。项目法人将"施工围蔽、附着物清表、设备进场"作为监测评估征地进度的主要特征，结合 720°全景航拍，全面监测征地速度，及时调整征地策略。

14.2　措施

14.2.1　围

协调权属人同意，编制征地协议模板，督促地方政府与权属人签署征地协议并兑付补偿资金，引导施工单位到现场对用地红线范围进行施工围蔽，此为征地第一阶段，表明已与地方政府确认征地范围。

14.2.2　清

督促评估单位核定地上附着物及青苗数量，并协调权属人签字；编制勘测定界材料，同步开展用地报批工作；指导施工单位开展"三通一平"施工，清除地上附着物及青苗。此为征地第二阶段，表明已与权属人达成一致。

14.2.3　进

用地红线范围完成施工平整后，协调公司工程部、管理部，下令施工设备进场开展施工。此为征地第三阶段，表明完成收地征地工作，进入施工阶段。

14.3　成效

项目以"围、清、进"划分征地三阶段，以实质性进展作为判断征地进度的标准，便于项目法人判断征地真实情况，为及时调整征地策略提供了重要依据，加快了征地收地进程。

15. 节约土地措施

15.1 背景

珠江三角洲水资源配置工程输水线路穿越珠三角地区核心城市群，为了实现“少征地、少拆迁、少扰民”的目标，管理团队本着“把方便留给他人，把资源留给后代，把困难留给自己”的建设理念，主动选择向地下 40~60 m 进军，以“地下空间”换“地上空间”，一改传统斜向施工支洞做法，打造了 37 座超深垂直工作井，并用全长 113.2 km 的地下输水隧洞，连接起粤港澳大湾区核心城市群，打造出当前世界上规模最大的地下调水工程。该施工方式永久征地仅 2 863.66 亩，较传统地面输水方式节约近 2 万亩土地，节地比例高达 87%。

15.2 措施

15.2.1 通过深埋隧洞设计优化方式节约用地

15.2.1.1 设计思路

本工程穿越珠三角核心城市群，所经过的区域土地资源紧张，基础设施众多，且地质条件复杂。工程共穿越高铁 4 处、地铁 8 处、高速公路 12 处、江河涌 16 处。为最大限度地节约用地，通过科学选址、多方案比较，采用集约化的建设原则，工程全线采用地下深埋盾构隧洞方式，在纵深 40~60 m 的地下空间进行施工，地面布置避开了永久占用基本农田，大大减少临时占用基本农田。

15.2.1.2 技术标准

由于采用深埋盾构隧洞方式，带来了内水压力大的困难，必须在盾构隧洞内增加一层内衬，用于承担 130 m 水头的内水压力。盾构隧洞施工采用国内通用的盾构机型和盾构直径，在盾构隧洞贯通后，进行隧洞内衬施工，内衬分为钢管内衬和预应力混凝土内衬。

15.2.1.3 节地效果

本工程采用全线深埋的施工方式永久征地仅 2 863.66 亩，若采用传统地面输水方式需永久征地约 22 000 亩，节约近 2 万亩土地，节地效果较为明显。

15.2.2 超深竖井开挖减少征地与对交通干扰

15.2.2.1 设计思路

本工程输水隧洞平均埋深 55 m，需开挖 37 处深基坑用于隧洞盾构施工以及后续隧洞内衬施工，该类基坑具有开挖深度大、地质条件差、周边建筑物众多、使用时间超过 3 年等特点。为降低施工期对周边环境影响，采用超深竖井方式作为输水隧洞施工通道。

15.2.2.2 技术措施

超深竖井采用地下连续墙+混凝土内衬垂直支护形式进行开挖，并结合后期输水隧洞检修及运营要求，在井内及井上部布置永久水工建筑物，达到最大限度节约用地的目标。

15.2.2.3　节地效果

本工程共设置37座超深竖井,其中33座在后期作为永久工作井使用,原设计永久征地2 620.36亩,临时征地6 841.37亩;经优化后,增加永久征地244亩,减少临时征地4 562.94亩,节地效果较为明显。

15.2.3　鲤鱼洲泵站设计优化

15.2.3.1　设计思路

初步设计阶段,鲤鱼洲泵站拟布置在龙江镇左滩村,为了节约宝贵的土地资源,调整到了鲤鱼洲。实施阶段,因鲤鱼洲西侧是一片茂密的山林,为了保护山林、减少开挖,工程团队将泵站布置从山林地段迁移至东侧滩涂鱼塘位置。

15.2.3.2　技术措施

鲤鱼洲泵站作为大型取水泵站,布置上按照功能需要,采用紧凑型布置,将前池和进水池长度尽量缩短,出水管道采用竖向大角度布置,达到最大限度节约用地的目标。

15.2.3.3　节地效果

鲤鱼洲泵站山上方案占用林地250亩,山下方案不涉及占用林地;从山上调整到山下,节约占用林地250亩。

15.2.4　罗田泵站"三桥一隧"设计优化

15.2.4.1　设计思路

初步设计阶段,罗田泵站进场道路采取路面向山体侧扩挖的方案。为减少林地破坏,施工图阶段将进场道路前段1.1 km以3座桥、1条隧洞替代,并将路面宽度从7 m调整为6 m双车道最小路宽。变更后的道路与林场道路无交叉共线,作为工程专用道路和林场消防通道,做到了与林场园区人车分流,大大提高了工程运行期消防安全保障。

15.2.4.2　技术措施

罗田泵站进场道路将原来扩挖园区道路改为隧洞加桥梁,工程投资增加了,但大大节约了用地,减少了施工期对环境的影响,保护了林地。

15.2.4.3　节地效果

罗田泵站进场道路如按原方案扩挖现有道路需占用林地73亩,现调整为"三桥一隧"的设计方式占用林地34亩,减少占用林地39亩。

15.3　成效

珠江三角洲水资源配置工程通过上述措施,节约了土地,做到了"少征地、少拆迁、少扰民"。管理团队本着"把方便留给他人,把资源留给后代,把困难留给自己"的建设理念,除了上述具体措施,还将"三个留给"的理念推广至全体参建单位和建设者,在整个建设过程中,"三个留给"的理念深入到每一个建设者的思想深处。管理团队通过年度工作会议、参建单位访谈会、各种现场会议、共建活动等方式,在工程建设全过程宣贯鼓励全体建设者践行"三个留给"的文化精神,取得了显著的成效,为建设安全、优质、节约、廉洁工程奠定了坚实的基础,同时提前半年通水。

16. 项目征地管理办法

16.1 背景

工程沿线建设征地和移民安置工作范围涉及广州、深圳、佛山、东莞等4市5区17镇(街道),征地面积约2 863.66亩,移民安置人口约900人。按照“政府领导、分级负责、县为基础、项目法人参与”的移民安置管理体制,有必要制定统一的工程征地移民工作管理制度,以保障工程项目法人、工程沿线各级政府及有关参加建设管理的单位有章可循,协调实施征地移民工作。根据广东省政府工作会议纪要(〔2019〕55号)要求,粤海控股公司牵头制定工程《征地移民管理办法》(以下简称《办法》)并报广东省水利厅审查,确保工程征地移民工作合法合规。

16.2 措施

16.2.1 办法编制

(1)《办法》初稿编制。

①借鉴同类大型水利工程征地移民经验,2019年4月,经监督评估单位研究,完成《办法》初稿编制。

②征地移民部在公司内部(含公司领导等)征求意见。

③征求设计院、粤海控股公司法务部、监督评估单位、外聘法务咨询单位意见。

(2)向广东省水利厅移民处咨询,提出咨询意见,邀请移民处到公司专题指导。

(3)根据省水利厅、设计院、咨询单位等意见修改完善《办法》,提出《办法》修订稿。

(4)《办法》(修订稿)专家咨询意见。

(5)与粤海控股公司总法、法务部沟通咨询。

2019年9月9日,粤海控股公司组织召开《办法》讨论会,粤海控股公司法务风控部、珠三角公司(广东粤海珠三角供水有限公司)参会对管理办法进行汇报与研讨。

2019年10月11日,粤海控股公司听取修订后的管理办法、编制说明等汇报,确定下一步拟通过粤海控股公司向省水利厅报送《办法》,请省水利厅进行审查。

(6)结合专家、粤海控股公司、咨询单位、公司相关部门的意见,再次修改完善,形成《办法》征求意见稿,由珠三角公司报粤海控股公司,再由粤海控股公司报省水利厅审查。

2019年9月25日,征地移民部提请公司审核《办法》,经会议研究,同意将《办法》修订完善后,上报粤海控股公司,提请粤海控股公司报送省水利厅。

经与粤海控股公司充分沟通对接,2019年10月17日,珠三角公司向粤海控股公司报送《关于报请省水利厅审查〈珠江三角洲水资源配置工程建设征地移民补偿和移民安置实施工作管理办法(送审稿)〉的请示》。

(7)粤海控股公司审核报送。

2019年11月1日,粤海控股公司向省水利厅报送《办法》,附编写说明。

16.2.2 《办法》审查

16.2.2.1 省水利厅组织审查

(1)粤海控股公司报送《办法》后,省水利厅移民处牵头,多次组织政法处、项目公司征地部、法务部、外聘咨询单位等逐字逐句审查,包括《办法》、注释稿、起草文件。

(2)省水利厅征求沿线四市政府、省直单位意见,同时通过水利厅网站和新媒体媒介征求公众意见(2019 年 12 月 2 日)。

(3)收集反馈意见,逐条修改完善,对不予采纳的意见一一回复;修改完毕后开展第二、第三轮征求意见。

(4)省水利厅政法处进行合法性审查。

(5)按照《重大行政决策程序暂行条例》编制《办法》的社会稳定风险评估报告。

(6)省水利厅厅务会审核(《办法》、注释稿、编制说明、政策解读、社会稳定风险评估报告、征求意见采纳情况、厅务会报告材料、政策依据文件),过程中水利厅厅长组织听取汇报一次。

16.2.2.2 省水利厅报送司法厅,进行合法性审查

内容包括《办法》(送审稿)、编制说明、注释稿、政策解读、社会稳定风险评估报告、征求意见采纳表、水利厅政法处合法性审核意见、法律法规汇编。

16.2.2.3 省水利厅报送省政府

内容包括《办法》(送审稿)、编制说明、注释稿、政策解读、社会稳定风险评估报告、征求意见采纳表、司法厅合法性审查意见、省政府会议纪要、水利厅政法处合法性审核意见、法律法规汇编等。

16.2.2.4 省政府办公厅审核

(1)按省政府办公厅意见修改后,征求沿线地方政府和省直单位意见。

(2)吸收总结各单位意见,报送省政府。

16.2.2.5 《办法》印发实施

省政府同意后,由水利厅印发实施。

16.3 成效

一是确保工程征地移民工作有章可循、合法合规。二是健全征地移民工作管理制度。工程征地移民工作范围跨越多个地市、县(市、区),涉及征地移民安置工作实施主体、移民安置管理和监督、用地审批、被征地农民社会保障、档案管理等各级政府及相关职能部门,以及项目法人、移民安置规划设计、监督评估等参建单位的工作职责。制定《办法》,进一步明确各级政府及有关部门、参建单位在珠三角配水工程征地移民工作中的职责,有利于各方协调推进征地移民工作的实施,加强征地移民工作的管理。三是规范处理征地移民项目变更与调整。国家部委批复的珠三角配水工程征地补偿和移民安置规划设计概算,在征地移民工作推进实施过程中,遇到地市、县(市、区)的补偿政策与标准之间存在一定差异,部分政策性费用未列入概算,造成较大资金缺口问题。出台《办法》,进一步明确工程建设征地和移民安置规划实施变更与调整的程序,以及解决概算资金缺口的问题。

17. 临时用地退地管理

17.1 背景

珠江三角洲水资源配置工程临时用地共 96 宗，根据耕地占用税法、土地管理法和自然资源部临时用地监管等有关规定，临时用地使用期限一般不超过 2 年，建设周期较长的能源、交通、水利等工程使用期限不超过 4 年。临时用地超出复垦期未完成复垦继续占用土地，将受到每平方米 100 元以上 1 000 元以下罚款和不退耕地占用税的处罚。2023 年下半年临时用地全部录入自然资源部"系统"管理，卫星拍违法用地图片，管理越来越严格，地方政府无协调余地。

17.2 措施

17.2.1 制定复垦计划

批复到期前半年，项目法人征地移民部会同各管理部对各地块制定复垦计划，明确复垦各环节的时间节点，由征地移民部、管理部和监理单位敦促施工单位按复垦计划落实复垦工作，确保在复垦期截止前取得自然资源局出具的通过复垦验收意见。

17.2.2 聘请复垦服务单位，落实复垦工作

17.2.2.1 充分沟通

施工单位聘请复垦服务单位对地块进行复绿，由复垦服务单位与地方自然资源局沟通确定验收材料和相关要求（现场验收占六成，材料验收占四成；严格按照复垦方案执行）。

17.2.2.2 精准定位

将备案的临时用地范围线、各个复垦的地类边界线、要修的沟渠和田间道路等配套放样（放线）到实地，确保复垦的位置准确，避免出现漏拆混凝土、漏复绿的区域导致返工整改。

17.2.2.3 落实细节

复垦过程中，需对地块复垦前的状态拍照留证，还要对每个复垦工序拍照留证，包括拆除、清理、外运混凝土地面和地上建筑物，运入、回填客土，平整土地，修筑沟渠、生产路，种植植被、施肥等工序。

17.2.2.4 现场管护

现场完成复绿后，在验收前安排人员对现场的植被、修筑的沟渠和田间道等设施做好管护，确保复垦效果，避免植被缺水枯死或人为破坏以及设施被人为损坏，影响验收。

17.2.2.5 特殊事件

因复垦材料中有一项需要权属人签意见，个别权属人（村民）会提出不符合复垦报告中的要求（如：保留地块上的建筑物、道路，聘请村民监督复垦施工等），导致复垦工作受阻。需要施工单位与权属人、自然资源局沟通协调达成一致意见，避免影响复垦验收。

17.2.3　组织验收

17.2.3.1　验收申请

提交验收材料给自然资源局负责验收的经办，通过自然资源局初步审查后，发验收通知召开验收会。验收会由邀请的专家对现场和验收材料进行把关，提出整改和完善验收材料意见。

17.2.3.2　现场验收

自然资源局经办部门和专家等到现场核查临时用地范围与实际复垦范围是否一致，地类边界范围内复垦地类是否与实际复垦的一致，现场有无未清理的混凝土和石头，沟渠、道路等配套设施有无损毁等。如不符合要求，将提出整改意见，整改完成后，自然资源局再次现场核查，确认合格后，核发验收意见或验收批复（佛山市自然资源局要求在复垦完成后公示 30 天）。

17.2.4　退耕地占用税

征地移民部凭批复及自然资源局要求的其他资料，办结临时用地手续，将办结用地材料拿回，由财务部去银行、税局办理退回缴纳的临时用地复垦保证金及耕地占用税（复垦期内取得复垦验收意见才可退税）。

17.2.5　地块管护

根据《土地复垦方案编制规程》的规定，建设单位在土地复垦工程完成后，须制定科学的、切实可行的地块管护计划。珠江三角洲水资源配置工程的管护年限为 3 年，复垦结束后，继续对植物严加管护，及时松土、除草、浇水和防治病虫害，定期检查复垦区保水保肥能力等，使复垦区尽早恢复生产力，以保证复垦植被的成活率，从而保证复垦工程达到预期效果（通常情况下，由业主单位聘请当地村民对复垦地块进行管护）。

18. 实现提前通水的系列举措

18.1 背景

大型引调水工程征迁任务繁重、征迁工作影响因素较多，建设过程中不可避免地出现扰民和民扰现象，征迁和建设的工期往往难以控制；线形工程涉及地理、地形和地质环境条件复杂，尤其是地下工程在施工过程中往往出现不可预见的影响因素，也会影响工程进度；大型引调水工程设计技术问题复杂、施工技术难度大，这些因素往往导致进度计划的调整；珠江三角洲水资源配置工程的建设高峰期恰好遇上三年疫情，限制了勘察设计、施工、监理和建管单位资源配置、人员调动等，严重影响了工程施工进度。

18.2 措施

面对珠江三角洲水资源配置工程遇到影响工程进度的难题，管理团队集思广益，深入贯彻落实其特色文化精神，确保“五大控制体系”有效运行，采取了下列举措。

18.2.1 搭建一流建设团队

珠江三角洲水资源配置工程管理团队骨干力量很多经历了东深供水工程建设，延续了“时代楷模”精神，并且凝聚了一批有着丰富引调水工程建设管理经验的建设者组建了管理团队。管理团队以攻坚克难、凝心聚力打造新时代生态智慧水利工程的意志，确立“走出去，请进来”的理念。在招标准备阶段，调研国内大中型引调水工程，考察盾构制造企业，系统了解国内一流建设企业的实力、口碑、履约能力等信息；科学合理分标，通过公开招标引进扛得起责任、打得起硬仗、干得出成绩的一流建设企业；参建单位按照合同约定组建了优质高效的现场管理机构，配置了适应工程建设管理的技术人员和管理人员。

18.2.2 凝聚专家技术力量

管理团队将各参建单位管理和技术的中坚力量集中到珠江三角洲水资源配置工程，共同解决勘察设计和施工中遇到的重点和难点问题；邀请院士和知名专家问诊把脉关键技术，破解难题。珠江三角洲水资源配置工程“长大高宽、深埋高压”，管理团队以目标和问题为导向，针对重点和难点，凝聚专家技术力量，为工程建设保驾护航。如 D2 标钻爆隧洞衬砌渗水处置、穿越大金山泥水平衡盾构机 5 bar[1] 带压换刀、B4 标穿越虎岗高速、C1 标穿越大溪怀德水库等重大技术问题，通过专家论证，施工单位和建设单位“一把手”亲自抓、亲自过问，成功地解决了上述问题。又如，面对长距离大流量地下调水工程水锤试验，国内外无成熟经验可循，但管理团队从全寿命周期的视角考虑决定开展满流量水锤试验，邀请业内专家反复论证试验方案，完成了国内大型引调水工程首次满流量水锤试验。

---

[1] 1 bar = 10^5 Pa。

18.2.3　科技创新助力工程建设

项目法人开展了总体规划设计类、施工类、运营类课题7项,建设专题27项科研攻关项目,为工程设计、施工提供了理论和试验支撑。设置工程试验段,先行先试,研发总结了盾构分体始发施工工法、大直径钢管环氧粉末喷涂、大直径钢管快速运输及安装技术、自动焊接技术等成果,并全面运用于主体工程。开展1:1预应力混凝土内衬原型试验(见图1-17),研发总结了“智能张拉技术、防脱空监测技术、钢模台车优化设计、浇筑工艺及工序优化”等系列成果,有效提高了现场施工工效。

图1-17　1:1原型试验

18.2.4　加大资金支持力度

“兵马未动,粮草先行”,珠江三角洲水资源配置工程深刻认识到资金支持对项目建设的推动作用,多措并举,为各参建单位营造良好的资金环境。在项目预付款的基础上,粤海集团创造性地实施了年度预付款举措。推进钢管制安进度款分阶段支付,缓解施工单位储备钢管资金压力,高峰期全线钢管储备达1 500节,为内衬钢管施工进度提供强有力的钢管供应保障。签订激励补充协议和支付春节留岗补贴,助推项目克服疫情、春节留人难等影响,为超额完成各年度建设任务和工程提前通水打下坚实基础。

18.2.5　不断优化施工组织设计

科学的施工组织设计是实现施工安全、质量、进度和成本目标的必要措施。将深圳分干线钻爆隧洞部分区段内衬优化为钢管,东莞分干线不良地质段钻爆区间施工优化为顶管施工,通过不断优化施工方案,既保障了施工安全和质量,又加快了工程建设。深埋隧洞预应力混凝土内衬受地下空间限制,施工进度迟缓,管理团队凝聚参建单位的技术力量,反复研讨论证,提出了“先备仓,后反向浇筑”的施工组织,全线投入53台钢模台车,细分18道施工工序,配置5类特种作业人员,不断提高施工工效(见图1-18)。

18.2.6　动态管控关键线路

合同按照常规施工经验约定了关键线路,但珠江三角洲水资源配置工程的很多施工工艺和方法无经验可循,施工过程中需要对关键线路进行动态管控。建设团队经过反复

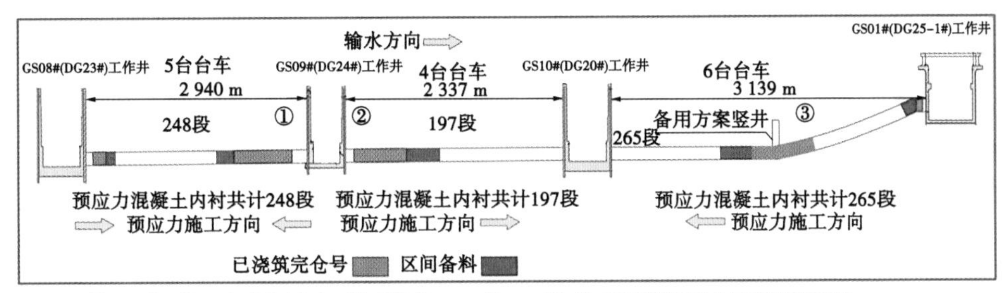

①2022年8月10日区间预应力工作面移交500 m;②2022年9月10日区间预应力工作面移交500 m;
③2022年10月5日区间预应力工作面移交1 500 m。

图 1-18 预应力内衬施工组织优化

研讨论证,逐步形成成熟的工艺和方法并测定实际工效,预测各线路完工时间,计算各线路的自由时差和总时差,确定当期工程关键线路,关键线路按月梳理、发布。

18.2.7 营造比学赶帮超氛围

设置进度“龙虎榜”、隧洞“巅峰榜”及对滞后线路上墙公示等方式,激发参建单位荣誉感和竞争意愿,形成比学赶帮超氛围,助力工程加快施工。

18.3 成效

珠江三角洲水资源配置工程 2019 年全面开工、2020 年全面始发、2021 年全面掘进、2022 年全面贯通、2023 年全面通水,较初步设计批复工期提前半年通水。

19. 深度应用 720°全景航拍

19.1　背景

为将珠江三角洲水资源配置工程打造为智慧工程，展现工程建设面貌变化，记录工程建设过程，管理团队对各个工区开展 720°全景航拍，记录各工区的影像面貌。

19.2　措施

项目法人通过招标选择专业团队开展工区 720°全景航拍服务，利用无人机航拍技术，定期对珠江三角洲水资源配置工程工作井、泵站等工区进行 720°高清航拍，经组合调整后发布至系统，即可实现全线工区施工环境和动态的全景查看应用（见图 1-19～图 1-21）。该应用还可支持 VR 应用，从而实现立体化、沉浸式的体验。

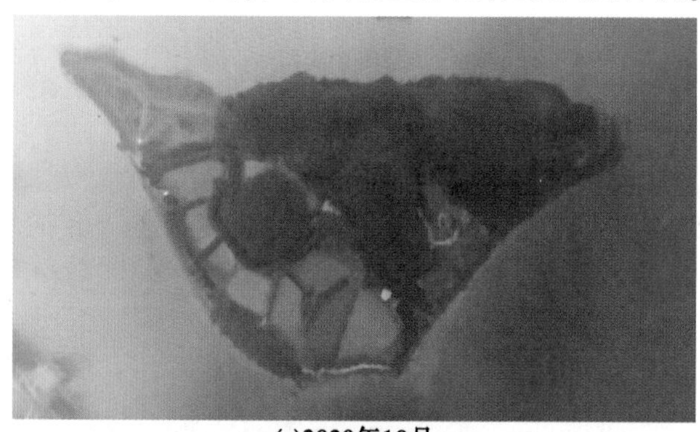

(a)2020年10月

(b)2024年2月

图 1-19　鲤鱼洲泵站 720°航拍影像

19.3　成效

工区 720°全景航拍是珠三角智慧工程全面感知的重要组成部分，已成为珠江三角洲水资源配置工程直观掌控全线建设情况,辅助工程征地、工区保护等管理决策,展示项目风貌、标准化施工良好形象的窗口。

(a)2019年8月

(b)2024年2月

图 1-20　高新沙泵站 720°航拍影像

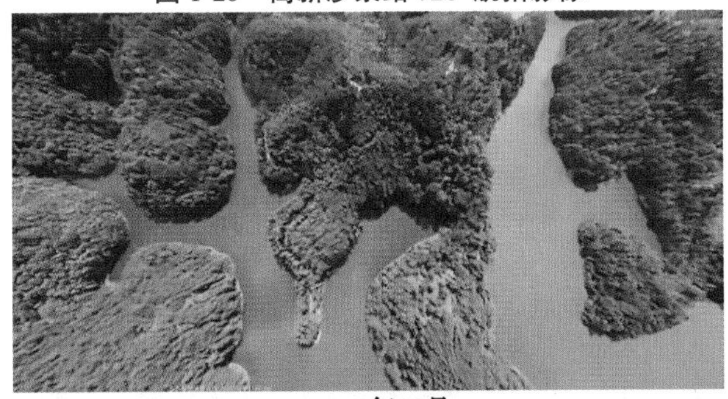

(a)2019年11月

(b)2024年2月

图 1-21　罗田泵站 720°航拍影像

20. 利用智能视频监控技术加强现场监管

20.1　背景

珠江三角洲水资源配置工程线长、点多、面广，且技术复杂、工期较长、监管难度大，应用云计算、大数据、物联网、人工智能、移动互联等技术，搭建全寿命周期智慧系统平台，融合创新、协同共享，可以为工程建设及运营提供有效支撑。管理团队为提升建设管理水平，决定搭建工程智能视频监控平台，实现智慧监管，为建设管理信息系统提供统一的视频数据，融合物联网平台，实现视频监控设备的统一管理。

20.2　措施

20.2.1　搭建原则

按照“统一规划、分步实施”的原则，搭建了智慧监管系统，实现了工程现场的全面感知。

20.2.2　平台搭建

珠江三角洲水资源配置工程在工地安装视频监控，利用智能视频监控平台视频 AI 分析的人脸识别、安全帽识别（见图 1-22）、禁区监控功能，实现了现场“千里眼”。在隧洞掘进施工阶段重点监控制高点全景、一二级门禁、工作井施工、龙门吊吊装作业、钢筋加工场、盾构机等施工区域；在内衬施工阶段重点监控台车施工区域；在泵站施工阶段重点监控厂房区、安装间、电机层等施工区域。智能视频监控平台自动在线抓拍违章作业，并通过安全管理信息化手段，下发视频巡查隐患整改通知（见图 1-23），进行整改闭环管理；通过多种智能视频分析算法组合，实现事前智能预警、事中及时告警、事后高效追溯。

图 1-22　安全帽识别自动在线抓拍违章作业

× 典型隐患 已选时间：开工至今

← 返回

基本信息

* 描述：A1-鲤鱼洲工区-作业人员在施工区域内未按要求佩戴安全帽

* 标段：A1　工区：鲤鱼洲工区　分部工程：

* 隐患类型：人的不安全行为　* 隐患级别：一般隐患(普通)　* 检查周期：专项检查

检查(复核)人：　* 检查单位：安全质量部　* 检查时间：2022-08-26

* 整改责任单位：土建安装A1标　整改责任人：　* 整改期限：2022-08-29

违规类型：一般问题　违规行为：请先选择违规类型　扣分：选择违规行为后自动带出

* 整改措施：
1、对现场安全人员、违章人员进行针对性安全培训和安全技术交底，并进行安全生产责任考核。
2、将违章人员姓名填入违章人列表（流程：新增-搜索名字-打勾-确认）

* 整改标准：作业人员按要求佩戴好安全帽，经二级防护区安保人员检查后，进入施工现场作业。

* 四不两直：否

整改前图片

序号	预览	扩展名	上传人	上传时间	操作
1		jpg		2022-08-26 00:19:47	

整改信息

图1-23　视频巡查隐患闭环整改

20.2.3 应用分析

智能视频监控技术目前已广泛应用于各大工程智慧工地建设中,但实际应用中还未能达到理想的最佳应用效果。一是在各施工工区之间难以统一组建内部专网,通常是租用运营商网络。为了支撑视频 AI 分析功能,工地现场需采用高分辨率摄像头拍摄高清图像,而通过互联网传输至后端服务器对网络带宽要求巨大,因此无法将所有摄像头进行实时视频 AI 分析,在珠江三角洲水资源配置工程的智能视频监控平台中挑选 20 路关键施工部位的摄像头进行视频分析。二是视频 AI 分析算法部署后,需要经历机器学习的过程。在视频画面未能完全满足清晰度要求或施工现场情况较为复杂的情况下,偶尔会出现错误告警、误判违章,珠江三角洲水资源配置工程在智能视频监控平台投入运行初期,增加人工干预环节,进行联动告警,确保抓拍违章作业的准确性。

20.3 成效

智能视频监控平台是智慧监管系统的重要部分,接入各施工工区关键部位视频,全面监控施工违章违规作业及工地现场文明施工等(见图 1-24),能够及时发现工程施工过程中人的不安全行为和安全隐患,并给施工作业人员形成安全监控的震慑力,使得作业人员违规行为无处可藏,不敢违规、不愿违规,长期可形成良好的作业习惯与秩序,提升本质安全,强化了工程安全监管和施工过程监管。

智能视频监控平台为其他应用系统提供了统一的视频数据管理,对现场采集接入的视频图像进行智能 AI 分析、违章作业智能报警;同时,智能视频监控平台与物联网平台融合,完美打通和继承数据、鉴权、安全、空间等体系,实现了视频监控设备的统一管理、统一接入、统一采集及存储,视频 AI 分析联动实现了安全风险的多维度辅助判断,以发现更多未知的安全风险。

图 1-24 珠江三角洲水资源配置工程智能视频监控平台

21. 利用物联网技术实时监管原材料、中间产品、试件质量

21.1 背景

长距离引调水工程线长、点多、面广,原材料、中间产品、试件的自检、平行检测和对比检测任务繁重,样本的代表性、质量数据的真实性是确保工程质量的关键因素,实际生产过程中样本的代表性难以监控,质量数据的及时性、真实性往往出现较大的偏差。

21.2 措施

珠江三角洲水资源配置工程组织搭建了"三检合一"的质量检测信息管理系统,将施工自检、监理平行检测、项目法人对比检测纳入统一监管,采用样品唯一性标识(RFID 芯片、二维码)、GPS 定位、上传取样照片、试验室视频监控、力学自动采集、报告自动上传等手段,实现对取样、送样、试验、数据生成及见证的全过程实时监管(见图 1-25、图 1-26)。

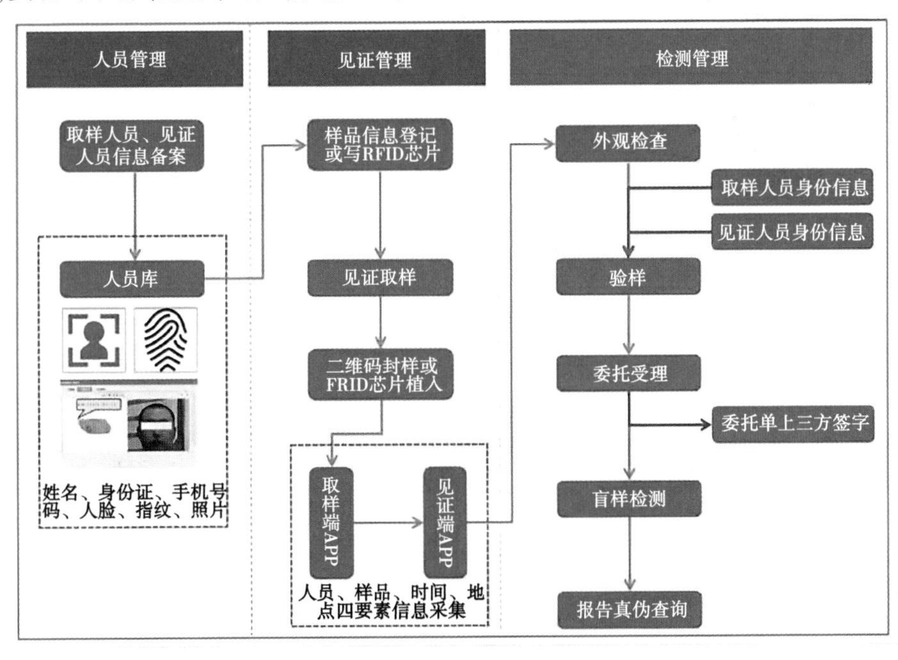

图 1-25 取样流程

21.2.1 唯一性标识加 GPS 定位

取样前对取样人员、见证人员进行信息备案(包含姓名、身份证、手机号码、人脸、指纹、照片等信息),确保取样人员和见证人员的基本资格。取样时对样品进行唯一性标识,一般材料采用二维码标识,对关系结构安全的混凝土试件植入芯片,确保样品在流转过程中不被调换。同时,通过移动端 APP 脸部扫描、GPS 定位和上传照片,实现对取样"人员、样品、时间、地点"四要素信息采集,确保取样的代表性。

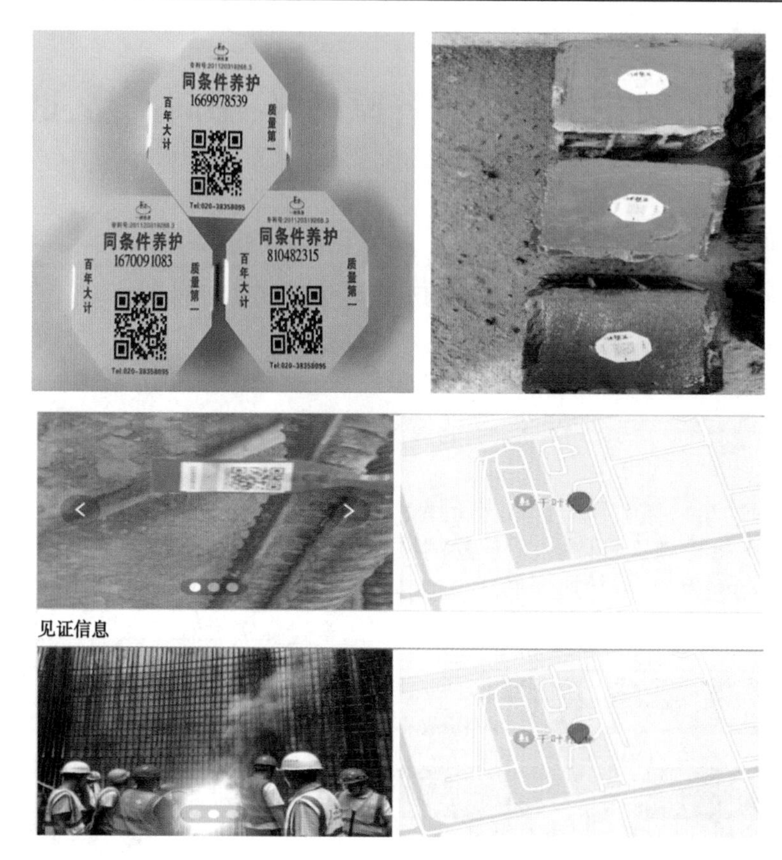

图 1-26　RFID 芯片、GPS 定位

21.2.2　视频加自动采集

各工地试验室建立视频监控系统,利用互联网技术,可通过网络实时视频监督检测过程或事后查看视频录像,加强对试验室和检测人员监管(见图 1-27)。结合温湿度自动记录仪、人脸识别技术,可对试验检测环境、检测人员、使用的仪器设备、采集过程和操作步骤实时监控并自动留档。其中,对关系结构安全的力学部分,可通过自动采集接口,在检测的同时将力学检测数据直接上传至信息系统(见图 1-28),既保证了试验数据的真实性,又规范了试验室的检测行为。

21.2.3　报告自动生成

对试验室开展的试验检测工作,在试验结束后即可根据检测人员指令自动生成电子版检测报告,经试验室主任复核后即可上传系统,方便管理人员实时掌握最新试验结果,确保检测报告的时效性,有效避免了传统试验后打印、签字、盖章等一串流程导致报告出具严重滞后的情况。

21.3　成效

基于物联网技术的质量检测信息管理系统,规范了检测单位的检测行为,解决了质量检测代表性、真实性和时效性难题。珠江三角洲水资源配置工程开工至今累计开展质量检测 285 000 余组,发现不合格项 1 045 批次,全部按照程序进行了处理,保证了工程原材

图 1-27 试验室视频监控

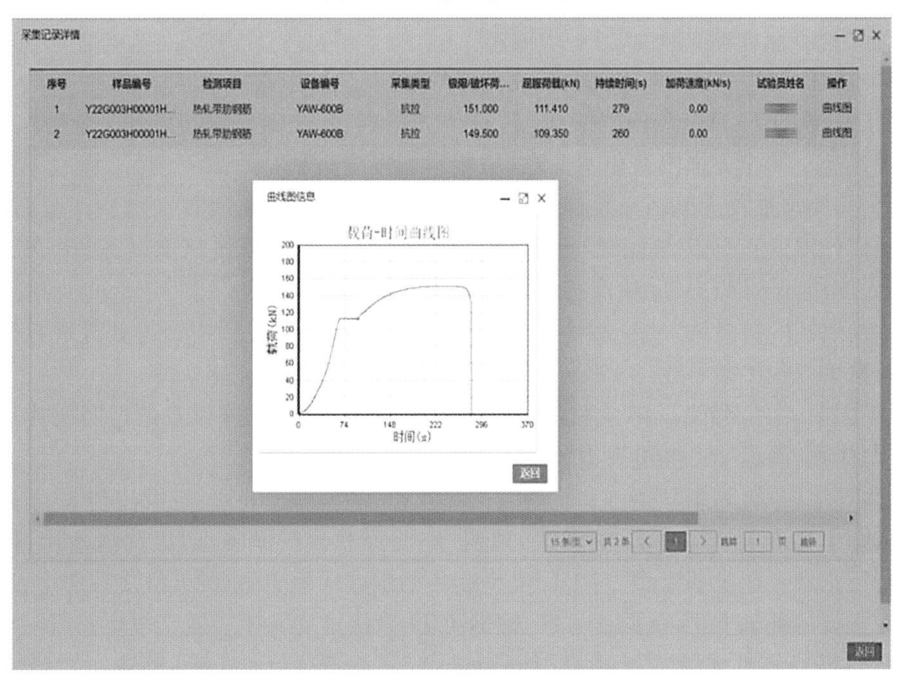

图 1-28 力学数据自动采集

料、中间产品和试件质量。同时,借助系统对检测数据进行多维度统计分析,使质量检测成为建设单位控制工程质量的有力抓手。

22. 数字孪生珠江三角洲水资源配置工程建设

22. 1 背景

数字孪生珠江三角洲水资源配置工程是珠江三角洲水资源配置工程新时代生态智慧建设的一号项目,也是水利人落实水利部数字孪生流域建设的重要内容和基础,构建了具有预报、预警、预演、预案功能的智慧水利体系。全国各知名水利工程纷纷上马数字孪生建设。

22. 2 措施

数字孪生珠江三角洲水资源配置工程总结为“一二三四五六”。

一个原则:将 BIM+GIS 应用及数字孪生纳入智慧工程建设范畴,确立孪生工程要与实体工程“同步设计、同步建设、同步应用”。

两个目标:孪生工程定位安全、高效,保障工程安全的前提下促进管理的高效,通过数字孪生技术,实现对工程管理精细化、趋势预测精准化、决策科学化,确保今后“关门运行”落地实施。安全方面围绕供水安全(机组运行安全机制)、水工安全(工程水工结构的整体安全监测预报预警机制)、检修安全(进隧洞检修前的通风预演)、水质安全(油污扩散、水质劣化演变),高效方面致力于优化调度方案预演,进而实现机电设备的高效运行。

三大作用:记录历史、反映现实、预测未来。

四级颗粒度:打造地块级、站场级、设备级与零件级从宏观到中观再到微观数字孪生体,全面覆盖工程 1 条干线、2 条分干线、1 条支线、3 座泵站和 4 座水库。

五个团队:由工程建设单位+设计单位+科研院所+IT 公司+设备制造商搭建研发和建设组织体系,确保项目推进有力。

六大层级:一级物理孪生,以虚仿实;二级状态孪生,以虚映实;三级控制孪生,以虚控实,即从孪生平台上控制道闸、摄像头、风机、空调等非生产设备;四级预演孪生,以虚预实,即调用水利专业机理模型,对工程典型业务场景进行预演仿真;五级决策孪生,以虚优实,即在预演的基础上,优化调度方案,辅助决策;六级虚实共生。数字孪生建设三大技术要素为“数据是基础、模型是核心、软件是载体”,核心技术是“机理+感知+数据底板+高效算法+知识平台”,物理孪生解决“像不像”的问题,状态孪生解决数据映射问题,机理孪生解决预演仿真问题,虚实共生是孪生工程的长期愿景。

22. 3 成效

数字孪生是系统工程,需要内外兼修、行稳致远。目前,数字孪生珠江三角洲水资源配置工程首创将预报、预警、预演、预案融入调度决策流程,调度中心通过视频监控、SCADA 系统和孪生系统,实现“监、控、算”确保调度安全,数字孪生建设团队全程参与工程充排水调度,使用数字孪生系统实时计算,超前预报充、排水情况,及时预警提示关键节点,为充水决策提供了有力支撑,是全国首个在物理工程正式充水前利用数字孪生工程实现充、排水预演的调水工程(见图 1-29)。

图 1-29 数字孪生鲤鱼洲泵站

23. 利用数字孪生技术模拟充水排水试验

23.1　背景

2023 年 11 月 30 日，珠江三角洲水资源配置工程召开工程首次充水过程数字孪生预演会议，会议以“提前预判通水风险，保障首次充水安全”为目标，依照水利部相关建设要求，以智慧水利工程 BIM+GIS 平台为依托，以“机理模型+充排水方案”为基础，以充水调度与工程安全为驱动，直观反映和模拟从鲤鱼洲泵站到高新沙水库深埋隧洞充水全过程，在全国范围内首次成功实现水利工程通水前的充水过程预演模拟。

23.2　措施

23.2.1　数字孪生方案

为确保工程安全，珠江三角洲水资源配置工程整体划分为 5 个水力单元，本次充水隧洞为第一水力单元（鲤鱼洲泵站—高新沙水库水力单元，见图 1-30、图 1-31），充水过程遵循“小流量、首次间隔、排气充水”原则，按照“先下游后上游，先自流后启泵”的顺序进行，保障隧洞安全和充水状态稳定。

本次充水预演分两阶段进行。第一阶段（鲤鱼洲泵站补水管—鲤鱼洲高位水池—输水隧洞），充水管线纵面走向形似字母“W”，预演系统以物理隧洞的机理模型驱动孪生管道，根据边界条件，输入开始水量、结束水量、隧洞流量等参数，后台计算后输出闸门开度、充水时间、隧洞水位变化、工作井排气气压变化等；第二段（鲤鱼洲泵站水池—输水隧洞—高新沙水库），预演系统以充水设计方案驱动仿真模型，系统自动开启进水闸门，打开连通闸，逐次开启主泵，控制充库流量，从清淤区溢流到主库区后，最终使高新沙水库达到正常蓄水位。

23.2.2　数字孪生模拟组织

本次工程充水预演模拟任务，前期精心组织、精密设计，安排土建、机电、调度、质量验收、应急保障、工程信息化等 6 类专业 40 余人参加，成立专项工作小组，统一工作思路，认真编制预演方案，反复确认充水边界条件，明确工程可充水的判断标准，厘清 400 多项工程检查项目；通过“线上模拟，线下实战”的形式，开展实体工程充水，以预演成果支撑实际充水，用充水过程检验模拟结果。

23.2.3　数字孪生预演模拟

（1）通过模拟计算得出管道排气阀关键节点。通过数字孪生机理模型得出“W”形隧洞的两个最低点充满水后，隧洞内气体集中向最高点排气阀流动，必须保证此处排气阀工作正常。

（2）通过预演充水方案调整主泵开启顺序。鲤鱼洲主水泵具备最小扬程启动条件时，开启 1 台主泵扬水至高位水池，通过溢流阀反向将其他主泵管道充满，逐次开启第二、三台主泵向高新沙水库充水。实际过程是利用检修排水泵抽水给第七、八台主泵出水管充满水，再启泵向高新沙水库充水。

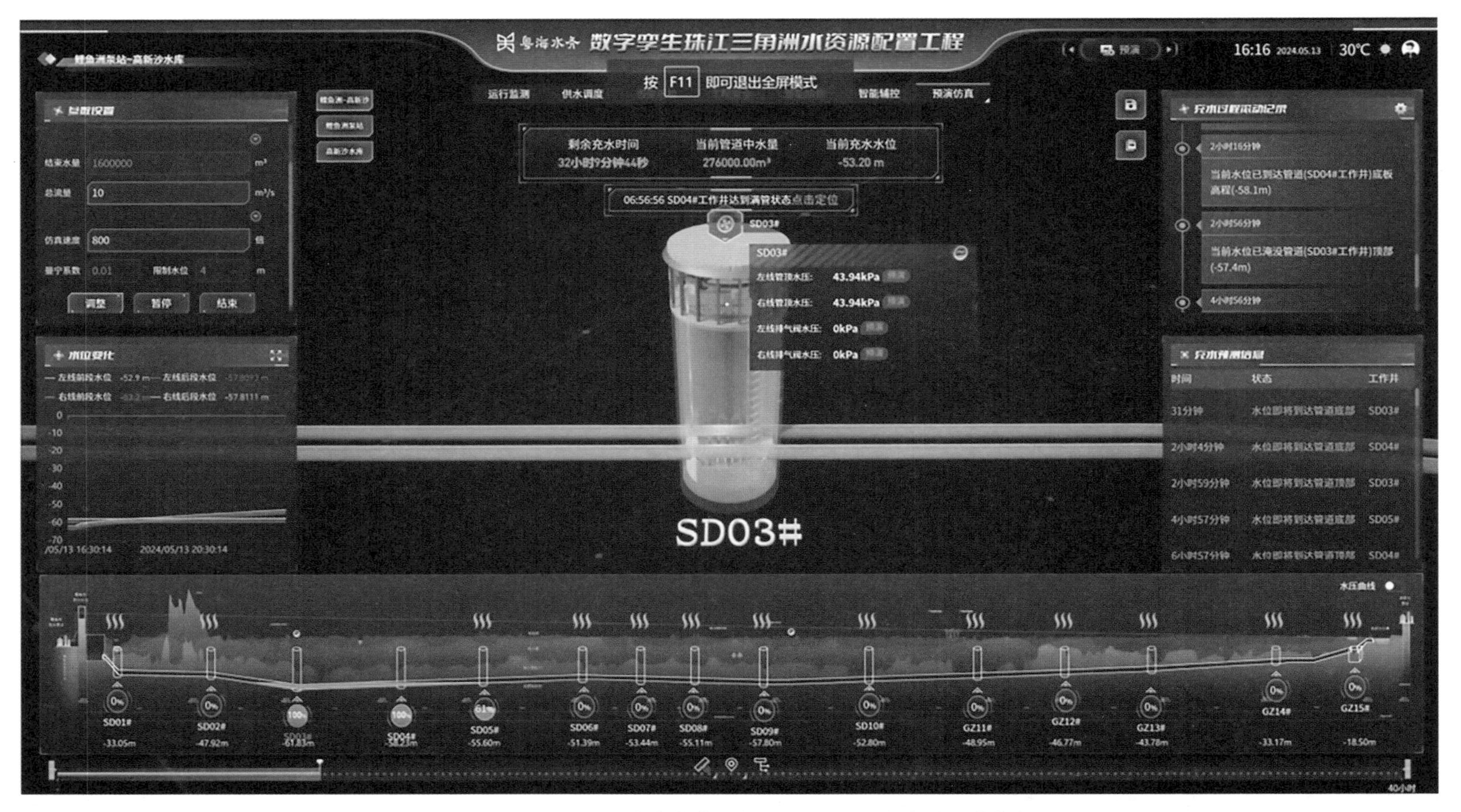

图1-30　数字孪生珠三角预演模拟——鲤鱼洲泵站充水

图1-31 高新沙泵站启动首次充水

(3)通过预演细化隧洞充水时间并符合闸门启闭状态。通过隧洞充水机理计算结果,预计双线充水为40小时,对比充水方案的计算结果(48小时)相差20%。

(4)为实际充水过程决策提供科学精准支撑。2023年12月1日,工程启动首次充水,将现场20多类实测数据、视频数据推送到预演系统中,对工程运行状况、隧洞内水位变化、工作井排气、隧洞内淹没位置等多项指标进行对比分析,以及在隧洞结构破坏、阀门故障等紧急状态下,预演隧洞内压力水平、管道存水量等,为应急处置决策提供科学精准支撑。

23.3 成效

本次数字孪生预演模拟,达到了既定目标,生动模拟珠江三角洲水资源配置工程的真实环境和运行条件,建设了具备“四预”功能的智慧水利工程系统,对隧洞充水、金属结构、机电设备等进行复杂空间表达,融合工况、水情、视频等多维数据分析,模拟充水、排气、溢流、提闸、开泵等各类业务场景需求,建立监测预警、模拟仿真和智能反馈机制,实现自动发现问题、辅助解决问题、预案滚动修正,推动珠江三角洲水资源配置工程安全风险从被动应对向主动防控转变,为工程首次充水提供典型场景前瞻性演练,为新时代生态智慧水利工程画龙点睛,让虚实交互愿景落地成真,为国内数字孪生引调水工程提供参考。

24. 系统谋划工程建筑设计

24.1 背景

珠江三角洲水资源配置工程是全国水利系统瞩目的“百年工程”，更是生态智慧与民生工程的完美融合，而且工程处于珠江三角洲的核心区域。传统水利工程往往远离城市，设计侧重功能与实用，建筑设计谋划较少。为践行水利工程高质量发展，广东省委、省政府和粤海集团决心将珠江三角洲水资源配置工程建成百年经典工程、新时代生态智慧工程。项目法人致力推动水利民生建筑的外观、风格和文化艺术价值的挖掘，力图将岭南特色、生态文明与先进科技紧密结合，使水利工程兼具实用与艺术之美，并与周边环境相协调，持续提升周边人民群众的获得感、幸福感和安全感。工程建成后，不仅要成为水利文化的载体、水利人精神的象征，更要成为一件美轮美奂的水利建筑艺术品。项目法人为了塑造该项目文化艺术智慧价值，打破常规，系统谋划并开展工程建筑设计。

24.2 措施

珠江三角洲水资源配置工程主体结构大部隐匿于地表之下，而地面以上的鲤鱼洲、高新沙、罗田 3 座泵站，高新沙、松木山、罗田、公明 4 座水库以及沿线工作井、高位水池、水闸等重要组成部分，则成为展现水利建筑艺术魅力的核心地带。2019 年，项目法人与设计单位共同谋划，秉承“三个留给”，即“把方便留给他人，把资源留给后代，把困难留给自己”的情怀、格局、站位，开展了珠江三角洲水资源配置工程建筑设计国际招标，旨在甄选出最具创意且能够体现工程精神、文化和艺术价值的设计方案。招标竞赛包括两个阶段：概念方案投标阶段与概念方案深化阶段。

概念方案投标主要是高新沙泵站建筑方案概念设计，鲤鱼洲泵站高位水池建筑方案概念设计；概念方案深化是在竞赛概念方案设计成果的基础上，根据专家评审意见、竞赛组织单位意见，由中标单位对竞赛设计方案进行调整和深化。

2019 年 3 月起，设计院组织竞赛，经过严谨的筛选和激烈的竞争，2019 年 12 月，澳大利亚的 LAB 建筑设计事务所凭借其卓越的设计理念和对“水接云天”主题的独特演绎成功中标。

中选单位在竞赛概念方案设计成果的基础上，吸收其他参赛方案的优点，并根据专家的评审意见、竞赛组织单位意见等，对竞赛设计方案进行调整和深化。以中标的高新沙泵站立面风格为基础，开展鲤鱼洲泵站、罗田泵站建筑设计及沿线构筑物的整体形象设计，最终完成 3 座泵站和高新沙水库水文化园的建筑设计工作；水工建筑物的建筑设计主要针对建筑外部造型，管理生活用房的建筑设计含内部功能分区、交通流线及建筑外观；枢纽总平面和单体平面布置依据绿色建筑评价标准要求进行建筑设计。建筑设计在保证水利工程效能的前提下，实现建筑与自然环境、社会环境的高度和谐共生。

工程设计单位在确定的建筑设计方案基础上开展细化设计。细化设计得到了广东省水利厅和粤海集团的支持与指导,强调建筑与环境的和谐统一,尤其是调压塔要运用曲线和流动的形态来塑造空间,营造出一种与自然环境紧密相联的氛围。项目法人和工程设计单位精雕细琢,将建筑设计方案完美地融合进工程设计。项目法人和工程设计单位将“水”的形态巧妙地融入建筑语言,建筑工程完美地诠释了新时代水网工程的形象。

高新沙水库、调压塔和工作井,捕捉河流自然弯曲及河水在阳光照射下波光粼粼的形态,用白色穿孔铝板设计了波浪形的分隔,在一天不同角度、强度、色彩的阳光照耀下,立面会渐变出不同的效果,以更加自然的方式呈现“水接云天”的设计主题。从不同视角看过去,建筑立面所展现的效果也会充满变化,整组建筑在河畔连接水天,与环境和谐共处(见图 1-32)。

图 1-32　高新沙泵站和调压塔

高位水池建筑寓意水在自然界中的循环过程,上承云端,下联水源,实现了天地之间的诗意对话(见图 1-33)。

三大泵站的绿化景观设计也极具巧思,如鲤鱼洲泵站参照“涟漪”形态布局(见图 1-34),高新沙泵站借鉴“雨滴”的意境(见图 1-35),罗田泵站则呼应“交织田野”的主题(见图 1-36),整体构建了一片绿色生态岛屿。此外,设计师们注重选用适宜本地生长、四季变换的乔木与灌木,打造层次丰富、景致宜人的园林景观,让原本硬朗的水利设施与周围环境形成柔和过渡与互动渗透。

24.3　成效

贯穿粤港澳大湾区核心区域的珠江三角洲水资源配置工程,每一段管线、每一座建筑都承载着传递生态、智慧、和谐的使命。无论是恢宏壮观的泵站还是沿线的其他设施,都成为城市风景线上引人注目的亮点,体现了新时代水利工程建设的卓越成就,彰显了以人为本、人与自然和谐共生的人文情怀与时代风貌。

图 1-33　高位水池设计效果图

图 1-34　鲤鱼洲泵站效果图

图 1-35　高新沙泵站效果图

图 1-36　罗田泵站效果图

25. 参建单位全面应用 PMIS

25.1 背景

珠江三角洲水资源配置工程参建单位众多,涉及专业面广,项目法人不仅需要从工程建设安全、质量、成本、进度、廉洁等多个维度进行有效管理与控制,还需要沟通协调不同的管理模式、理念。管理团队在建设伊始,通过广泛调研、深度研判,认为必须借助信息化管理手段,搭建统一信息共享平台——工程项目管理信息系统(以下简称 PMIS),落地工程建设项目的标准化、规范化管理理念,全面提高工程建设管理水平。

尽管 PMIS 的建设要求早在 2009 年就已被列入《水电水利项目建设管理规范》(DL/T 5432—2009),PMIS 在国内也已有了近 20 年的应用,但往往是“重搭建、轻应用”,系统建设针对性、易用性不强,系统应用推进不力,参建单位人员应用意愿不强,成了“僵尸系统”。而水利工程 PMIS 的建设和应用比水电工程还要落后,系统建设与应用经验不足。

珠江三角洲水资源配置工程管理团队决定全面推进 PMIS 建设与应用,开创国家水网建设管理信息化、智慧化先河;管理团队认为 PMIS 的建设和应用应贯穿工程建设全过程,建设与应用“能早尽早”,避免出现工程实体开工后 PMIS 再上线而导致的补录数据、思维定式。

25.2 措施

25.2.1 明确用户需求,优选系统平台

完善的招标技术条款是后续系统顺利实施的基础,招标文件中应充分明确用户需求,实现横向到边、纵向到底的管理范围,完善安全、质量、成本、进度和廉洁多维度目标管理,协同建设、监理、设计、施工、设备制造、检测、监测等单位,配置建筑工程、金结机电工程、移民征迁、环保水保、企业管理等专业。管理团队协同设计单位、咨询单位,组织各业务部门数十次研讨,反复易稿近半年,才形成最终的招标技术条款。基于珠江三角洲水资源配置工程智慧水利建设的整体构想,管理团队决定以 BIM+GIS 技术为载体,以专业的项目建设管理平台构建 PMIS。

招标前,邀请了国内一流的代表性厂商搭建测试环境,由项目法人各部门按职能试用测试,在招标文件中完善用户需求,明确中标厂商在 5 年内均需要驻场服务。通过招标选择专业的项目建设管理平台厂商,中标的厂商以建设管理平台为基础,结合 BIM+GIS 技术开发珠江三角洲水资源配置工程 PMIS。

25.2.2 急用先建,分步实施

再成熟的系统,也需要进行二次开发,珠江三角洲水资源配置工程 PMIS70%以上的功能模块进行了定制开发或优化。项目法人在完善的业务管理体系基础上,实现“业务流程化”“流程信息化”。系统建设的前半年,要求厂商派驻进度管理、合同管理等专家驻

场进一步完善用户需求,将业务逻辑梳理成计算机语言,严格按照软件工程的建设需求编制开发方案并报项目法人审核,程序开发完成后进行测试、培训、试运行后方可上线执行。

系统应用过程中,参建单位作为用户必须深度融入到 PMIS 的二次开发,沉浸式投入,不断完善。采取了"急用先建、逐步完善"的策略。先从急需解决沟通效率的设计、施工管理入手,再通过上线招标采购、合同管理、合同计量,对参建单位产生黏性,逐步推出进度管理、质量管理等功能。分步上线的计划一旦设定,立即执行,上线前做好操作手册的编制及针对性培训,采用企业微信及系统"问题及建议"模块及时收集用户需求建议及解答问题。系统主要功能上线时间线见图 1-37。

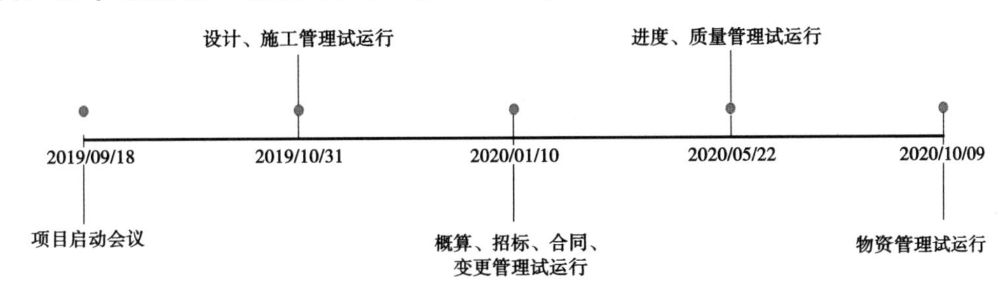

图 1-37 系统主要功能上线时间线

PMIS 建设必须"能用、好用、爱用",确保数据源的唯一性,所有数据信息一次录入,报表统计数据只能引用。以施工日志和报告填报为例,通过结构化数据信息,统计工作井开挖进尺、盾构掘进里程、内衬施工进度等数据,自动汇总生成施工日志、施工周报、施工月报。

PMIS 集成其他 8 个系统的应用或数据接口,流程中待办事宜同步推送至 OA 系统及企业微信,可以通过 OA 系统和企业微信登录 PMIS,实现申报、审核、批准以及电子签章,实现"无纸化办公""一键归档"。

25.2.3 高位推动,重在坚持

珠江三角洲水资源配置工程 PMIS 的建成及应用需要领导层的高度重视与全面参与,系统宏观需求自上而下才能确保系统成功投入与长期应用。

PMIS 构建之前,项目法人采用 OA 系统进行协同办公,所有业务功能均采用"文档+流程"的方式。2020 年开始,PMIS 招投标管理、合同管理、施工管理功能逐步上线,管理模式、工作方式和流程设定发生较大变化,新旧系统转变困难,尽管已多次培训,反复宣讲,PMIS 应用仍难以推行。领导层下定决心禁用 OA 系统,排除万难,同时实施团队对用户提出的问题和建议认真分析,对系统进行升级迭代,最终实现系统的成功应用,提高了管理效率,实现了无纸化办公(见图 1-38)。

25.3 成效

PMIS 实现超 2 500 管理人员在线沟通,累计执行业务流程近 35 万个,日均 250 个,累计上传文档 70 万份。PMIS 有效缩短了项目法人与参建单位之间的沟通时间,降低了沟通成本。文件审批在 PMIS 上一键提交,用电子化审批代替人为送达,系统自动建立了业

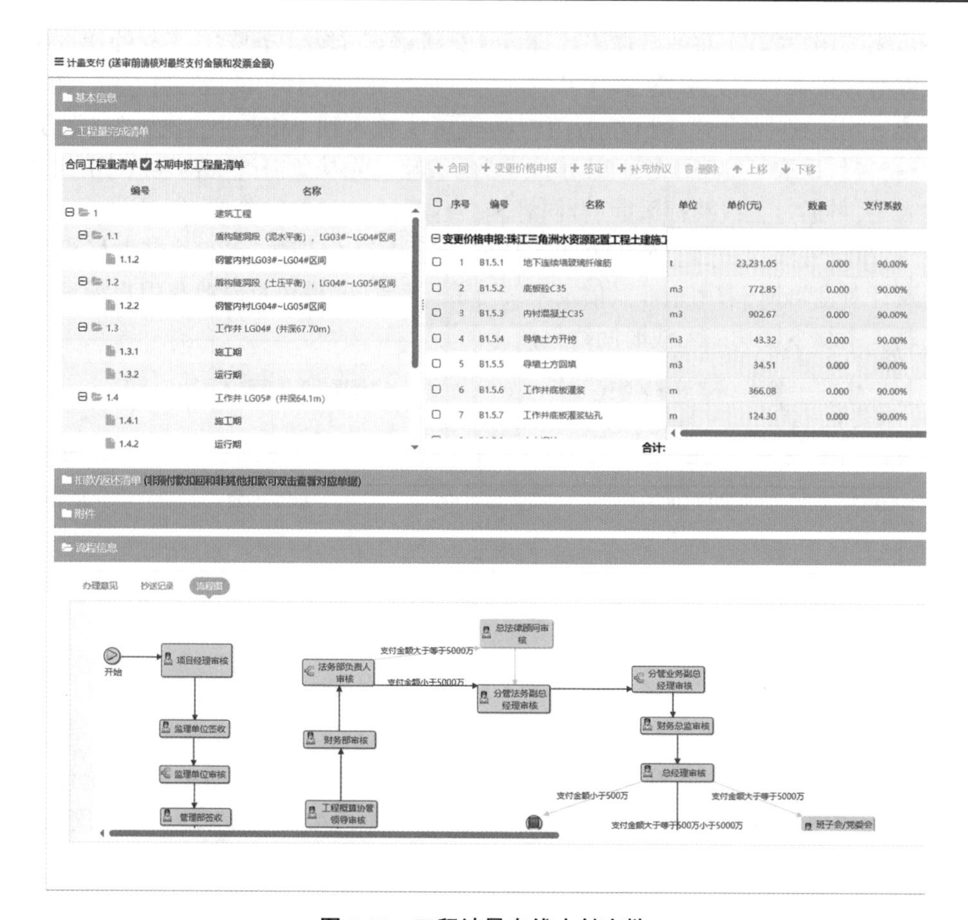

图 1-38　工程计量在线支付审批

务单据间数据的强制关联，规范了文件、数据、流程流转及审批的顺序，极大提高了管理效率。以月度工程款审批为例，采用传统的纸质审批方式至少需要 15 天，而采用 PMIS 线上审批平均 5 天即可完成。据统计，珠江三角洲水资源配置工程建设期 5 年，16 个主要施工标段，仅人员减少、沟通缩短、纸张减少三项成本节约超 1 亿元。与此同时，PMIS 的顺利建设与应用，引领了水利工程建设的智慧管理，为水利工程信息化建设提供了成功、可复制、可借鉴的经验。

26. 利用 PMIS 实现投资的实时统计

26.1 背景

投资项目需定期统计上报当期实际完成的投资，实物工程量和对应的单价是核心基础数据。以往统计投资是直接采用工程量清单各项实物工程量和对应的单价，优点是简单、准确，缺点是基础数据繁多、效率低，适用于工期较短的中小型工程。珠江三角洲水资源配置工程工期较长，报送投资数据频次非常高，且每个主体工程标段的合同清单至少数百项，若仍按传统统计方法，每次报送投资的统计工作量巨大，效率难以保障。

26.2 措施

项目法人探索出一种新模式：以时间为轴线，将各工序中同步完成的各项工程量清单进行整合，形成与形象进度匹配的造价指标，统计投资时以形象进度为工程量，以造价指标为单价。整合后，将主体工程各标段的指标简化为数十项，只有清单数量的 10%，极大地减少了统计数据量。

如盾构隧洞施工工序主要包括盾构掘进与内衬钢管安装，其中盾构掘进指标将同步完成的“盾构段掘进”“管片防腐”“渣料固化处理”“盾构掘进洞渣料外运”等清单项目整合为一个造价指标，各标段只需在系统填报当期盾构掘进米数，系统根据已整合的造价指标，自动计算和统计对应的投资额。同理，内衬钢管安装造价指标整合了“钢管制安”“加劲环制安”“复合排水板”“钢管、加劲环射线检测”等清单项目，各标段填报现场钢管安装米数，对应的投资额也一目了然。

针对无法与形象进度匹配的措施项目，如临时用电用水、安措费等总价措施项目，则直接将其分摊到合同实体工程费中。首先计算合同措施项目总额占合同实体工程费总额的比例，该比例是固定不变的，当期措施项目完成值就等于当期实体工程费完成值乘以该比例，并自动汇总至各标段的总投资中。

这种新模式利用 PMIS 平台投资反馈模块进行统计，通过构建“计划编制→费用配置→周期反馈”过程实现实时统计投资。

计划的编制是 PMIS 统计的基础和关键，从时间和空间的维度进行分解。一是按时间轴进行分解，通过各个标段下达的一、二级进度计划，明确了各个里程碑节点和关键节点的实施计划时间，在此基础上将每个关键节点根据里程、高程等定位要素细化，确定每个最小单元的时间。从工作井开挖支护到盾构始发掘进贯通，从内衬钢管安装、自密实混凝土浇筑到井内设备安装，最终完成通水，整个计划的构建按照时间顺序进行编制。二是按施工工序进行分解，针对不同的关键节点进行合理拆分，将复杂的大工程分解为关键的小工序。工作井分解为地连墙浇筑、基坑开挖支护等，其中地连墙根据槽段划分，每一幅地连墙又分解为成槽、钢筋笼吊装、混凝土浇筑等。每一个标段的全部工作内容都被合理分解，见图 1-39 中“作业名称”。

费用权重配置是对项目投资进行计算和分析的前提。计划编制完成后,其工作内容也就明确了,此时结合工程量清单对计划分配费用,将每一条计划对应整合后的多条工程量清单费用相加,就得到该条计划的总费用,总费用通过从上往下进行均摊的方式,实现一键分配费用,见图 1-39 中"预算值"。

费用权重配置完成后,PMIS 的框架已经建立完成。施工单位每周根据现场实际情况进行反馈,在系统填报当期完成形象进度,系统自动计算当期完成值,实现实时统计已完工程投资,见图 1-39 中"赢得值"。

26.3　成效

通过整合工程量清单的新模式,搭建 PMIS 反馈系统,最终生成建设期投资完成明细表(见图 1-40),便于各部门、各标段及时查看最新投资数据,同时将形象进度和投资统计紧密联合,简化基础数据,极大地缩短数据上报时间,相比常规线下统计方法节约 90%的时间,降低了工程的投资统计负担,提高效率的同时确保准确性,实现了实时统计已完工程投资。

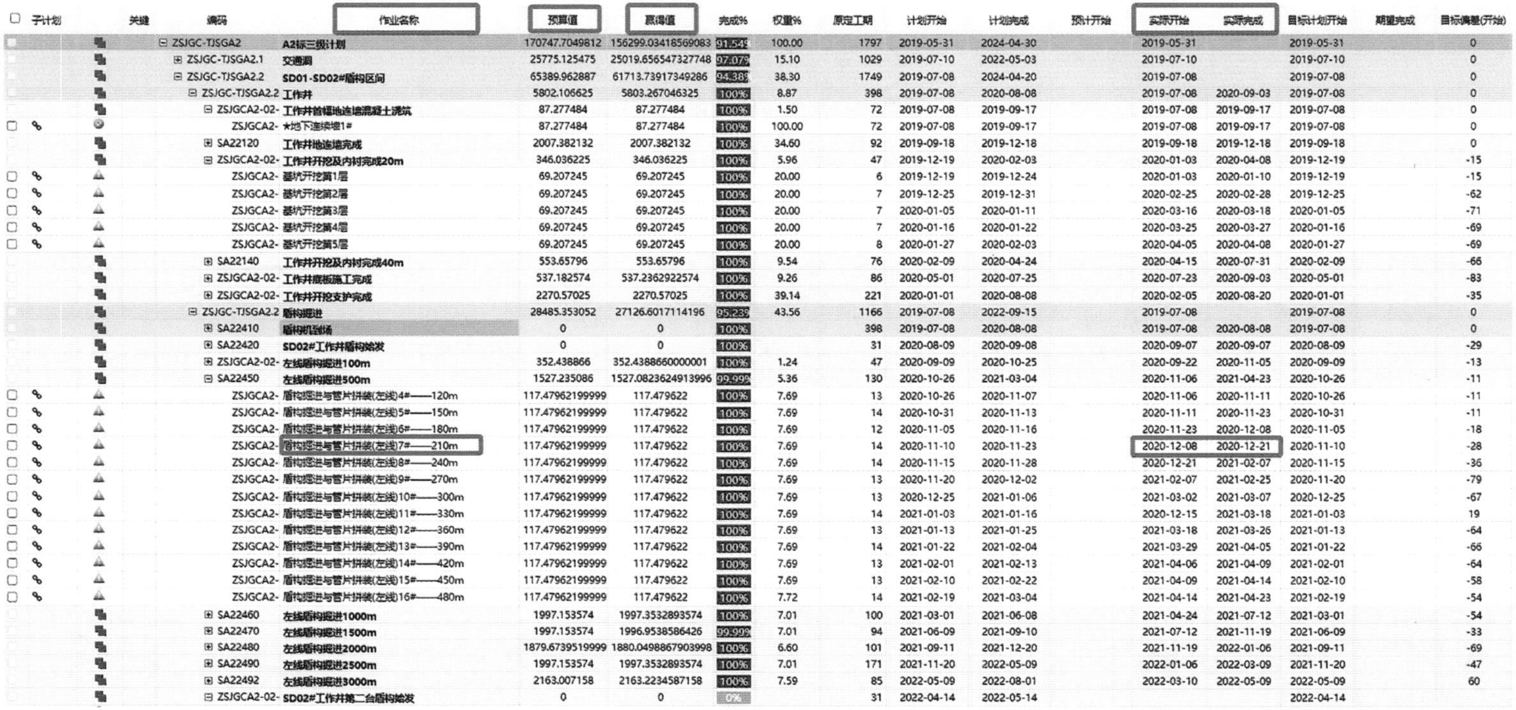

子计划	关键	编码	作业名称	预算值	赢得值	完成%	权重%	原定工期	计划开始	计划完成	预计开始	实际开始	实际完成	目标计划开始	期望完成	目标偏差(开始)
		ZSJGC-TJSGA2	A2标三级计划	170747.7049812	156299.03418569083	91.54%	100.00	1797	2019-05-31	2024-04-30		2019-05-31		2019-05-31		0
		ZSJGC-TJSGA2.1	交通洞	25775.125475	25019.656547327748	97.07%	15.10	1029	2019-07-10	2022-05-03		2019-07-10		2019-07-10		0
		ZSJGC-TJSGA2.2	SD01-SD02#盾构区间	65389.962887	61713.73917349286	94.38%	38.30	1749	2019-07-08	2024-04-20		2019-07-08		2019-07-08		0
		ZSJGC-TJSGA2.2	工作井	5802.106625	5803.267046325	100%	8.87	398	2019-07-08	2020-08-08		2019-07-08	2020-09-03	2019-07-08		0
		ZSJGCA2-02-	工作井首幅地连墙混凝土浇筑	87.277484	87.277484	100%	1.50	72	2019-07-08	2019-09-17		2019-07-08	2019-09-17	2019-07-08		0
		ZSJGCA2-	★地下连续墙1#	87.277484	87.277484	100%	100.00	72	2019-07-08	2019-09-17		2019-07-08	2019-09-17	2019-07-08		0
		SA22120	工作井地连墙完成	2007.382132	2007.382132	100%	34.60	92	2019-09-18	2019-12-18		2019-09-18	2019-12-18	2019-09-18		0
		ZSJGCA2-02-	工作井开挖及内衬完成20m	346.036225	346.036225	100%	5.96	47	2019-12-19	2020-02-03		2020-01-03	2020-04-08	2019-12-19		-15
		ZSJGCA2-	基坑开挖第1层	69.207245	69.207245	100%	20.00	6	2019-12-19	2019-12-24		2020-01-03	2020-01-10	2019-12-19		-15
		ZSJGCA2-	基坑开挖第2层	69.207245	69.207245	100%	20.00	7	2019-12-25	2019-12-31		2020-02-25	2020-02-28	2019-12-25		-62
		ZSJGCA2-	基坑开挖第3层	69.207245	69.207245	100%	20.00	7	2020-01-05	2020-01-11		2020-03-16	2020-03-18	2020-01-05		-71
		ZSJGCA2-	基坑开挖第4层	69.207245	69.207245	100%	20.00	7	2020-01-16	2020-01-22		2020-03-25	2020-03-27	2020-01-16		-69
		ZSJGCA2-	基坑开挖第5层	69.207245	69.207245	100%	20.00	8	2020-01-27	2020-02-03		2020-04-05	2020-04-08	2020-01-27		-69
		SA22140	工作井开挖及内衬完成40m	553.65796	553.65796	100%	9.54	76	2020-02-09	2020-04-24		2020-04-15	2020-07-31	2020-02-09		-66
		ZSJGCA2-02-	工作井底板施工完成	537.182574	537.2362922574	100%	9.26	86	2020-05-01	2020-07-25		2020-07-23	2020-09-03	2020-05-01		-83
		ZSJGCA2-02-	工作井开挖支护完成	2270.57025	2270.57025	100%	39.14	221	2020-01-01	2020-08-08		2020-02-05	2020-08-20	2020-01-01		-35
		ZSJGC-TJSGA2.2	盾构掘进	28485.353052	27126.6017114196	95.23%	43.56	1166	2019-07-08	2022-09-15		2019-07-08		2019-07-08		0
		SA22410	盾构机到场	0	0	100%		398	2019-07-08	2020-08-08		2019-07-08	2020-08-08	2019-07-08		0
		SA22420	SD02#工作井盾构始发	0	0	100%		31	2020-08-09	2020-09-08		2020-09-07	2020-09-07	2020-08-09		-29
		ZSJGCA2-02-	左线盾构掘进100m	352.438866	352.4388660000001	100%	1.24	47	2020-09-09	2020-10-25		2020-09-22	2020-11-05	2020-09-09		-13
		SA22450	左线盾构掘进500m	1527.235086	1527.0823624913996	99.99%	5.36	130	2020-10-26	2021-03-04		2020-11-06	2021-04-23	2020-10-26		-11
		ZSJGCA2-	盾构掘进与管片拼装(左线)4#——120m	117.47962199999	117.479622	100%	7.69	13	2020-10-26	2020-11-07		2020-11-06	2020-11-11	2020-10-26		-11
		ZSJGCA2-	盾构掘进与管片拼装(左线)5#——150m	117.47962199999	117.479622	100%	7.69	14	2020-10-31	2020-11-13		2020-11-11	2020-11-23	2020-10-31		-11
		ZSJGCA2-	盾构掘进与管片拼装(左线)6#——180m	117.47962199999	117.479622	100%	7.69	12	2020-11-05	2020-11-16		2020-11-23	2020-12-08	2020-11-05		-18
		ZSJGCA2-	盾构掘进与管片拼装(左线)7#——210m	117.47962199999	117.479622	100%	7.69	14	2020-11-10	2020-11-23		2020-12-08	2020-12-21	2020-11-10		-28
		ZSJGCA2-	盾构掘进与管片拼装(左线)8#——240m	117.47962199999	117.479622	100%	7.69	14	2020-11-15	2020-11-28		2020-12-21	2021-02-07	2020-11-15		-36
		ZSJGCA2-	盾构掘进与管片拼装(左线)9#——270m	117.47962199999	117.479622	100%	7.69	13	2020-11-20	2020-12-02		2021-02-07	2021-02-25	2020-11-20		-79
		ZSJGCA2-	盾构掘进与管片拼装(左线)10#——300m	117.47962199999	117.479622	100%	7.69	13	2020-12-25	2021-01-06		2021-03-02	2021-03-07	2020-12-25		-67
		ZSJGCA2-	盾构掘进与管片拼装(左线)11#——330m	117.47962199999	117.479622	100%	7.69	14	2021-01-03	2021-01-16		2020-12-15	2021-03-18	2021-01-03		19
		ZSJGCA2-	盾构掘进与管片拼装(左线)12#——360m	117.47962199999	117.479622	100%	7.69	13	2021-01-13	2021-01-25		2021-03-18	2021-03-26	2021-01-13		-64
		ZSJGCA2-	盾构掘进与管片拼装(左线)13#——390m	117.47962199999	117.479622	100%	7.69	14	2021-01-22	2021-02-04		2021-03-29	2021-04-05	2021-01-22		-66
		ZSJGCA2-	盾构掘进与管片拼装(左线)14#——420m	117.47962199999	117.479622	100%	7.69	13	2021-02-01	2021-02-13		2021-04-06	2021-04-09	2021-02-01		-64
		ZSJGCA2-	盾构掘进与管片拼装(左线)15#——450m	117.47962199999	117.479622	100%	7.69	13	2021-02-10	2021-02-22		2021-04-09	2021-04-14	2021-02-10		-58
		ZSJGCA2-	盾构掘进与管片拼装(左线)16#——480m	117.47962199999	117.479622	100%	7.72	14	2021-02-19	2021-03-04		2021-04-14	2021-04-23	2021-02-19		-54
		SA22460	左线盾构掘进1000m	1997.153574	1997.3532893574	100%	7.01	100	2021-03-01	2021-06-08		2021-04-24	2021-07-12	2021-03-01		-54
		SA22470	左线盾构掘进1500m	1997.153574	1996.9538586426	99.99%	7.01	94	2021-06-09	2021-09-10		2021-07-12	2021-11-19	2021-06-09		-33
		SA22480	左线盾构掘进2000m	1879.6739519999	1880.0498867903998	100%	6.60	101	2021-09-11	2021-12-20		2021-11-19	2022-01-06	2021-09-11		-69
		SA22490	左线盾构掘进2500m	1997.153574	1997.3532893574	100%	7.01	171	2021-11-20	2022-05-09		2022-01-06	2022-03-09	2021-11-20		-47
		SA22492	左线盾构掘进3000m	2163.007158	2163.2234587158	100%	7.59	85	2022-05-09	2022-08-01		2022-03-10	2022-05-09	2022-05-09		60
		ZSJGCA2-02-	SD02#工作井第二台盾构始发	0	0	0%		31	2022-04-14	2022-05-14				2022-04-14		

图 1-39　A2 标段三级计划

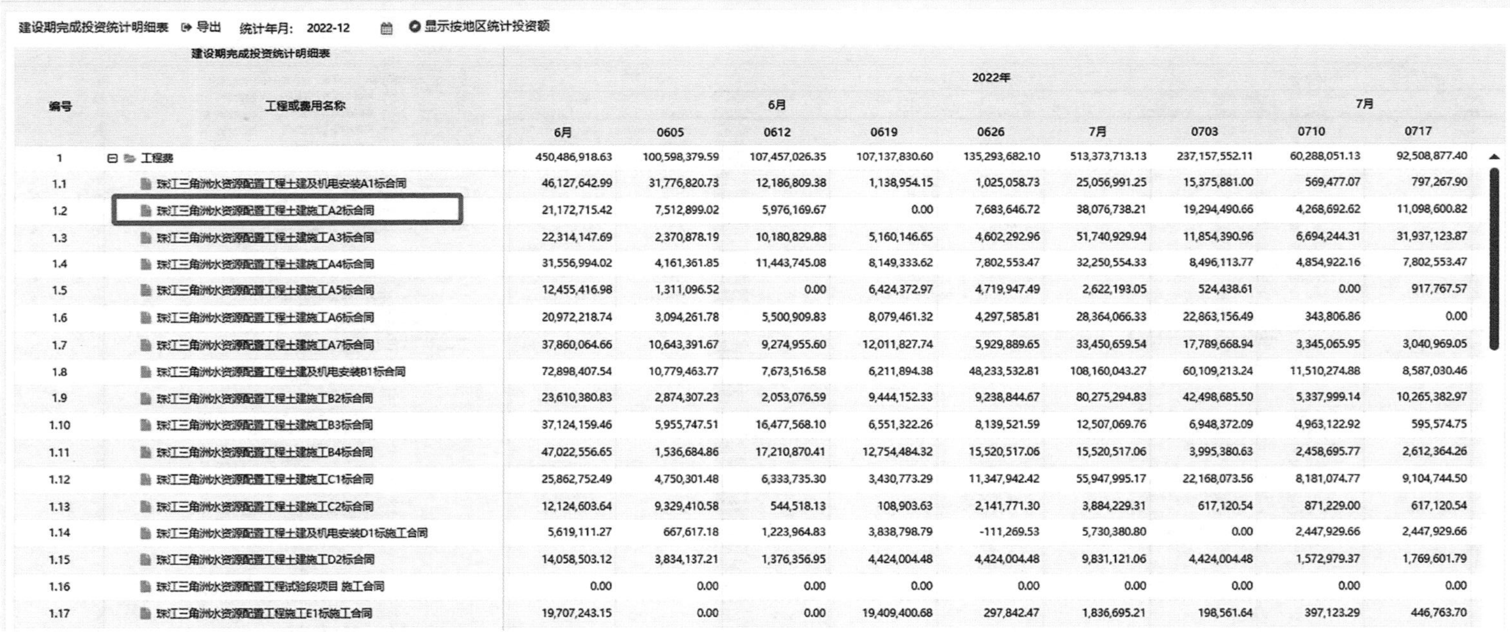

建设期完成投资统计明细表　导出　统计年月：2022-12　显示按地区统计投资额

建设期完成投资统计明细表

编号	工程或费用名称	2022年								
		6月					7月			
		6月	0605	0612	0619	0626	7月	0703	0710	0717
1	工程费	450,486,918.63	100,598,379.59	107,457,026.35	107,137,830.60	135,293,682.10	513,373,713.13	237,157,552.11	60,288,051.13	92,508,877.40
1.1	珠江三角洲水资源配置工程土建及机电安装A1标合同	46,127,642.99	31,776,820.73	12,186,809.38	1,138,954.15	1,025,058.73	25,056,991.25	15,375,881.00	569,477.07	797,267.90
1.2	珠江三角洲水资源配置工程土建施工A2标合同	21,172,715.42	7,512,899.02	5,976,169.67	0.00	7,683,646.72	38,076,738.21	19,294,490.66	4,268,692.62	11,098,600.82
1.3	珠江三角洲水资源配置工程土建施工A3标合同	22,314,147.69	2,370,878.19	10,180,829.88	5,160,146.65	4,602,292.96	51,740,929.94	11,854,390.96	6,694,244.31	31,937,123.87
1.4	珠江三角洲水资源配置工程土建施工A4标合同	31,556,994.02	4,161,361.85	11,443,745.08	8,149,333.62	7,802,553.47	32,250,554.33	8,496,113.77	4,854,922.16	7,802,553.47
1.5	珠江三角洲水资源配置工程土建施工A5标合同	12,455,416.98	1,311,096.52	0.00	6,424,372.97	4,719,947.49	2,622,193.05	524,438.61	0.00	917,767.57
1.6	珠江三角洲水资源配置工程土建施工A6标合同	20,972,218.74	3,094,261.78	5,500,909.83	8,079,461.32	4,297,585.81	28,364,066.33	22,863,156.49	343,806.86	0.00
1.7	珠江三角洲水资源配置工程土建施工A7标合同	37,860,064.66	10,643,391.67	9,274,955.60	12,011,827.74	5,929,889.65	33,450,659.54	17,789,668.94	3,345,065.95	3,040,969.05
1.8	珠江三角洲水资源配置工程土建及机电安装B1标合同	72,898,407.54	10,779,463.77	7,673,516.58	6,211,894.38	48,233,532.81	108,160,043.27	60,109,213.24	11,510,274.88	8,587,030.46
1.9	珠江三角洲水资源配置工程土建施工B2标合同	23,610,380.83	2,874,307.23	2,053,076.59	9,444,152.33	9,238,844.67	80,275,294.83	42,498,685.50	5,337,999.14	10,265,382.97
1.10	珠江三角洲水资源配置工程土建施工B3标合同	37,124,159.46	5,955,747.51	16,477,568.10	6,551,322.26	8,139,521.59	12,507,069.76	6,948,372.09	4,963,122.92	595,574.75
1.11	珠江三角洲水资源配置工程土建施工B4标合同	47,022,556.65	1,536,684.86	17,210,870.41	12,754,484.32	15,520,517.06	15,520,517.06	3,995,380.63	2,458,695.77	2,612,364.26
1.12	珠江三角洲水资源配置工程土建施工C1标合同	25,862,752.49	4,750,301.48	6,333,735.30	3,430,773.29	11,347,942.42	55,947,995.17	22,168,073.56	8,181,074.77	9,104,744.50
1.13	珠江三角洲水资源配置工程土建施工C2标合同	12,124,603.64	9,329,410.58	544,518.13	108,903.63	2,141,771.30	3,884,229.31	617,120.54	871,229.00	617,120.54
1.14	珠江三角洲水资源配置工程土建及机电安装D1标施工合同	5,619,111.27	667,617.18	1,223,964.83	3,838,798.79	-111,269.53	5,730,380.80	0.00	2,447,929.66	2,447,929.66
1.15	珠江三角洲水资源配置工程土建施工D2标合同	14,058,503.12	3,834,137.21	1,376,356.95	4,424,004.48	4,424,004.48	9,831,121.06	4,424,004.48	1,572,979.37	1,769,601.79
1.16	珠江三角洲水资源配置工程试验段项目 施工合同	0.00	0.00	0.00	0.00	0.00	0.00	0.00	0.00	0.00
1.17	珠江三角洲水资源配置工程施工E1标施工合同	19,707,243.15	0.00	0.00	19,409,400.68	297,842.47	1,836,695.21	198,561.64	397,123.29	446,763.70

图 1-40　建设期投资完成明细表

27. 水利工程建设管理首次应用电子签章

27.1 背景

珠江三角洲水资源配置工程以“打造新时代生态智慧水利工程”为建设目标，按照水利部信息化建设“需求牵引、应用至上、数字赋能、提升能力”的整体要求，自 2019 年 9 月开始相继建设上线了 PMIS、智慧监管系统、电子档案管理信息系统等。基于 PMIS、智慧监管系统等业务系统应用，为能够安全合法实现珠江三角洲水资源配置工程资料的在线流转、工程在线审批、防篡改防抵赖，从而最终达到向数字档案系统进行“一键归档”，并最终具备电子档案单套制的条件，广东粤海珠三角供水有限公司建设了数字档案电子签章系统。

27.2 措施

为保证电子签章在珠江三角洲水资源配置工程资料归档、合同签订、工程审批等相关应用中合法合规，符合水利工程的建设实际，满足政府监督部门的监督管理要求，2021 年 10 月，基于珠江三角洲水资源配置工程前期信息化建设基础及电子签章系统初步发挥的作用，珠江三角洲水资源配置工程获得水利部办公厅批准同意开展电子签章应用试点工作，工程建设中通过电子签章产生的电子文件同纸质文件具有同等效力，可作为归档文件形成电子档案。

珠江三角洲水资源配置工程电子签章应用试点获得水利部批准后，项目法人成立了电子签章应用试点工作机构以加强试点工作的组织领导，明确试点工作职责，统筹推进各项试点任务顺利开展。电子签章应用试点工作机构成立了以项目法人为核心、各参建单位主要负责人为成员的电子签章应用领导小组。领导小组下设电子签章应用工作小组，负责组织电子签章应用规划及统筹协调各项管理工作。为确保电子签章试点工作不流于表面，系统上线后应用工作小组基于试点工作任务发布了一系列通知，如对于已列入试点任务的图纸审核、质量验评、施工技术方案审批要求全部采用电子档案单轨制，杜绝线下重复签字、盖章。

珠江三角洲水资源配置工程电子签章系统已完成与广东省数字证书认证中心、PMIS 系统、档案管理系统的应用集成。同时，通过珠江三角洲水资源配置工程数字门户及企业微信移动门户，可一键单点登录到电子签章系统，并通过待办集成可直接在数字门户和企业微信中处理待签文件（见图 1-41～图 1-43）。

27.3 成效

截至 2024 年 2 月，珠江三角洲水资源配置工程完成 100 余家参建单位和 2 000 多位工程人员的身份认证和证书颁布，累计完成 16 万余份电子文件的签署，充分发挥了电子签章系统的作用。特别是在三年疫情期间，极大提高了沟通效率，仅减少电子文档打印一

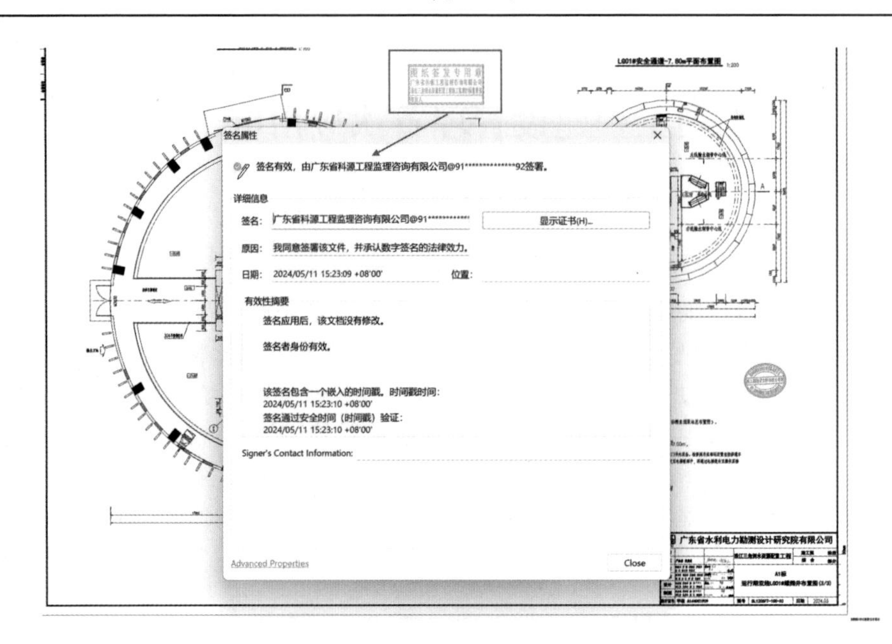

图 1-41　设计图纸电子签章应用

17	广东粤海珠三角供水有限公司	张　梅	预算部总经理
18	广东粤海珠三角供水有限公司	乔国龙	工程部副总经理
19	广东粤海珠三角供水有限公司	徐　文	纪检审计部副总经理
20	广东粤海珠三角供水有限公司	李　飞	调度中心高级经理
21	广东省水利电力勘测设计研究院有限公司	严振瑞	副总经理/总工程师
22	广东省水利电力勘测设计研究院有限公司	曾庚运	副总工程师
23	广东省水利电力勘测设计研究院有限公司	秦晓川	施工投资分院负责人
24	广东省科源工程监理咨询有限公司	李　滨	监理01标总监理工程师
25	中水北方勘测设计研究有限责任公司	刘文志	监理02标副总监
26	广州新珠工程监理有限公司	孙金龙	监理03标总监理工程师
27	黄河勘测规划设计研究院有限公司	周亚东	监理04标总监理工程师
28	中国水利水电建设工程咨询中南有限公司	殷云清	监理05标总监理工程师
29	长江勘测规划设计研究有限责任公司	柳建军	监理06标总监理工程师

图 1-42　会议签到表电子签章应用

项预计可节约 200 万元。平台集成电子印章系统的应用，实现工程资料“一键归档”，共节省纸张 343 万页（见图 1-44），相当于减少 309 t 碳排放。

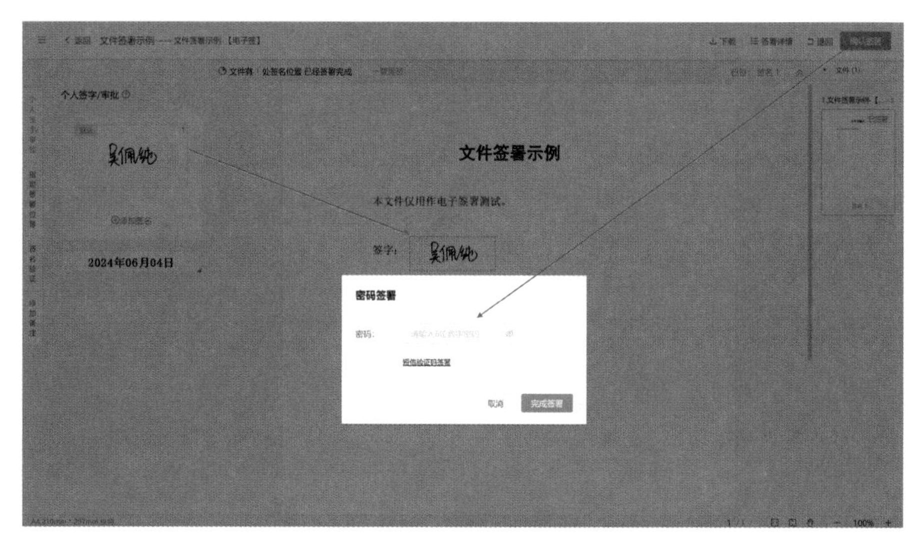

图 1-43 文件签署示例

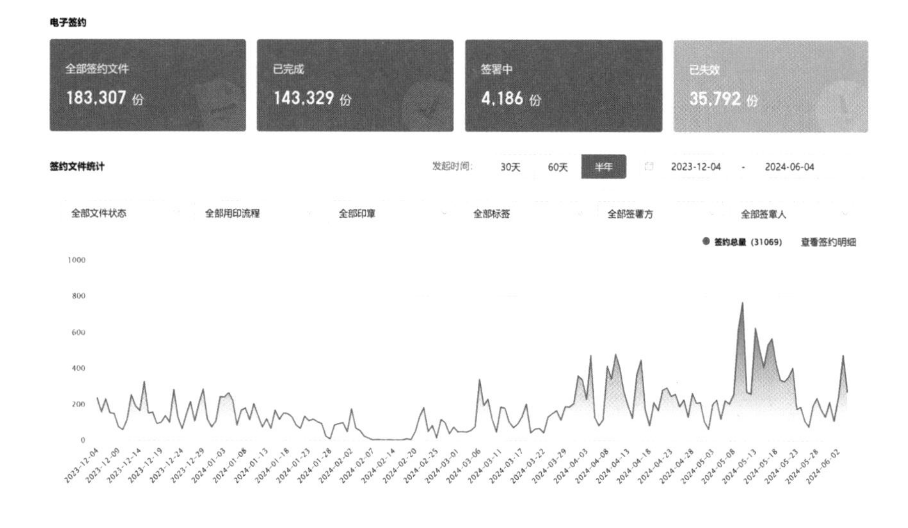

图 1-44 电子签章系统用印统计

28. 创新管理办法提高施工图设计质量

28.1　背景

珠江三角洲水资源配置工程的设计管理创新了办法,开展了初步设计关键技术咨询、施工图设计阶段的监理和施工期关键技术咨询工作。针对施工图设计管理,项目法人出台《珠江三角洲水资源配置工程施工图审查管理办法》,创新性地将施工图设计阶段的监理和参建各方对施工图管理有机结合起来。

28.2　措施

施工图纸审核实施分类分级审核,将施工图分成三级,不同级别的图纸对应相应的审查办法,按照规定的程序审核发布施工图。

28.2.1　施工图分级

一级图纸文件包括:线路总布置图,枢纽总布置图,泵站厂房总布置图,盾构和 TBM 隧洞典型断面或危险地段的断面图、交叉穿越部位的断面图,重大结构及方案变更文件,建筑总平面图及景观图,移民搬迁或安置实施方案。

二级图纸文件包括:除一类图纸范围外的设计修改通知单与设计联系单,建筑物(结构)布置图、基础处理(开挖)图,混凝土浇筑分块图、止水排水图,机电设备订货清单、系统图和自动控制、设备安装及管线布置图,金属结构制造图,施工图预算,用于土地报审的征地范围图及报批方案图,库区防护工程布置图,水土保持、环境保护措施总体布置图;必要的设计计算文件(水力计算书、调保计算书、基础处理计算书、主体建筑物结构计算书),施工技术要求,安全监测总布置图,施工总平面布置图,电气主接线图,主要金属结构及厂房设备布置图,重要金属结构和重要设备设计文件,重要结构及设备选型计算文件。

三级图纸文件包括:标准套用图,除一、二级范围外的计算书,钢筋图,基础以外的详图,各专业其他设计详图,实施中变更的征地范围图,水土保持、环境保护措施设计大样图,除一、二级外的其他技术文件。

28.2.2　分级审核

施工图分为送审稿和正式图。送审稿旨在让各参建单位审核,并提出审核意见,经设计监理单位和建设单位(如需)审核后提交设计单位,该图不作为现场施工的依据。正式图是根据设计监理审核意见修改完成的施工图纸,由施工图设计监理和施工监理同时审核盖章签发后作为现场施工的依据。

工程参建各方均可对项目设计方案和施工图(送审稿)提出意见和建议,并填写书面意见。

(1)建设单位督促参建单位按照委托合同、规程规范和相关制度等要求,对项目设计方案和施工图提出审核意见;结合工程运营管理需要对项目设计方案和施工图提出需求意见。

(2)设计单位负责工程项目设计,定期编制施工图供应计划,按计划出具施工图纸、设计说明、施工技术要求以及设计变更相关图纸文件等,并根据各参建单位反馈的审核意见完善图纸及设计变更文件。

(3)设计监理单位按照设计监理合同和有关规程规范开展施工图审查工作。现场组负责设计供图计划审定、执行跟踪,负责施工图审核意见的收集、梳理及汇总反馈,负责跟进设计单位按照审核意见对施工图进行补充与完善,负责组织专家审查相关设计方案,并提出设计优化意见等;工作组负责二级图纸审查工作、一级图纸校审工作,负责设计监理专家组审图意见的收集整理工作;专家组负责一级图纸和重大设计变更方案审查工作。

(4)施工监理单位按照《水利工程施工监理规范》(SL 288—2019)进行施工图的核查、签发及组织会审工作。现场项目监理部负责对施工图提出审核意见、签发、主持设计交底、按规定执行设计变更管理程序;专家组负责审核一、二级及关键技术方案施工图。

(5)施工单位按照施工合同等有关要求,参与施工图审核,反馈审核意见,并参加施工图会审。现场项目部负责接收所属标段的施工图纸,参与送审稿审核和正式稿会审;专家组负责签阅所属标段一、二级施工图(送审稿)。

28.2.3 施工图审查流程

参建各方按流程开展施工图审核工作,全过程为设计图纸质量保驾护航(见图1-45)。

28.3 成效

施工图设计阶段监理工作与参建各方施工图管理工作有机结合起来,分级分类审核施工图,充分利用参建各方的资源和优势,使得各类问题在施工图正式发布前得到反馈和修正,充分兼顾了工程的功能、运行的需求、施工的便捷,提高了施工图的质量,技术经济更趋合理。

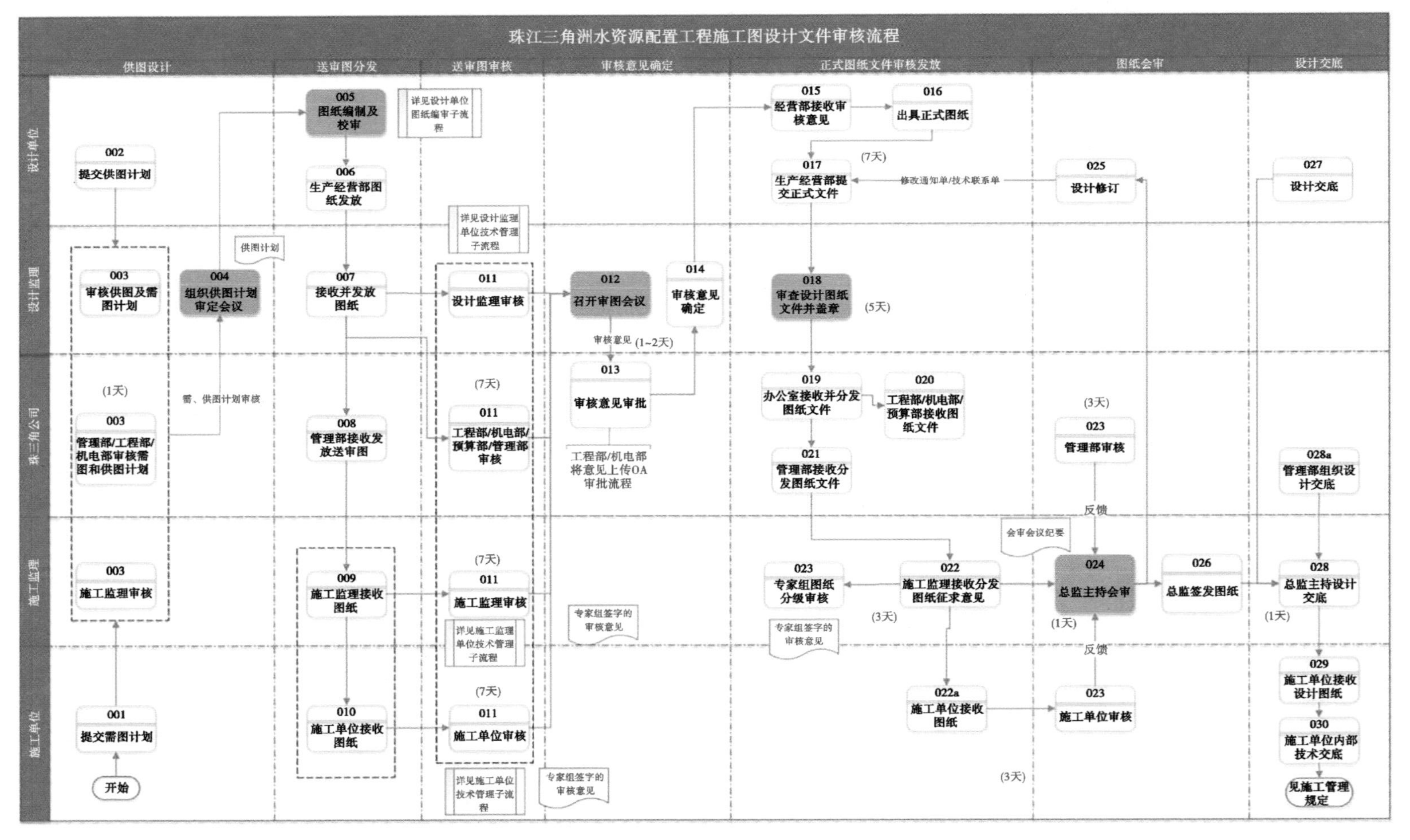

图 1-45　施工图设计文件审核流程

29. 关门运行

29.1 背景

珠江三角洲水资源配置工程供水全线自动监控系统按“统一调度、无人值班、智能巡查、智慧供水”的原则进行设计。在正常运行时,工程调度中心进行整个工程的供水调度,泵站无人值班,拟采用泵站关门运行的运行调度方案。泵站关门运行是智慧水利工程建设的基础和核心内容,支撑了新时代生态智慧水利工程的建设。在设备招标前,项目法人开展了“珠江三角洲水资源配置工程大型泵站关门运行关键技术研究及应用”的研究(见图1-46)。

泵站关门运行是指泵站无24小时值守人员,在调度中心集中监控的方式下实现泵站的日常运行;正常时,设备按预先设定的程序自动运行或按远程控制机构的操作指令运行;故障时,设备能自动处理;事故时,能主动停机,进入安全状态。

29.2 措施

关门运行研究在对众多水利、水电、变电站工程的调研基础上,从以下6个方面进行了研究:

(1)提出关门运行研究技术路线。

(2)对设备设施安全风险分析及对策进行研究。

(3)大型泵站关门运行可靠性研究。

(4)“最后一道关的安全保证”分析研究。

(5)大型泵站关门运行智能体系研究。

(6)工程运维管理措施研究。

项目组调研了东深供水工程、南水北调江苏段、青草沙泵站、广州抽水蓄能电站、惠州抽水蓄能电站、清远抽水蓄能电站、小湾水电厂、利港电站等项目,分析后认为:目前水利水电工程主流品牌的绝大部分机电设备如电机、水泵、各级电压的断路器设备、励磁、变频器、直流等自身设备的安全可靠性都是很高的,主要是辅助设备及自动化设备容易出现一些小故障或不可靠的问题。项目组研究认为:大型泵站的最大风险是泵组失控,导致泵组损坏甚至引起厂房的破坏。而泵组不同于发电机,一般不会出现飞逸情况,主要是防止泵组出现反转。需加强对泵组动力和泵组出口断水设备的配置,对泵组电动机断路器的跳闸线圈及电动机保护进行冗余配置。对于泵组出口断水设备,一般泵组出水管的阀门都是一个工作阀加一个检修阀,检修阀一般是现地手动操作,为了能可靠地进行断水,防止泵组断电停机后,出水压力过大导致机组反转,需要把检修阀按照工作阀配置,可以进行远控,并对工作阀和检修阀都配置了重锤,即使正常关阀失效时,可触动重锤的下落,确保阀门的关闭。研究认为,在泵组动力和压力水源关闭的情况下,泵组是安全的,不会发生飞逸,速度将逐渐降低至停机。为了防止机组在低转速时导致推力轴瓦的损坏,借鉴抽水

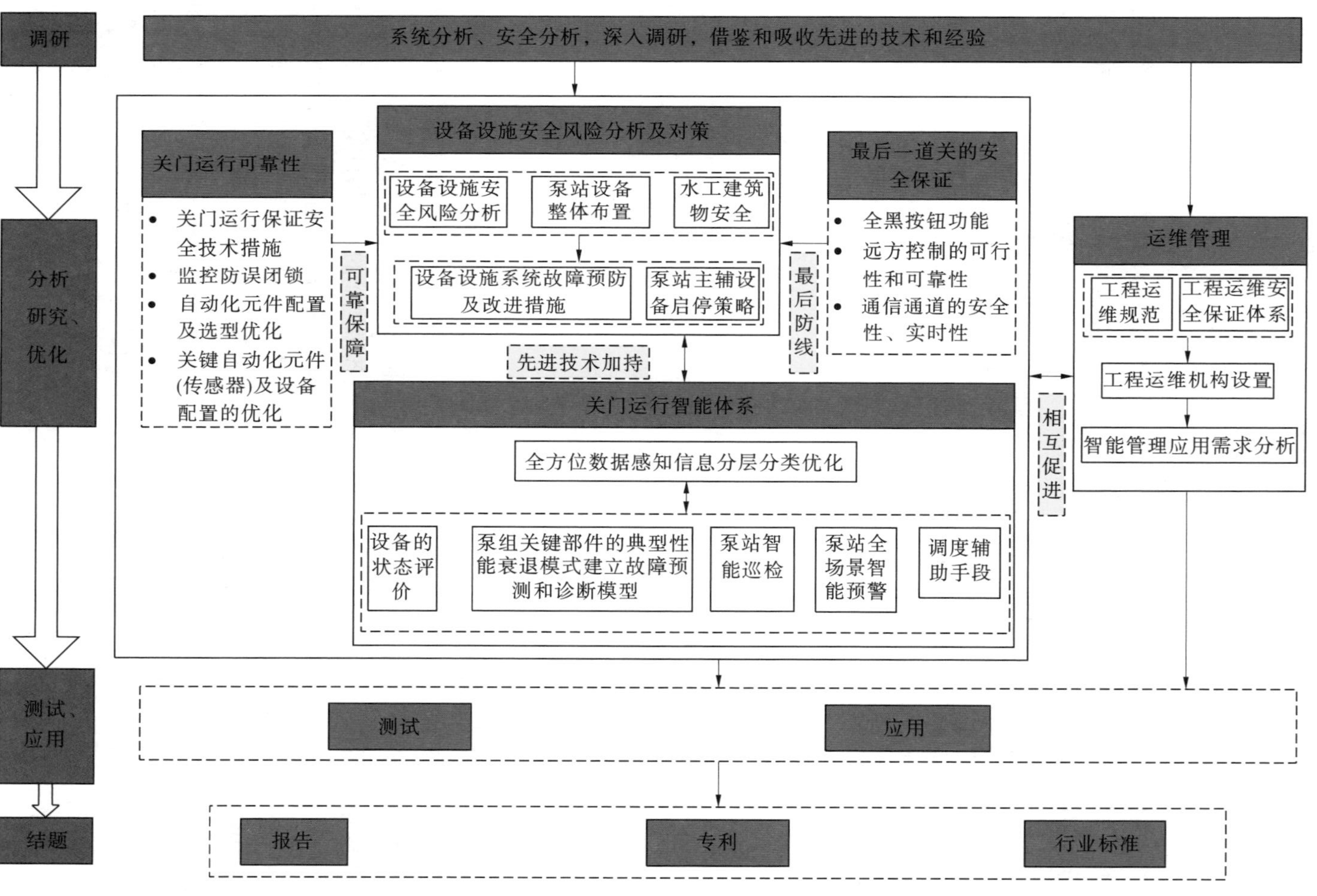

图 1-46　技术路线及研究内容

蓄能电站工程的做法,配置一交流油泵、一直流油泵的高压油减载装置。项目组还对其余各机电设备系统进行了安全风险分析,并进行风险评级,对不同风险等级采取对应的措施。对于自动化元件的配置,一般工程只配置一种自动化元件,一旦出现故障,容易导致开机不成功或停机,研究考虑配置不同原理或种类的自动化元件来提高可靠性。

目前,供水工程一般是调度中心、泵站中控室均设置少量运行管理人员,调度中心负责给泵站运行管理人员下达调度指令,由现场运行人员执行操作,现场出现故障或紧急情况时由现场人员进行处置。泵站实行关门运行管理模式,现场不配置运行管理人员,由调度中心对泵站的调度进行操作。这极大地增加了调度中心运行管理人员的工作强度和心理压力。泵站实行关门运行管理模式后,调度中心计算机监控系统不仅具有常规管理模式下的所有功能,而且由于 3 个泵站的所有机电设备集控都集中到调度中心,监控对象数量大大增加,也就意味着监控的信息也大大增加,操作界面的层级及步骤增多。为了减轻调度运行人员的工作,研究提出建设增强型计算机监控系统,除常规功能外,还要求计算机监控系统设置控制操作联动关键摄像头、智慧监盘、智能语音识别操作等功能,部分替代运行人员工作。同时为了在紧急情况时保证泵组、厂房的安全,在调度中心设置了 3 个泵站每台泵组及全站的紧急停机按钮,此系统与计算机监控系统通信通道相互独立,作为紧急情况下或泵站与调度中心通信中断时确保泵组、泵站安全的手段。

根据众多工程调研情况,组织架构中与泵站现场生产相关的主要工作是调度操作、运行巡视、维护检修。泵站实行关门运行管理模式后,将不设置调度操作人员、运行巡视人员,维护检修也将更精准,实现预测性维护,减少泵组故障、非正常停机的情况。但泵站内设备不巡视,设备一旦出现紧急情况无法处置,项目组研究建议设置智能巡检系统,综合运用视频监控、声纹检测、红外探测等设备,并设置智能化巡检系统平台,可以定期、定线路对设备进行巡视,替代运行巡视人员。同时设置专家支撑系统,集中各机电设备在线监测系统采集的信息及运行数据等,通过设置相关设备知识库、故障树算法、专家库等,能对设备状态进行预测,提前对设备进行检修,同时能像“技术人员”一样对检修维护提出专业意见,缩短维护时间。

29.3 成效

关门运行研究目前已完成中期成果,成果如下:

(1)大型泵站关门运行总体技术方案。

(2)大型泵站关门运行远方调度研究。

(3)大型泵站关门运行安全对策研究。

(4)大型泵站关门运行自动化元件可靠性研究。

(5)大型泵站关门运行工程运维应急管理研究。

(6)大型泵站关门运行智能辅助研究。

(7)大型泵站关门运行技术规范。

目前,部分研究成果如高压油减载系统、泵组出口液控蝶阀冗余设置、多水源技术供水系统、智慧监盘、调度中心紧急停机按钮、智能巡检系统、专家支撑系统等众多成果已应用于工程设计。

30. 成功进行大型泵站满负荷水锤试验

30.1　背景

珠江三角洲水资源配置工程全线设有3座泵站,分别是鲤鱼洲泵站、高新沙泵站和罗田泵站,将西江水输送至广州南沙、东莞和深圳。在工程运行过程中难免出现事故停机等工况,其中最极端的就是出现雷击等极端天气导致的全站事故停机,这就必然出现水锤现象。

水锤是一种在输水管线中常见的现象,当出现机组意外断电跳机时,由于压力水流的惯性,会产生巨大水流冲击波,就像锤子敲打一样,水击波会在输水管道中来回振荡。当水击波的最大压力超过管道或设备承压等级,或最小压力低于水体汽化压力,会产生断流弥合水锤,造成管道破坏,从而影响供水安全。

为了消除水锤的不利影响,工程在设计阶段会进行水力过渡过程仿真,并根据计算结果采取各种水锤防护措施,如应用两阶段关阀措施,设置调压塔、空气阀等。如何评估这些措施的水锤防护效果,最为有效的手段是采用现场试验确定理论计算与实际运行是否吻合。

30.2　措施

30.2.1　确定试验原则和总体方案

为了确保试验安全,项目法人主要领导靠前指挥,周密部署,邀请了设计单位、水力过渡过程研究单位和业内专家等专家团队对试验方案进行了讨论和审查,明确了“安全第一,风险可控,仿真先行,逐步递增”的试验总原则和试验实施方案。在整个试验过程中,专家团队受邀驻点试验现场,边算边做边优化。首先,在试验前根据实测的边界条件进行数值计算,利用实测数据修正过渡过程仿真模型的系统特性参数和边界参数;然后,进行意外断电停机的仿真和试验,确认计算结果与本次试验的实测数据基本吻合;再逐步增加停机台数,通过数值仿真预测下次试验情况并现场开会讨论,确保每次试验均有理论预测和数据支撑,做到心中有数。

30.2.2　针对性调整过渡过程计算边界条件

水力过渡过程仿真计算是对整个水泵抽水系统进行计算分析,包括管道内点及与管道连接的泵装置和其他水力设施设备(边界点),对于内点和各边界条件的数学方程描述与求解过程的具体内容如下:

(1)管道系统内点的计算是求解水锤基本方程,即由运动方程和连续性方程组成的双曲型偏微分方程组。为了实现计算机的编程计算,需采用特征线方法将该偏微分方程组离散化,沿特征线方向转换为水锤全微分方程。

(2)水泵端边界条件是由水泵的压头平衡方程及机组惯性方程所组成的非线性方程组,可采用 Newton-Raphson 迭代方法求解。

因鲤鱼洲、高新沙和罗田 3 座泵站沿线设置有高位水池、调压塔和调压井等设施,管道上还布置了空气阀。因此,过渡过程仿真计算还包括调压塔边界和空气阀边界。

(3)调压塔边界条件可以通过孔口出流和流量平衡方程描述,如果有溢流堰,还需要结合堰流公式联立求解。

(4)空气阀边界条件可以通过气体状态方程及质量守恒定律建立数学模型。

(5)进水池和出水池边界条件一般认为水位恒定,可以看作固定压力(水头)边界,对于特殊的出水池边界比如高新沙段的沙溪高位水池,可以按照特殊的调压塔边界处理。

本次试验前已根据实测数据对管道糙率进行了率定。

30.2.3 重点信号采集

为了建立准确的水力边界,在相同的条件下对比仿真计算结果与试验测试数据,需要测试和采集关键信号。珠江三角洲水资源配置工程计算机监控系统已在泵站水泵机组、阀门、调压塔及管道的关键节点位置布置了信号传感器。因此,针对水泵事故断电停机试验,在制定试验方案时,从计算机监控系统中提取关键信号并做好记录至关重要。

试验的关键信号具体包括前池水位、末端水库水位、水泵进出口压力、水泵转速、水泵流量、出口工作阀阀位、出口检修阀阀位、高位水池或调压塔水位等。

30.2.4 仿真计算结果与试验测试数据的对比分析

30.2.4.1 稳态运行数据修正仿真模型

在采集鲤鱼洲、高新沙和罗田加压泵站的正常运行数据后,首先通过恒定流计算对仿真模型进行修正,得到各段管道的综合糙率,如表 1-1 所示。

表 1-1 珠江三角洲水资源配置工程各段管道的综合糙率

序号	管段	设计流量/(m^3/s)	长度/m	管径/m	综合糙率
1	鲤鱼洲至高新沙段	80	40 975	4.8	0.011
2	高新沙至沙溪段	60	28 380	6.4	0.012
3	罗田至公明水库段	30	11 869	4.8	0.011

30.2.4.2 各泵站单台机组事故断电停机试验测试和仿真计算

在修正仿真模型后,对比了各泵站单台机组事故断电停机的仿真计算结果和试验测试数据。以鲤鱼洲单台机组事故断电停机为例,图 1-47 是 8 号机组事故停机,泵出口阀按照 10 s 快关 80°、20 s 慢关 10°两阶段关阀条件下的鲤鱼洲高位水池的水位变化结果。图 1-48 是仿真结果。对比数据如表 1-2 所示。从图 1-48 中可以看到,仿真结果中高位水池的水位变化趋势与实测数据近似,变化周期基本一致。最大、最小涌浪数据的差距主要是因为受到蝶阀液控装置的限制,实际泵站出口阀的关闭规律无法做到与设定值完全相同,存在一定差距。但从仿真结果与实测结果的对比来看,仿真计算用于预测是可行的。

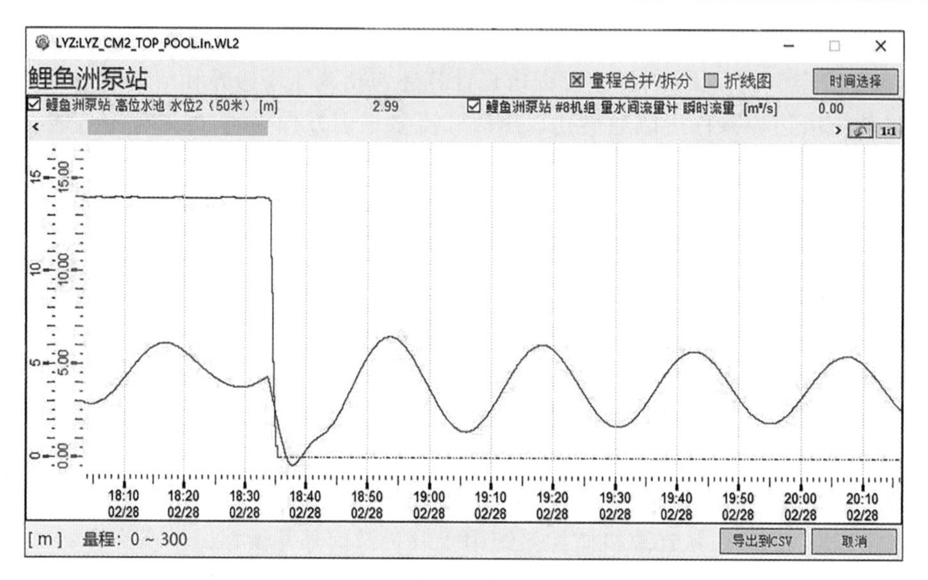

图 1-47　鲤鱼洲泵站 8 号机组事故停机时鲤鱼洲高位水池的水位变化(18:35 之后的红线)

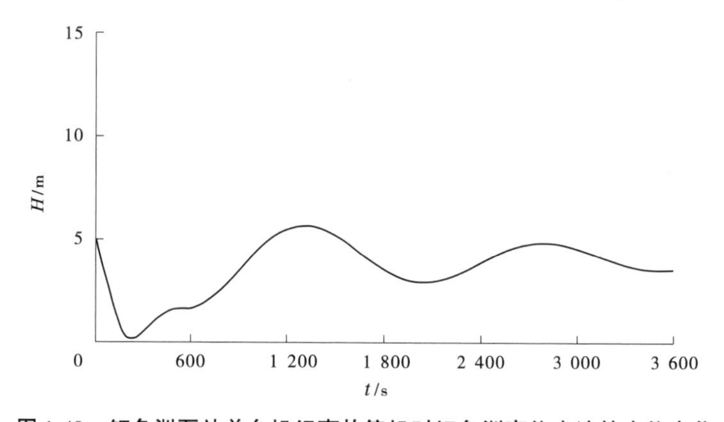

图 1-48　鲤鱼洲泵站单台机组事故停机时鲤鱼洲高位水池的水位变化

表 1-2　鲤鱼洲泵站单台机组事故停机实测数据与仿真数据对比

类别	最大涌浪水位/m	最小涌浪水位/m	变化周期/s
实测数据	8	−1	1 440
仿真结果	5.69	0.198	1 500

30.2.4.3　各泵站满流量下全部机组同时事故断电停机试验测试和仿真计算

在经过多次测试验证后,最终对鲤鱼洲、高新沙和罗田泵站进行设计流量条件下全部机组同时事故断电停机试验,同样对比了仿真计算结果和试验测试数据。以高新沙为例,图 1-49～图 1-51 分别是高新沙泵站 4 台机组同时事故停机时对应的高新沙调压塔的水位变化或压力变化。比较压力信号和仿真结果中调压塔的水位变化,可以发现两者趋势基本一致。从表 1-3 中可以看到,仿真和实测得到的调压塔最大、最小涌浪和变化周期吻合得很好。

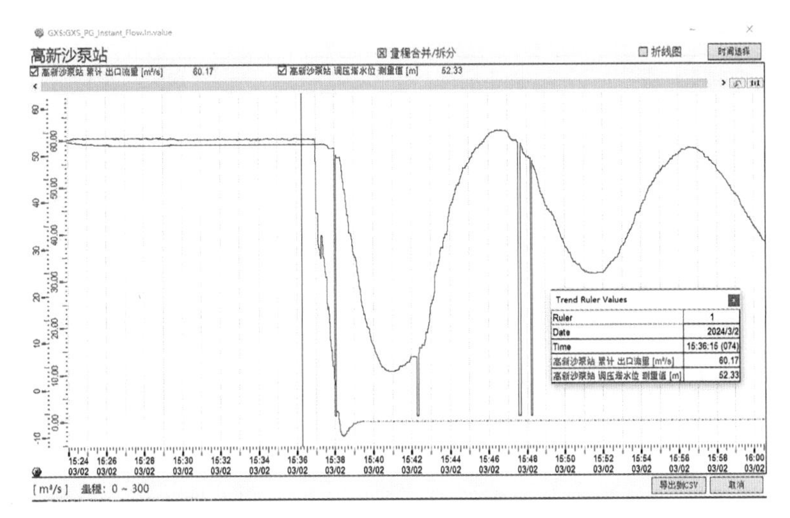

图 1-49 高新沙泵站 2~5 号 4 台机组事故停机时高新沙调压塔的水位变化(蓝线)

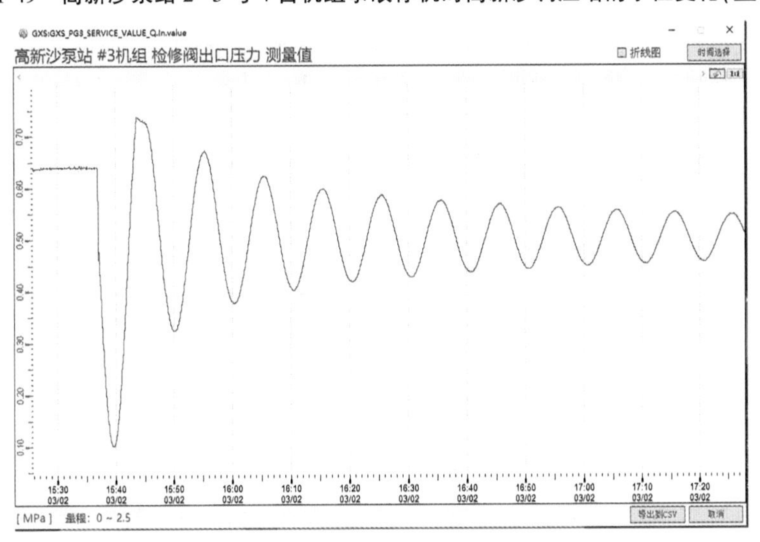

图 1-50 高新沙泵站 2~5 号 4 台机组事故停机时泵出口阀后压力变化

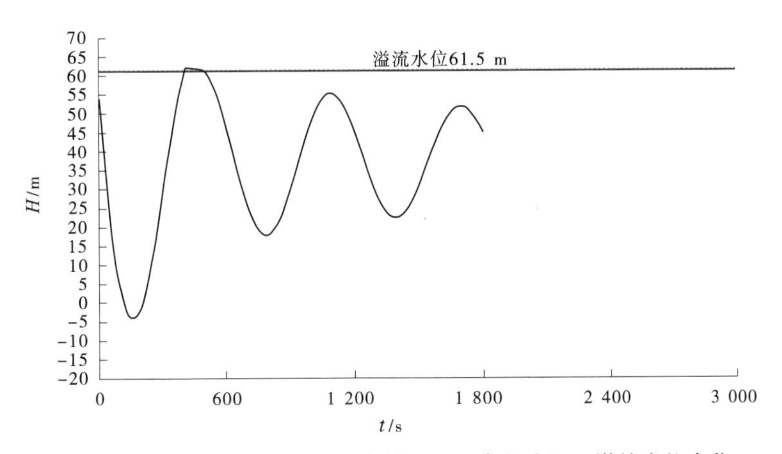

图 1-51 高新沙泵站 4 台机组事故停机时高新沙调压塔的水位变化

表 1-3　高新沙泵站 4 台机组事故停机实测数据(出口压力)与仿真数据对比

类别	最大涌浪水位/m	最小涌浪水位/m	变化周期/s	最大溢流量/(m^3/s)	溢流持续时间/s
实测数据	61.9	-3.19	610	—	91
仿真结果	62.22	-3.86	607	21.76	86

30.3　成效

目前,国内尚无此类长距离大流量输水工程开展满流量水锤试验的案例,相关领域也缺乏成熟案例与数据支撑,珠江三角洲水资源配置工程的水泵机组模拟事故断电停机试验为填补这一行业空白做出了重大贡献。同时在试验过程中也可以看到,过渡过程的仿真计算为试验方案的论证提供了重要的指导意见。随着国内越来越多这类大型调水工程的规划和建设,对确保工程安全可靠的需求也日益增多。类似珠江三角洲水资源配置工程这种理论分析、数值仿真和真机试验相结合的方式也必将得到推广应用,为长距离大流量输水工程的安全、稳定运行提供丰富的实践经验和技术支持。

31. 创新主泵空转充水

31.1 背景

高新沙泵站至沙溪高位水池段(干线)首次充水平压过程中,按设计是利用南沙支线向干线充水,通过 GZ18#工作井底检修排水联通 DN800 调流阀(设计流量 5 m^3/s)进行充水平压。当南沙支线输水系统平压后,打开 GZ18#井内的调流阀(半开),调节流量至 5 m^3/s,向高新沙泵站以后干线输水隧洞充水至与高新沙水库平压。充水量约 91 万 m^3,充水周期为 4 天。

在现场实施过程中,发现 DN800 调流阀全开后实际流量为 2.0 m^3/s,且调流阀设备出厂已设定,现场不可调,导致首次充水时间由原来的 4 天可能延长至 10 天,综合影响时间更长,高新沙泵站至沙溪高位水池段(干线)首次充水目标无法实现,直接影响泵站下一步调试试验。

31.2 措施

项目法人、设计、监理、施工单位和泵组设备厂家等参建单位根据高新沙泵站现场实际情况,通过多次专题会议,充分论证解决泵组运行转向、泵组转速控制方式、泵组空转充水流量控制、泵组辅助设备运行保障、可能发生泵组运行安全风险及应急措施后,提出利用泵组前后水压差,通过泵组空转过流方式(泵组不带电),向高新沙泵站以后干线隧洞充水方案。

高新沙泵站选取已完成空载调试的 3 号泵组实施该方案,采用手动现地控制方式,投入 3 号泵组技术供水,确保各轴承冷却水运作压力、流量正常,退出检修密封,投入工作密封,泵组其他油、水、气等辅助系统均处于投入状态,机组在线监测系统数据采集无异常,开始正式启机,手动全开泵组进口 DN2600 电动蝶阀和泵组出口 DN2600 检修液控蝶阀,手动退出泵组风闸制动,开启泵组出口 DN2600 工作液控蝶阀 5°,泵组开始自转,机组转向为水流方向正转(未发生反转),手动逐步小开度 2°开启工作液控蝶阀,每次暂停观察 5~10 min 是否有异常,至工作液控蝶阀开度 32°,对应泵组转速 260 r/min,机组过流量达到 10 m^3/s,全过程泵组现地手动停机操作(见图 1-52)。

经现场试验,泵组转速与工作蝶阀开启角度呈线性正比关系,泵组转速、流量均可控,试验能够满足高新沙泵站后干线首次充水要求。

31.3 成效

高新沙泵站利用 3 号泵组前后水压差,通过泵组空转过流方式,向高新沙泵站后干线首次充水方式属于国内泵站首次,通过实践泵组空转过流充水,3 号泵组共计运转 3 天,解决了 GZ18#工作井 DN800 调流阀流量低问题,高新沙泵站至沙溪高位水池段(干线)首次充水顺利完成,为高新沙泵站至沙溪高位水池段充水及后续泵站泵组试验节约宝贵时间。

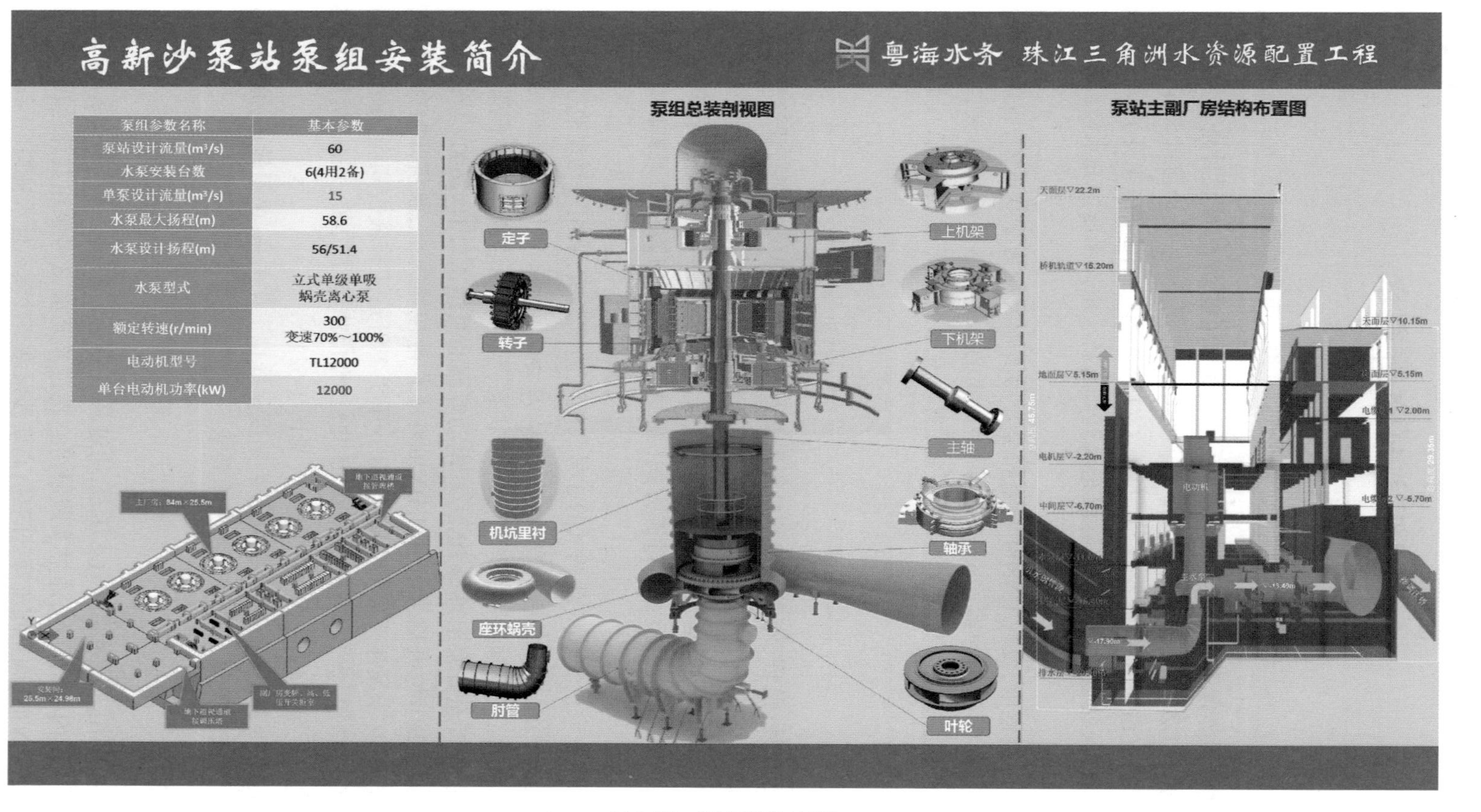

泵组参数名称	基本参数
泵站设计流量(m³/s)	60
水泵安装台数	6(4用2备)
单泵设计流量(m³/s)	15
水泵最大扬程(m)	58.6
水泵设计扬程(m)	56/51.4
水泵型式	立式单级单吸 蜗壳离心泵
额定转速(r/min)	300 变速70%～100%
电动机型号	TL12000
单台电动机功率(kW)	12000

图 1-52　泵组结构布置

32. 合理编制引调水工程设施编号

32.1 背景

珠江三角洲水资源配置工程全线 113.2 km,由 1 条输水干线工程、2 条分干线工程、1 条支线工程组成,线长、点多、面广。采用深埋隧洞输水,施工期间有 48 台盾构机和 1 台 TBM,37 座工作井(始发井和接收井)按照永临结合的思路,这些工作井在后期大多数改为永久工作井(检修排水井等)。从工程可研设计开始,工程全线就已经有相关的编号,但是,那是基于各专业技术管理要求来编制的,导致各专业在一起时各说各话,没有形成体现工程建设和运行管理思路的系统编号。工程建设之初重新检讨编号体系,对工作井科学合理地编号不仅有利于工程建设管理,更为科学运营管理奠定了基础。

输水工程深埋地下,采用钢管衬砌和预应力混凝土衬砌后,洞内没有参照物,管养和检修时,难以识别所处位置,因此洞内需要设置清晰的标识和编号。

32.2 工作井管理编号和洞内标识编号

32.2.1 全线工作井管理编号

32.2.1.1 问题的提出

设计初期是按照线路区间来进行编号的,如 LG:鲤鱼洲泵站—高新沙水库;GS:高新沙泵站—沙溪高位水池;SL:沙溪高位水池—罗田水库;SZ:深圳分干线(罗田水库—公明水库);DG:东莞分干线(罗田水库—松木山水库);NS:南沙支线(高新沙水库—黄阁水厂)。但是在实际的执行过程中,存在编号规律性不强、不易识别、编号重复等问题,不便于工程统一管理。因此,有必要结合工程全线建设管理的需要重新梳理编号。

32.2.1.2 工作井编号原则及编制清单

编号是设计对象唯一性命名的基础,因此编号应从设计开始。首先是全线的编号应统一;其次,每一个工作井的编号是唯一的,对应的相应工作井的图纸也必须单独出,而不能像过去一样,按照典型工作井来出图。

结合工程建设管理层级的设置,对全线的所有工作井进行了统一的编号,建立了如下编号规则:

原则一,全线一个顺序号列编,相应的盾构机/TBM 进行了对应的编号。

原则二,按照四个管理地区进行编号缩写,即 SD(顺德)、GZ(广州南沙)、DG(东莞)、SZ(深圳)。

虽然在实际的施工过程中,也出现了临时工作井变为永久工作井的情况,如 LG09-1;永久工作井最后成为临时井而被填埋的情况,如 LG15#。对原有工作井功能的变化,在原有编号的基础上补充后缀,能清晰地确定工作井的相关参数。

32.2.2 洞内标识编号

隧洞衬砌完成后,沿水流方向左侧每 100 m 标识一个里程桩号,右侧每 500 m 标识与最近地面建筑物(如工作井)的相对位置(见图 1-53)。

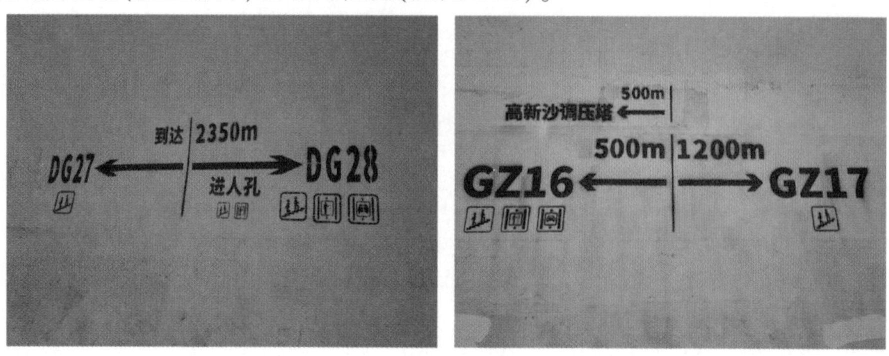

图 1-53　洞内交通标识

32.3　成效

工作井统一编号和洞内标识编号,为工程建设、运行管理提供了极大方便,便于及时辨识所处的位置,也为数字孪生工程建设在物理空间上奠定了基础。

二、设计篇

深化设计改革，助力打造工程施工方案最优解

本书设计篇聚焦珠江三角洲水资源配置工程规划设计关键环节，汇聚国内外专家技术力量，响应国家“乡村振兴”战略和“数字孪生”要求，融合建筑设计与工程设计，以科学研究助力设计创新，打通设计与施工壁垒。内容涵盖隧洞、泵站、调压塔、沉沙池、工作井、栏杆等建筑物，水泵、电动机、阀门等关键设备，水平定向取芯、盾构选型、隧洞内衬、数据传输、土壤隔离等核心技术，以设计改革助力打造工程施工方案最优解。

33. DN4800 液控蝶阀动水启闭研究与应用

33.1 背景

珠江三角洲水资源配置工程输水干线运行工况切换复杂,在输送水流时,流量变化为 0~40 m^3/s,压力变化为 0.1~0.8 MPa,而输水隧洞直径为 4 800 mm。大口径空间切断水流、有效克服水压力变化成为工程上的一个难点。

由于流量大、输水管径大,因此选择大孔径蝶阀是比较合适的。在面对如此大的水压力变化时,电控可能难以稳定操作阀门的开启和关闭,采用高压油液压装置则可以克服这个问题,因此大口径液控蝶阀的选择与研制是有必要的。

大口径液控蝶阀是珠江三角洲水资源配置工程输水干线流量控制、运行工况切换与检修的关键设备。国内外罕见 DN4800 大口径液控蝶阀,管理团队和设计单位需要通过采用阀门的优化设计理论和面向对象的制造技术提供具有国内外先进水平的阀门产品,开展针对输水管线 DN4800 大口径液控蝶阀的关键技术问题的研究。

33.2 措施

33.2.1 复杂运行条件下大口径蝶阀的动态特性研究

33.2.1.1 主管线工况切换水力过渡过程计算与研究

阀门的开关时间和逻辑是保证水力过渡过程中管线安全的先决条件,针对本工程输水管线工况切换水力过渡过程进行计算与研究,据此确定阀门的开关时间和逻辑。

33.2.1.2 输水管线检修与工况切换中蝶阀的动态特性研究

蝶板在动水开、关过程中自身的动态特性,如开度流量特性、流阻优化、空化、振动、固有频率和共振、液压油缸动态负载等是影响系统和阀门安全的重要特性,针对本工程超大口径阀门进行水流流态与阀门动态特性的耦合计算研究。

33.2.2 复杂运行条件下大口径蝶阀的设计制造研究

33.2.2.1 阀门密封技术研究

本工程阀门密封包含工作密封、检修密封、轴端密封等,鉴于本工程贝类生物生长对阀门密封的影响和高可靠性的要求,对阀门密封材料的耐久性、介质的适应情况进行优选和试验。研究阀门密封面刮切结构与材料,模拟在已生长贝类生物的阀门上试验剪切效果,并记录力矩增量,确保贝类生物不影响阀门的可靠性。对密封结构进行防划伤、防结垢、易维护和可更换的设计,最后进行样机模拟工程实际情况的试验。

33.2.2.2 阀门锁定系统可靠性研究

本工程阀门开启和关闭状态下对锁定系统可靠性要求严苛,研究和设计液压油缸锁定、阀门驱动臂机械锁定、电气控制逻辑锁定等多种安全锁定措施及其各锁定之间互锁的复合锁定系统,并进行锁定系统的强度试验和误操作试验。

33.2.2.3　不同开关阀速度下液压系统研发和可靠性研究

液压系统对开关阀速度的可靠控制是阀门顺利动水开启和关闭的关键因素，而开关阀速度是靠液压系统控制油路中的流量阀来控制的。以往采用的流量阀精度不高，尤其在小流量运行下不稳定，导致阀门慢速开启或关闭的时间试验误差较大，无法满足设定的程序时间。针对此问题，需研究液压系统采用高精度调速阀控制开关阀时间的方案，调速阀需具有温度补偿和压力补偿功能，以减小温度和负载的变化对阀流量的影响，并研究其可靠性。

33.2.2.4　水力振动疲劳技术研究

对 DN4800 大口径蝶阀参数化 BIM 模型的建立和参数化设计(见图 2-1)，通过参数化对象的呈现，提高优化效率，减小设计难度。通过有限元分析获得超大口径双密封蝶阀蝶板的固有频率及卡门涡街下的扰动频率，避免产品在极限工况下振动疲劳问题。

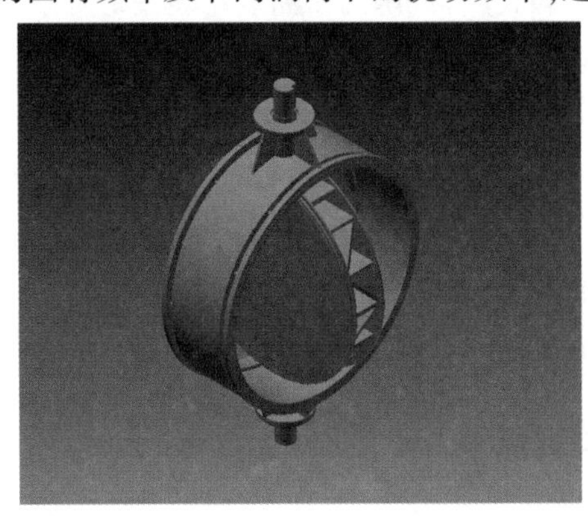
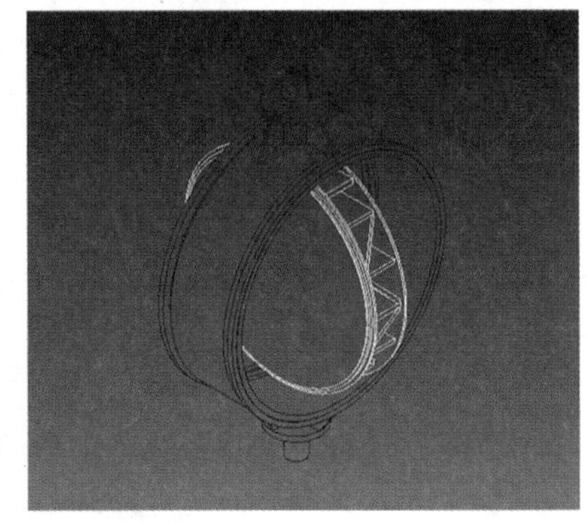

图 2-1　三维有限元软件优化模型

33.2.2.5　蝶阀状态监测与预警研究

由于阀门多数时间处于单一位置停滞状态，为了判断其长期停滞后能否可靠工作，就必须对阀门驱动力、振动、关键部位的应力、控制系统的各项指标等数据进行长期在线监测，开展健康状态诊断与预警研究，设计各种数据采集点及处理这些数据的监控和预警程序。

33.3　成效

DN4800 液控蝶阀采用双偏心蝶阀，阀门开启时，橡胶密封圈立即脱离阀座，延长阀门的使用年限；阀门密封为双密封结构，为工作软密封和检修硬密封，工作软密封设有刮扫片，可刮扫清除阀座的黏附物；阀门两端阀轴的轴封均采用 V 形组合自密封环和 O 形圈双重密封组合，密封效果更为稳定，且具有压力越大，密封效果越好的特点；在阀门底部设置有排污系统，用于排出底部污物，避免对阀体的腐蚀损害；阀门由液控系统驱动，且为双液控系统，能手动和自动操作，可实现现地和远程控制；该阀门通过液控系统等能够实时地监测到阀门各种运行状态，做到问题早发现、早处理，完全避免出现重大事故；能在长时间停滞在全开、全关状态后，顺利、安全地动水开启和关闭，并不产生破坏性的水锤；可处于长期、稳定、安全的全开、全关状态，保证管道系统和检修人员的安全。

34. 小栏杆大智慧

34.1 背景

珠江三角洲水资源配置工程中的栏杆尽管很小，但它们守护着安全、传递着情感、承载着文化，不仅是工程建设者们辛勤付出的见证，更是他们情感的寄托和文化的传承。管理团队精益求精、见微知著、巧妙构思，展现出大智慧的栏杆设计理念，以期用独特的形态和深厚的内涵将小栏杆铸成工程建设的亮丽风景线。

34.2 措施

栏杆的设计需要遵循全线统一的标准，依据"标准、规范、经济、美观、适用"5 个原则对全线栏杆进行设计。栏杆形式可分为高标准栏杆、普通栏杆、活动栏杆、园建栏杆（临水步道栏杆、工作桥景观栏杆等）等几大类。

高标准栏杆用于重要区域，强调耐用性和视觉美感；普通栏杆则适应广泛环境，保证基础性能的同时降低成本；活动栏杆便于灵活操作和维护；园建栏杆则侧重景观美化和环境协调，营造宜人的亲水空间。

在具体设计细节上，团队严格遵守国家规定的安全标准和规范，兼顾经济效益与美学价值。细致入微地考虑了栏杆的各项力学性能指标，包括高度、间距、材料强度等，确保其在极端条件下仍能有效防护，防止意外发生。

注重人性化设计，与时俱进，充分考虑新时期的人体特征，利于行人抓握倚靠，保证栏杆扶手高度适中，标准栏杆净高定为 1 200 mm。施工发现因为地坪平整度与装修层加厚等原因，一些栏杆高度达不到标准后，设计团队与施工单位进行了调整。在一些特殊位置如鲤鱼洲高位水池等高耸地带，顾及工作人员的心理安全感，栏杆的高度设定为 1 500 mm，以增加安全防护等级。

针对栏杆的维护保养与使用寿命，采取模块化设计思路，确保各个部件易于拆装、替换，降低维修成本。特别是在易受风雨侵蚀的户外环境，栏杆材料的选择更是着重考虑了耐候性、防腐蚀性，确保栏杆经年累月依然保持良好的状态。

吊物平台等场所的活动栏杆设计除方便拆装外，力求稳定、美观、整齐，采用大管套小管的结构。

工厂内部活动频繁区域的栏杆设计，不仅要保证实用性，更要体现与整体建筑风格的协调一致，追求简洁大方而又不失高端品质的观感。

34.3 成效

匠心独具的栏杆饱含着管理团队的安全考量与文化表达，不仅构筑起了一道坚固的安全防线，更是将珠三角地区的自然风貌、人文历史与现代设计理念巧妙结合，构建起了一个个蕴含丰富情感与文化底蕴的艺术品，成为百年工程不可或缺的部分（见图 2-2）。

图 2-2　栏杆实景

小栏杆默默守护着建设者和工程运维人员，诉说着建设者的辛勤与智慧，传承着以人为本的精神内核。凭栏眺望，水润着璀璨的珠江三角洲，美景与智慧谱写了一曲人与自然和谐共生的赞歌。

35. 最美调压塔

35.1 背景

管理团队和设计单位在初步设计阶段,委托国内顶尖高校和科研机构分别独立开展了珠江三角洲水资源配置工程水力过渡过程研究,重点计算了高新沙泵站事故停泵过渡过程,又经设计咨询单位计算核实,计算结果差异较大,且计算结果显示管线最大水锤压力对关阀规律非常敏感,关阀规律不当将导致输水隧洞最大水锤压力超过设计内水压力,而水泵出口阀的关闭存在一定的不确定性,需要采取降低运行风险的工程措施。

35.2 措施

为提高输水系统安全性、可靠性,降低盾构隧洞爆管风险,应在输水线路上增设调压设施。结合输水线路布置情况和工程地形地质条件等因素,在高新沙泵站下游侧的 GS01#(GZ16#)工作井处设置调压塔。

根据计算分析,未设置调压塔之前高新沙水库至沙溪高位水池段输水隧洞距离高新沙泵站 5 km 位置的隧洞水头压力约 163 m;设置调压塔后,调压塔对输水隧洞的压力进行有效调节,相同断面位置的水头压力由 163 m 降低至 116 m,有效降低了输水隧洞工作压力,进而减少了隧洞钢绞线及钢筋等材料用量,节省了工程投资。

调压塔位于 GS01#工作井中央、DN6400 输水钢管的正上方,塔筒为圆形,直径 12 m,外直径 15 m,调压塔总高度约 113 m,其中地面以上高度为 71 m、地下部分为 42 m(见图 2-3)。当事故断电出现溢流时,通过调压塔顶部设置的溢流堰和 8 根竖向溢流管将水引到调压塔负一层的环形钢管,然后通过排水管、地下储水池将溢流排放到河涌。

高新沙调压塔不仅具备压力隧洞调节器的功能,有效降低输水隧洞工作压力,它还是一座盾构工作井,塔的顶部是巡检平台,并且与周边景观完美融合。

高新沙调压塔是在 GS01#(GZ16#)工作井的基础上建设的,GS01#(GZ16#)工作井外直径 39 m,地下连续墙厚度 1.2 m,内衬墙厚度 1.5 m,工作井深度 42 m,该井是隧洞 GS01#(GZ16#)~ GS02#(GZ17#)区间盾构机始发井。

调压塔塔筒的顶部根据最高涌浪水位及安全超高确定,计算得到地面以上塔筒高度约 59 m,为本工程最高的地面建筑物。为了充分利用本工程的制高点,在塔筒顶部设置巡检平台,可以对本工程进行空中巡检、水压观测。

调压塔采用“水接云天”的设计主题——捕捉河流自然弯曲及水库在阳光下波光粼粼的形态,在凝重的混凝土筒体结构外,采用穿孔铝板设计了波浪形的分隔(见图 2-4),造型新颖、轻柔,具有艺术性。

35.3 成效

由于在高新沙泵站之后增设了调压塔,降低了高新沙水库至沙溪高位水池段输水隧

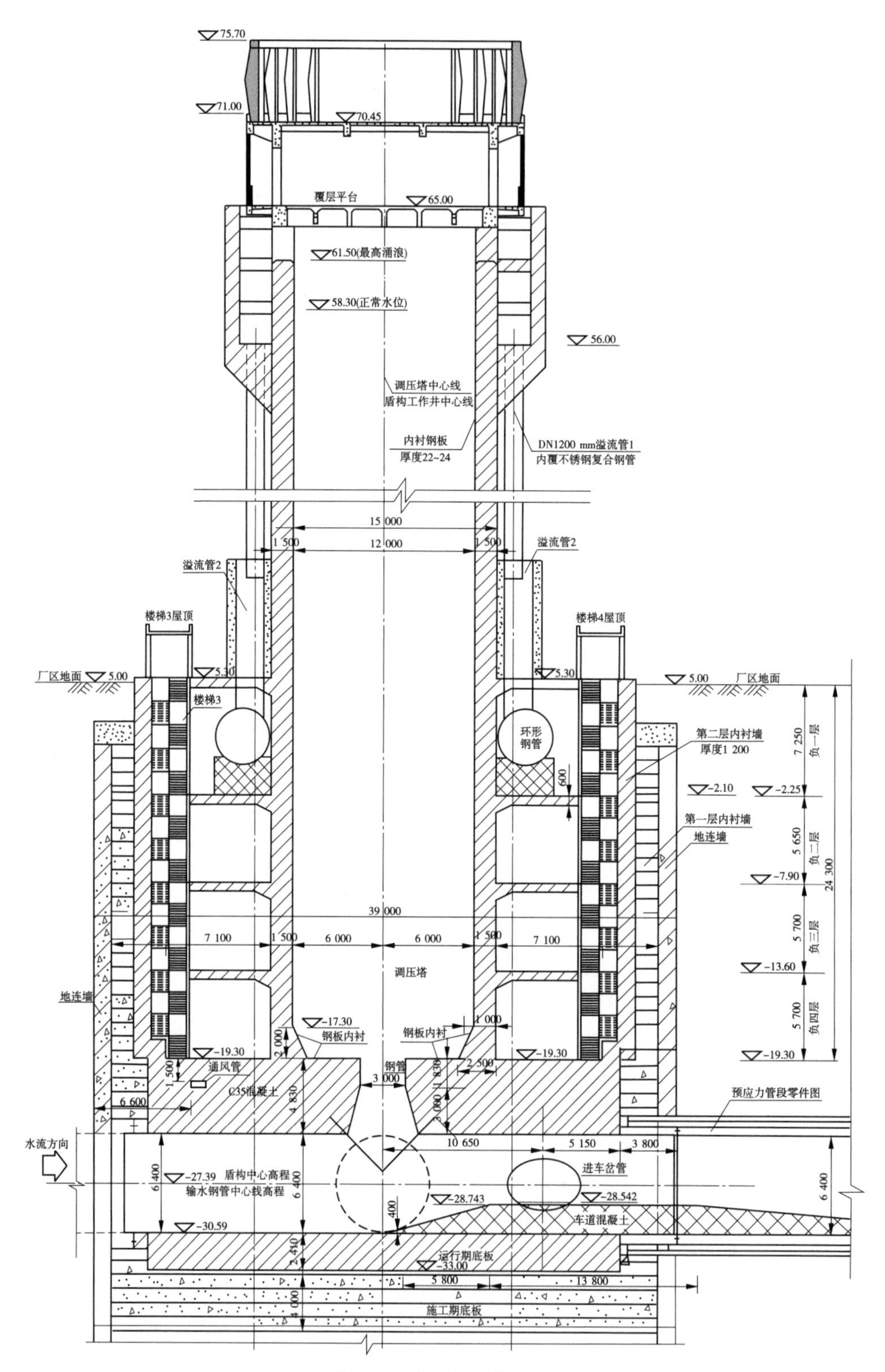

75.70
71.00
70.45
覆层平台
65.00
61.50(最高涌浪)
58.30(正常水位)
56.00
调压塔中心线
盾构工作井中心线
内衬钢板
厚度22~24
DN1200 mm溢流管1
内覆不锈钢复合钢管
15 000
12 000
1 500
溢流管2
楼梯3屋顶
楼梯4屋顶
厂区地面
5.00
5.30
楼梯3
环形
钢管
第二层内衬墙
厚度1 200
第一层内衬墙
地连墙
-2.10
-2.25
-7.90
-13.60
-19.30
负一层
负二层
负三层
负四层
7 250
5 650
5 700
24 300
39 000
7 100
6 000
调压塔
-17.30
钢板内衬
通风管
C35混凝土
钢管
3 000
2 500
6 600
10 650
5 150
3 800
预应力管段零件图
水流方向
-27.39
盾构中心高程
输水钢管中心线高程
进车岔管
-28.743
-28.542
车道混凝土
-30.59
6 400
运行期底板
-33.00
5 800
13 800
施工期底板

图 2-3　调压塔纵剖面图

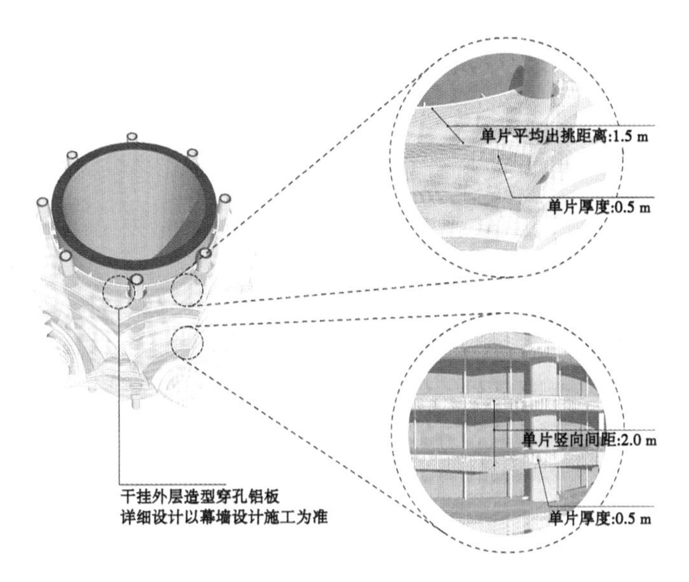

图 2-4 调压塔分隔设计

洞工作压力,进而优化了该段预应力隧洞的内衬钢绞线和钢筋用量;尽管 GS01#(GZ16#)工作井由方形井改成圆形井且加大工作井外径、增加调压塔等工程措施增加了一定投资,但综合考虑高新沙泵站之后至沙溪高位水池段的所有构筑物总体情况,调压塔的设置减少工程投资约 2 亿元,经济效益明显,并降低了运行风险。

调压塔在不同时间、角度、强度、色彩阳光照耀下,立面会渐变出不同的效果,美轮美奂,充分体现了水工建筑物功能与美学完美融合,同时与周围环境相得益彰。调压塔集功能性、标志性和观赏性为一体,被誉为国内“最美调压塔”(见图 2-5、图 2-6)。

图 2-5 建成调压塔外观

图 2-6　灯光璀璨的调压塔

36. 鲤鱼洲为取水泵站而生

36.1 背景

珠江三角洲水资源配置工程利用鲤鱼洲泵站从西江取水，泵站占地 300 亩，在工程建设方案阶段，取水泵站选址有 4 个方案，其中 3 个方案将泵站设置在西江岸边，1 个方案在上游的江心中。广东省水利厅和设计、建设团队经过反复论证，本着“三个留给”的工程建设理念，确定将取水泵站设在偏下游的鲤鱼洲。

36.2 措施

将取水泵站选址于鲤鱼洲天然小岛，基于下述考虑：

(1) 将岸边土地资源留给地方，减少对地方用地规划的影响，节约集约用地，充分利用天然岛屿，泵站选址调整至鲤鱼洲岛。

(2) 不扰民。泵站选址江心鲤鱼洲，距离杏坛镇左滩村和右滩村均超过 500 m（见图 2-7），泵站建设和运行期，最大程度减少对村民生活生产的影响。

图 2-7 鲤鱼洲位置

(3) 不拆迁。与最终建成的鲤鱼洲泵站相比，同等规模下的杏坛泵站用地范围将涉及大量房屋拆迁，涉及 20 余户，100 多人，如图 2-8 所示。

图 2-8　鲤鱼洲泵站与杏坛泵站选址比较

(4)江中取水水质污染风险小、对周围环境影响小。鲤鱼洲岛所处河道宽 1.6 km，根据污染物数模分析，上游一定范围内的两岸偶然产生的一些污染物会随水流沿岸边流向下游，从江心取水，可最大程度避免水质污染问题。若从岸边取水，则导致岸边上下游生产生活受限，例如杏坛泵站选址，岸边有码头，必然需要拆除。

(5)从取水流态上，泵站进水方向选择岛尖位置，为正向进水，相对岸边取水为侧向进水更优。

(6)在泵站枢纽总布置效果(见图 2-9)方面，鲤鱼洲为独立小岛，枢纽布置受周边限制较少，厂区除功能性生产用房布置外，结合养殖放流池等设施，可对岛周边进行环境整治，创造一个美好的生产生活环境。

确定头部取水泵站选址于鲤鱼洲后，因小岛西侧为山体，生长有茂密的树林，东侧为平坦的鱼塘，本着保护树林、减少开挖的原则，将泵站前池和厂房布置在东侧。在 2018 年初设阶段，地方提出鱼塘为集体所有，应尊重群众意愿，将集体用地保留下来，将泵站挪到西侧的山体位置。在施工前，经过各方不断努力，为了保存山体和树林，也为了方便小岛的封闭管理，说服群众接受了泵站保留在东侧鱼塘的设计。鲤鱼洲泵站开挖施工的土石方弃渣需要从岛上外运到弃渣场，增加了运输难度和成本。

36.3　成效

将宝贵的土地资源留给左滩村，将交通困难留给了本工程。工程投入 2.5 亿元建设一条江底交通隧洞，为节约投资，采用单向通行隧洞，同时纳入了高压输电缆、给水管道、燃气管道等。保护了林地(由 227.15 亩减少至 86.7 亩)，也节约了山体开挖土石方量

场地	面积	单位
红线面积	256 847	m^3
人行铺装	23 511.3	m^3
生态流放池	19 512.83	m^3
运动场地	1 883.73	m^3
绿地	80 782	m^3
停车位	59	个

图 2-9 鲤鱼洲泵站布置效果图

(121 万 m^3),弃渣减少 78.6 万 m^3,弃渣量减少相应减少了渣场占地面积 26.10 hm^2。

巧妙布置,精心构思,鲤鱼洲为珠江三角洲水资源配置工程取水泵站而生。

37. 工作井赋能美丽乡村建设

37.1　背景

大型引调水工程工作井往往侧重于其功能设计,地下输水线路的工作井需要高出地面,结构形式简单,外观单一,封闭运营,不考虑与周边环境的协调和向周边居民开放。珠江三角洲水资源配置工程地处珠三角核心区,城乡一体化程度高,沿线有34座永久工作井。若按传统设计,一方面工作井与周边环境不协调,沿线居民的体验感、获得感弱;另一方面工程和周边建筑物相互孤立,周边居民只能分享供水效益,却不能共享工程的环境效益。建设团队既要考虑工程的建筑美学,彰显水利人的精神风貌,兼顾沿线居民的体验感、获得感,让工程与周边自然环境、人文环境和谐共生;还要考虑获得沿线地方政府和人民对工程建设的支持,让周边居民共享工程的环境效益,体验工程的建设成就;更要体现粤海水务人"三个留给"的精神风貌、担当作为,助力美丽乡村建设,赋能乡村振兴。

37.2　措施

工作井有圆形和方形两种形态,大多为圆形,外立面均为实墙,体型较大,其中直径最大的达到35.9 m,高度达到14.8 m。为削弱大体积工作井带来的压迫感,工作井加盖,呈现"粤海鼓"。一方面工作井顶上加盖形成类似鼓形建筑物,另一方面外立面采用白色穿孔梭形铝板竖向分隔,分隔板呈波浪形状,波浪片环绕工作井360°形成"波浪漩涡"(见图2-10)。巧妙地将"粤海鼓"和"水"的建筑语言融入周边乡村环境中,在不同天气、不同时间、不同视角下呈现出不同的效果,一朵朵浪花连接水天,自然地呈现在美丽乡村之中,"粤海鼓"为珠江三角洲水资源配置工程建设呐喊助威,展现水文化魅力。

利用工作井的征地,在征地范围内巧妙地构建"微公园","微公园"不设分隔围挡,与珠三角地区的现代化村庄有机地融为一体。建成后将"微公园"开放给村民,与当地政府和村民协商共建、共同维护、共享成果。

37.3　成效

工作井的建设与运行管理实现了从"以资为本"到"以人为本"的飞跃。工作井的建设不仅满足运行管理的功能需求,还为运行管理人员的工作提供优美的环境。工作井的建设还改善了驻地乡村的交通、通信、供电等条件,建成的工作井大气、美观、协调,与现代化的村庄融为一体,增强了村民的归属感和自豪感。优美的波浪形"粤海鼓"有机地融入了周围的自然环境和人文环境中,赏心悦目,彰显了水利人高质量发展的情怀,助力美丽乡村建设,赋能乡村振兴。

珠江三角洲水资源配置工程中的工作井上盖建筑理念与美丽乡村建设相得益彰,不仅展示了新时代水利工程建设的新理念、新格局,更是对历史与现代、自然与城市、水工尺度与地方文化等永恒主题的深度探索,并将持续赋能乡村振兴和城乡共同繁荣。

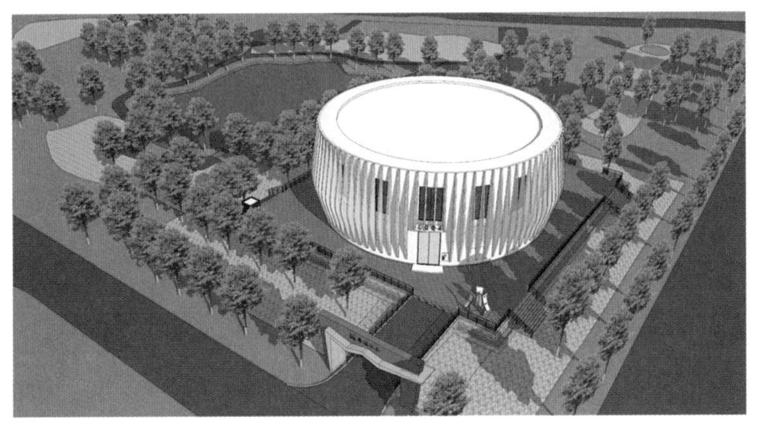

图 2-10 工作井效果图

38. 水平定向取芯技术在水工跨海隧洞勘探中的首次应用

38.1 背景

珠江三角洲水资源配置工程输水干线狮子洋段经过广州番禺石楼镇的海鸥岛，跨越狮子洋水道后进入东莞沙田镇，为盾构施工隧洞，该段盾构隧洞区间长 3 197 m，洞径 8.3 m，埋深 17~43 m。狮子洋水道宽约 2.4 km，最大水深约 27 m。

狮子洋水道靠东莞沙田侧有宽度约 380 m 的国际航道，是大中型船舶进出广州、东莞、佛山、清远、韶关等地的唯一通道，涉及客轮、集装箱班轮和砂石、煤炭、矿石、燃油、化工品、液化石油气、液化天然气等货运以及海军部队舰艇等。

技术上要求勘察单位在此航道范围进行水上钻孔，获取此段线路的地质资料。经与航道主管部门广州海事局商讨，认为要在航道实施水上钻探，必须进行封航，或者改航线。按照有关规定，在该主航道封航超过 12 小时必须报交通运输部审批，同时要协调好广州港集团等港口、码头、船厂，由于封航对相关单位造成的经济损失巨大，涉及巨额索赔，故协调工作十分困难，此方案难以实行。航道改线需进行专门模型试验研究和勘测设计，初估航道疏浚就需长 3 000 m、宽 200~300 m、深 20 m，还涉及上、下游航道的连接及广州港锚地迁移等，不仅工程量巨大、费用昂贵，而且审查、审批环节繁多，工期太长，该方案同样难以实施。

为获取狮子洋主航道地质详勘资料，同时不能影响主航道的正常运营，设计单位联合专业的科研机构，在狮子洋主航道采用水平定向钻探，开展深埋隧道(洞)综合定向勘察技术研究工作。项目位置见图 2-11。

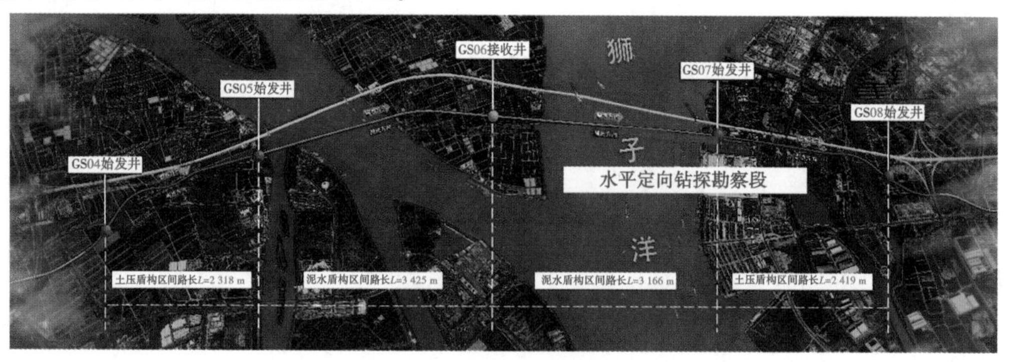

图 2-11　项目位置示意图

38.2 措施

根据地形测量和物探成果，主航道段地形和地层风化起伏大，存在深槽和区域性断层，对隧洞纵剖面设计和盾构施工安全存在极大影响，需要查明盾构隧洞沿线地层岩性和风化界线分布、地质构造发育情况、水文地质条件、隧洞上覆岩层厚度,为盾构机施工提供换刀地质信息等。

2020 年 7 月 27 日,由水利部水利水电规划设计总院组织的专家组(2 位全国勘察大师、3 位国内知名专家)对水平钻孔施工设计进行评审,根据专家意见对钻孔设计方案进行优化,钻孔平行隧洞线布置于上游 20 m(约 3 倍洞径),其中水平段钻孔布置在隧洞上方约 1 倍洞径高程位置,水平段全孔取芯改为目标靶点取芯,计划孔深约 940 m。最终的钻孔轨迹如图 2-12 所示。

38.3 成效

2020 年 9 月结合狮子洋主航道水平定向钻探提出“深埋长隧道(洞)综合定向勘察技术研究”的科研立项申请,10 月开始钻探实施和试验研究工作,2021 年 1 月列为公司重大科研项目,2021 年 2 月完成狮子洋定向钻探和试验工作,实际完成长度为 936.20 m 的水平定向钻孔,其中取芯 83 m,成功解决了狮子洋跨海隧洞的勘察难题。

“深埋长隧道(洞)综合定向勘察技术研究”的科研课题也在 2022 年 8 月完成,建立了一种深埋长隧道(洞)综合定向勘察技术方法体系,将点状垂直孔钻探取芯勘察方法变成线状水平孔取芯勘察方法,包含水平定向钻孔轨迹控制技术、松软地层套管护壁工艺技术、水平螺杆马达取芯工艺技术、水平钻孔孔斜控制技术以及物理测井技术、压水试验技术、井下电视技术等。

2022 年 2—8 月,该技术在“引大济岷”和“环北部湾广东水资源配置”工程勘察中得到应用,并继续完善了孔内压水试验、井下电视等设备的测试工作。

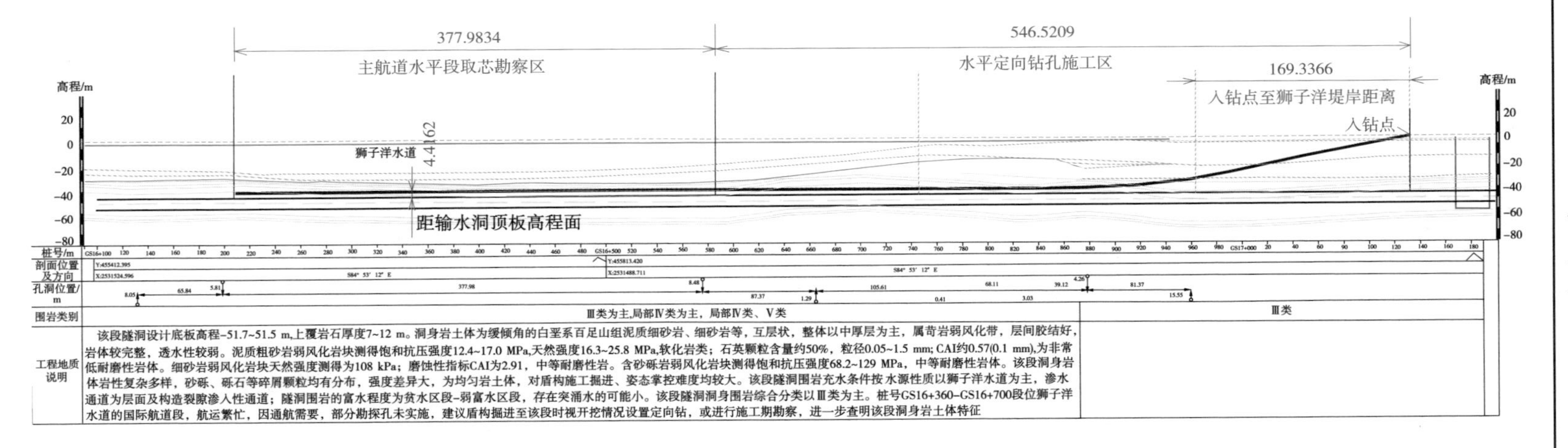
377.9834
主航道水平段取芯勘察区
546.5209
水平定向钻孔施工区
169.3366
入钻点至狮子洋堤岸距离
入钻点
高程/m
狮子洋水道
4.4162
距输水洞顶板高程面
桩号/m
剖面位置及方向
孔洞位置/m
围岩类别
Ⅲ类为主,局部Ⅳ类为主，局部Ⅳ类、Ⅴ类
Ⅲ类
工程地质说明
该段隧洞设计底板高程–51.7~51.5 m,上覆岩石厚度7~12 m。洞身岩土体为缓倾角的白垩系百足山组泥质细砂岩、细砂岩等，互层状，整体以中厚层为主，属苛岩弱风化带，层间胶结好，岩体较完整，透水性较弱。泥质粗砂岩弱风化岩块测得饱和抗压强度12.4~17.0 MPa,天然强度16.3~25.8 MPa,软化岩类；石英颗粒含量约50%，粒径0.05~1.5 mm; CAI约0.57(0.1 mm),为非常低耐磨性岩体。细砂岩弱风化岩块天然强度测得为108 kPa；磨蚀性指标CAI为2.91，中等耐磨性岩。含砂砾岩弱风化岩块测得饱和抗压强度68.2~129 MPa，中等耐磨性岩体。该段洞身岩体岩性复杂多样，砂砾、砾石等碎屑颗粒均有分布，强度差异大，为均匀岩土体，对盾构施工掘进、姿态掌控难度均较大。该段隧洞围岩充水条件按水源性质以狮子洋水道为主，渗水通道为层面及构造裂隙渗入性通道；隧洞围岩的富水程度为贫水区段–弱富水区段，存在突涌水的可能小。该段隧洞洞身围岩综合分类以Ⅲ类为主。桩号GS16+360–GS16+700段位狮子洋水道的国际航道段，航运繁忙，因通航需要，部分勘探孔未实施，建议盾构掘进至该段时视开挖情况设置定向钻，或进行施工期勘察，进一步查明该段洞身岩土体特征

图 2-12　钻孔轨迹图

39. 工作井吊脚地连墙设计

39.1 背景

DG27#工作井是 ϕ 8.3 m 盾构始发井，竖井外直径 34.3 m，开挖深度为 48.88 m；DG28#工作井是 ϕ 8.3 m 盾构接收井，竖井外直径 29.2 m，开挖深度为 54.6 m。两座工作井均位于东莞市大岭山镇，地层自上而下依次为人工填土层厚 4~6.5 m，全风化层厚 16~25 m，以下为强、弱风化混合岩，岩质坚硬，为典型上软下硬地层，地连墙在下部硬岩段成槽困难、工效低成为施工的突出问题。

39.2 措施

吊脚地连墙是地连墙不需嵌入工作井底开挖面以下，多用于地层为上软下硬的基坑、竖井支护结构，主要是解决下部硬岩段地连墙成槽困难的问题，可节省工期、节约投资。吊脚地连墙竖井一般的支护结构形式为：上部覆盖土层采用地连墙+内支撑或内衬墙结构，地连墙底端嵌固于岩层，入弱风化岩 3.5 m，并设置锁脚锚杆（索）；下部岩层段开挖采用锚杆+挂钢筋网喷混凝土支护，上部地连墙与下部岩层竖井开挖面之间通常预留一定的岩肩宽度，整体呈上大下小状，如 DG27#工作井（见图 2-13）。

DG28#工作井用作过流竖井，永临结合，盾构接收完成后，井内还布置有 1 座排水竖井，兼做检修排水井。首版施工图地连墙结合水工结构布置，墙底嵌入井底开挖面以下。首槽地连墙（9 号槽）成槽时，由于弱风化岩层揭露早，岩石强度高，采用先导孔+铣槽机成槽仍效率低，严重影响地连墙施工进度。

由于导墙及首槽地连墙已施工完成，改用类似 DG27#工作井的吊脚地连墙结构代价过大。为不改变水工结构布置，科研团队经研究讨论、分析计算，将工作井支护结构修改为长短组合地连墙+混凝土内衬墙支护方案，短墙底以下长墙间采用工字钢圈梁+锚杆+挂钢筋网喷混凝土支护，其中 1/3 数量（共 5 槽）为长地连墙，墙底嵌入井底开挖面以下，2/3 数量（共 10 槽）为吊脚短地连墙。修改后的工作井支护结构设计为：地连墙墙厚 1 m，长墙嵌入井底弱风化岩 3.0 m，吊脚短墙入弱风化岩不小于 3.5 m，逆作法内衬墙厚 1.2~1.5 m，见图 2-14、图 2-15。

39.3 成效

DG27#工作井采用了吊脚地连墙支护结构，地连墙成槽、工作井开挖及内衬墙施工顺利完成，结构内力、变形等监测数据均在预警值范围内，达到设计预期，同时节省了施工工期和投资。DG28#工作井圆形竖井采用长短组合地连墙+混凝土内衬墙支护方案，吊脚短墙可不设置锁脚锚杆（索），下部岩层段开挖也不需设置岩肩，井筒直径上下一致，成功应用于 DG28#工作井中，为类似工程提供参考。

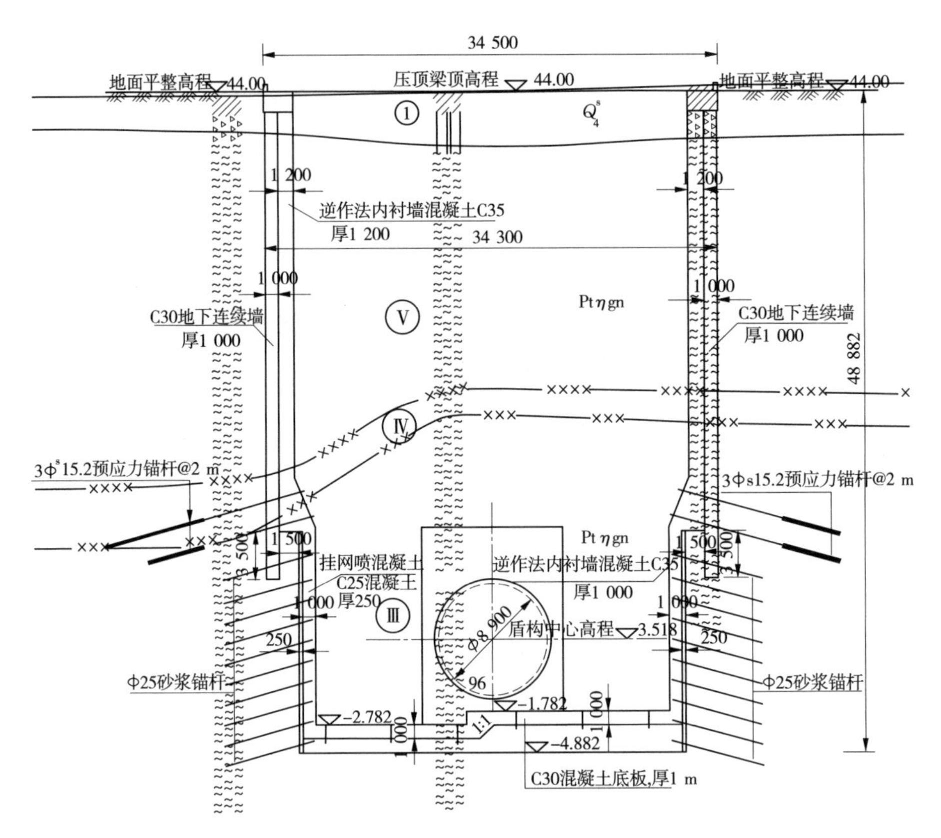

图 2-13　DG27#工作井结构剖面

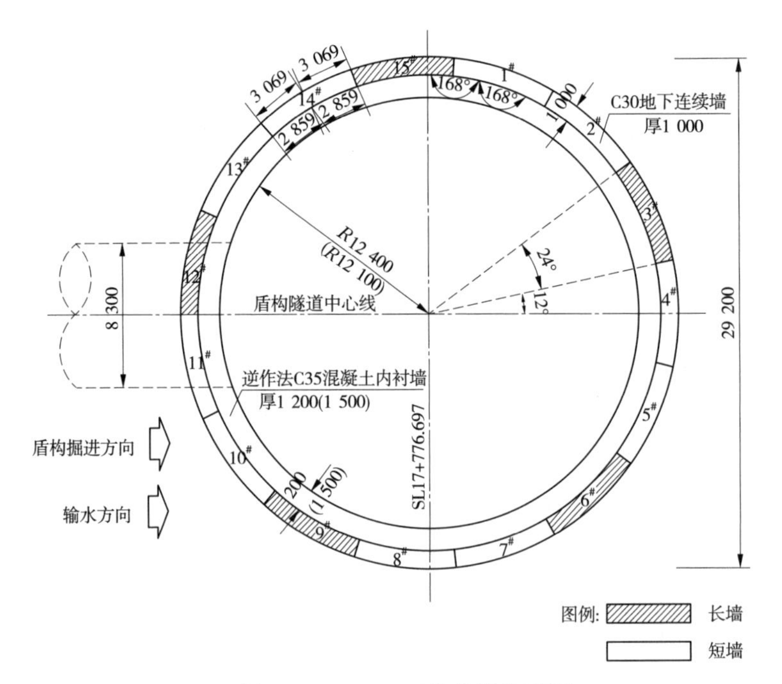

图 2-14　DG28#工作井结构平面

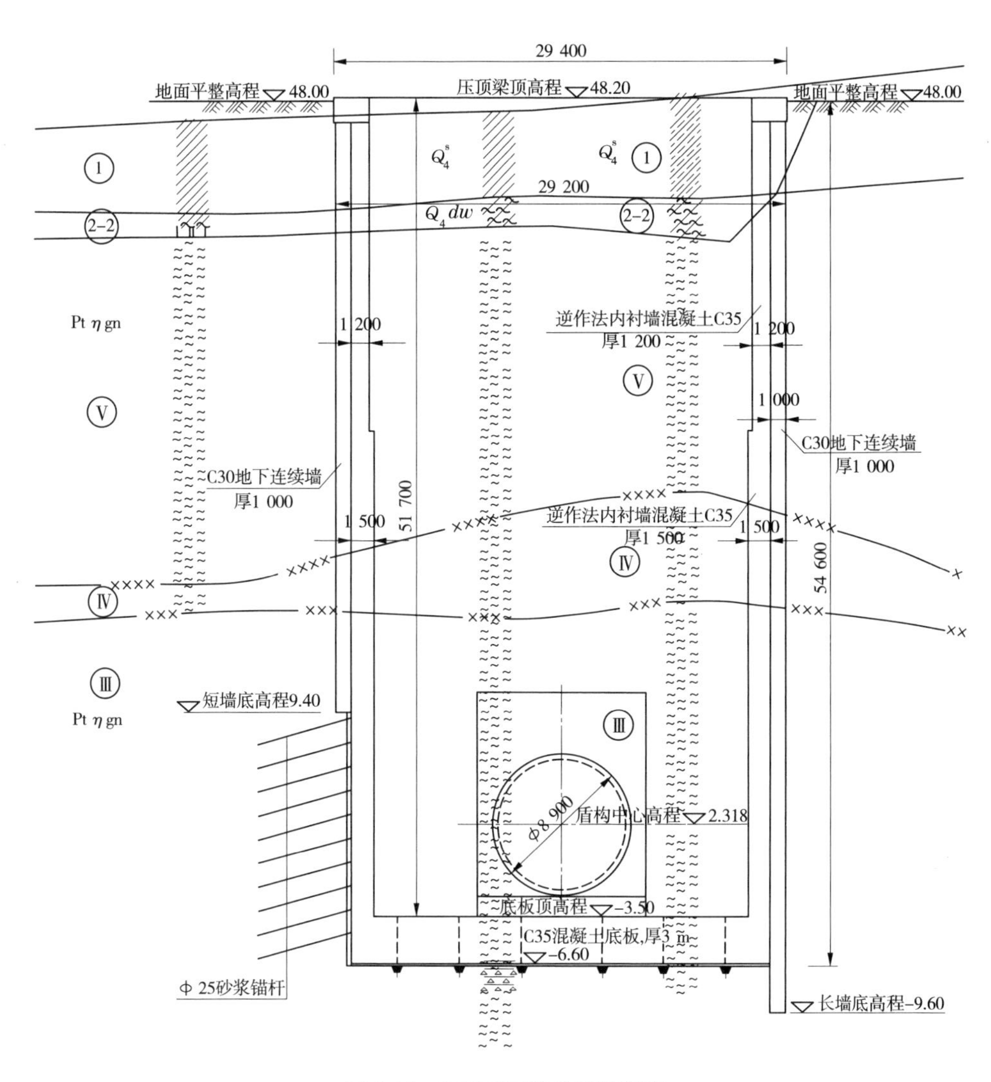

图 2-15　DG28#工作井结构剖面

40. 48 台盾构机选型

40. 1　背景

珠江三角洲水资源配置工程由输水干线(鲤鱼洲取水口至罗田水库)、深圳分干线(罗田水库至公明水库)、东莞分干线(罗田水库至松木山水库)和南沙支线(高新沙水库至黄阁水厂)组成,输水线路总长度 113. 2 km,主要采用深埋盾构输水隧洞方式穿越珠三角核心城市群,埋深 40~60 m,沿线穿越 105 处重要建(构)筑物,同时工程地处素有"地质博物馆"之称的珠三角,沿线穿越众多地下断层、破碎带等复杂地层,与常规地铁隧道相比,本工程输水隧洞具有埋深大、水压高、距离长等特点,因此如何做好盾构选型是保证本工程顺利实施的重点。

40. 2　措施

40. 2. 1　确定盾构选型的基本原则

本工程盾构选型总的原则是安全性、先进性、经济性,即在安全可靠的情况下再考虑技术的先进性和盾构的价格。施工沿线的地质条件变化较大,在选型时应选择适合于施工区大多数岩土的机型。

盾构选型时,主要遵循下列要求:

(1)安全适应性、技术先进性、经济性相统一,在安全可靠的情况下,考虑技术先进性和经济合理性。

(2)应对工程地质、水文地质有较强的适应性。

(3)满足隧道外径、长度、埋深、施工场地、周围环境等条件要求。

(4)满足安全、质量、工期、造价及环保要求。

(5)后配套设备的能力和主机配套满足生产能力与主机掘进速度相匹配,同时具有施工安全、结构简单、布置合理和易于维护保养的特点。

(6)考虑盾构制造商的知名度、业绩、信誉和技术服务等因素。

40. 2. 2　大埋深、高水压复合地层掘进盾构机整机的密封性能

(1)密封系统:采用进口 2 道聚氨酯型密封和 1 道 VD 密封,并具有冷却水套系统和温度检测功能,密封系统具有承受 10 bar 高压力的能力,冷却水套可防止密封高温异常损坏。

(2)盾尾密封结构:采用盾尾油脂系统及 4 道盾尾刷配合的盾尾密封。泵送盾尾油脂到密封刷之间为压力密封环;油脂在密封刷和管片之间形成一层油膜,防止水或其他物质进入盾体,并延长尾刷的寿命。

(3)铰接密封:中盾与尾盾的连接采用主动铰接设计,中盾和盾尾之间设计有两道聚氨酯密封和一道紧急气囊。

40.2.3 上软下硬地层掘进盾构机螺旋机与刀盘设计

(1)螺旋机采用轴式螺旋输送机,增强“土塞效应”,提高富水地层适应性。

(2)螺旋机出渣闸门为双闸门,降低喷渣压力,保证施工安全。

(3)螺旋机筒体外壁设计渣土改良剂和高分子聚合物注入接口,系统配置有泡沫、膨润土,通过注入改良剂缓解螺旋机的喷渣压力。

(4)螺旋机设置保压泵接口,可以连接泥浆泵或泥浆管缓解喷渣压力。

(5)刀盘增加主机段小循环(P0.1 泵冲刷系统),对刀盘背部进行大流量冲刷,流量可达 150 m^3/h;刀盘背部配有 4 根主动搅拌棒,盾体隔板配有 2 根被动搅拌棒,可以与刀盘转动的渣土形成相对运动,对渣土进行搅拌,防止刀盘中心及周边结泥饼。

(6)考虑到掘进地层复杂多变,故设计硬、软岩刀具可进行互换,刀盘既可安装滚刀,也可安装撕裂刀。例如粤海 20、21 号盾构区间地质以混合花岗岩、泥质粉砂岩为主,刀盘初装刀设计为滚刀,滚刀和撕裂刀可以互换。

40.2.4 长距离穿越硬岩掘进盾构机刀盘及刀具设计

(1)粤海 20、21 号长距离花岗岩地层掘进,选择小开口率刀盘,设计刀盘整体开口率 24%(中心 28%,防结泥饼),确保具有较强的刚度和强度。

(2)滚刀采用 19 in❶ 刀圈,中心滚刀采用 TBM 安装方式,小刀间距和加强型中心滚刀设计,增强刀盘中心区域的强度、刚度和破岩能力,延长刀盘在风化岩地层中连续掘进距离。

(3)刀盘正面贴焊 12 mm 厚碳化铬耐磨复合钢板,大圆环焊接 24 把保护刀+HARDOX 板+一整圈合金耐磨块,同时布置了 3 个油压式磨损检测点;多举措提高刀盘正面、外圈梁的耐磨性,保护刀盘本体不受磨损,适应长距离掘进。

40.3 成效

本工程单线盾构隧洞总长度为 125.12 km(不包括 TMB 隧洞段),根据确定的盾构选型原则及针对性的解决措施,对 30 段输水隧洞盾构区间进行盾构选型,其中采用土压平衡盾构长度 74.08 km,所占比例为 59%,泥水平衡盾构长度 51.04 km,所占比例为 41%,均成功应用于工程中。

在盾构掘进过程中创造了 6 m 级盾构单月 456 m、单日 32 m,8 m 级盾构单月 448 m、单日 40 m 的盾构掘进纪录,并有效避免盾构施工过程中出现的安全风险,顺利实现工程全线盾构贯通的工程重要节点目标。

---

❶ 1 in=2.54 cm。

41. 抗盐腐蚀高压输水盾构管片设计

41.1　背景

珠江三角洲水资源配置工程输水线路所穿越地区为珠江三角洲核心城市群,处于滨海复杂环境,河网发达,内外水压高,输水距离长。工程采用盾构输水隧洞复合衬砌结构形式,在滨海地区高内外水压的环境下,实现工程的百年耐久性,盾构管片的防腐和防水问题尤为突出。

41.2　措施

41.2.1　耐久性总体技术要求

为解决预制盾构管片的防腐问题,设计对盾构管片混凝土原材料、强度等级、管片防腐涂层和抗海水腐蚀等方面提出相关技术要求。管片混凝土不得采用碱活性骨料,应采用低碱水泥,水泥中总碱含量(当量氧化钠)低于0.6%,混凝土总碱含量小于2.5 kg/m^3,最大氯离子含量小于0.06%,最小水泥用量不低于300 kg/m^3,水灰比不大于0.5。盾构管片混凝土强度等级为C55W12。盾构管片外壁和内壁均进行防护,防腐涂层为厚浆型环氧树脂漆涂层。对抗盐腐蚀要求更高的盾构区间,如跨狮子洋、莲花山水道等,盾构区间的管片混凝土添加抗海水腐蚀添加剂。此外,盾构管片螺栓、螺母和垫片等配件均采用不锈钢材质。

41.2.2　高性能混凝土优化配制研究

为提升工程施工质量,确保工程的百年耐久性,项目法人组织相关科研单位开展基于滨海环境下的盾构管片绿色高性能混凝土优化配制研究、管片防腐涂层性能控制试验(见图2-16)等,为滨海高压输水盾构管片防腐设计提供了进一步的技术支撑。

图2-16　盾构管片防腐涂层试验

41.2.3　管片接头抗渗研究

在内外高水压的环境下,为满足管片的抗渗能力要求,保障隧洞安全和正常工作,设计采用管片衬砌结构自防水体系(见图 2-17),在混凝土抗渗等级、裂缝控制、接缝防水、管片外注浆和防水橡胶密封垫等方面提出系列要求和技术指标。在内外高水压的环境下,管片接头是衬砌的薄弱环节,目前对于复杂接头受力状态下的接头抗渗指标的研究还不成熟,为保证接头的抗渗能力,项目法人组织相关科研单位开展管片接头抗渗能力试验及数值模拟分析(见图 2-18、图 2-19),研究盾构管片接头的抗渗能力及防水机理,进一步指导工程设计。

图 2-17 盾构管片防水橡胶布置

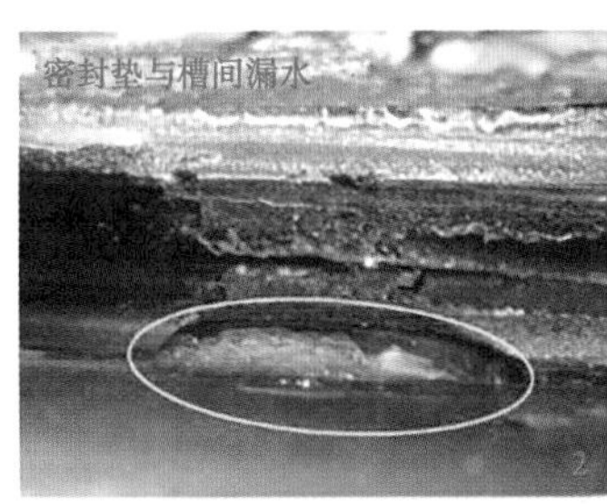

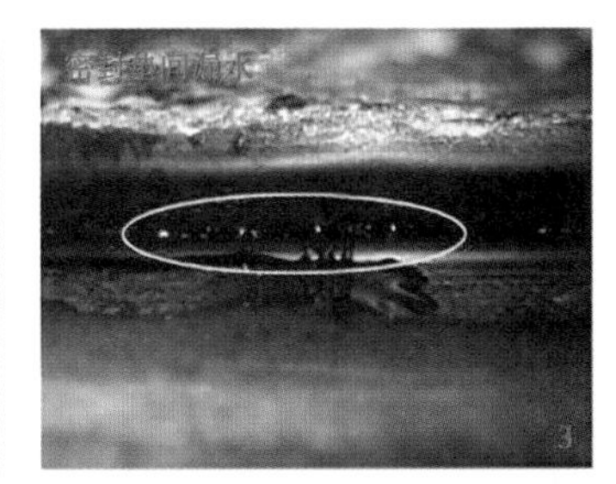

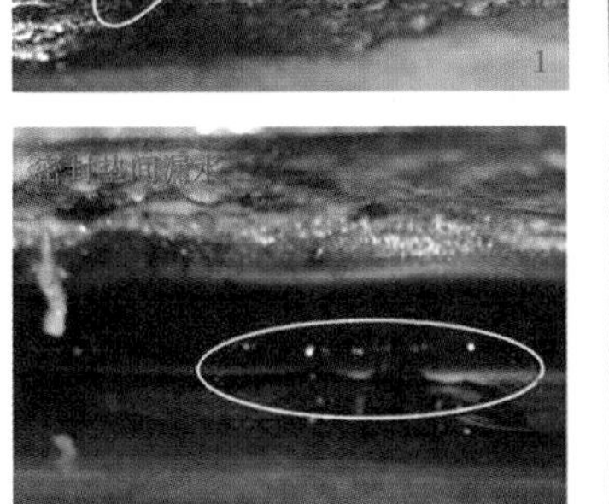

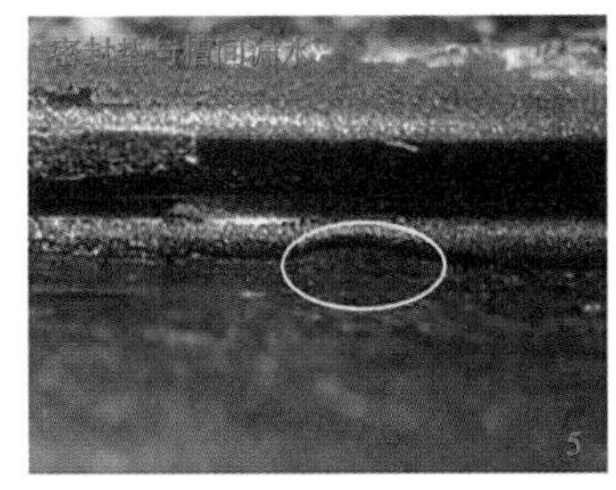

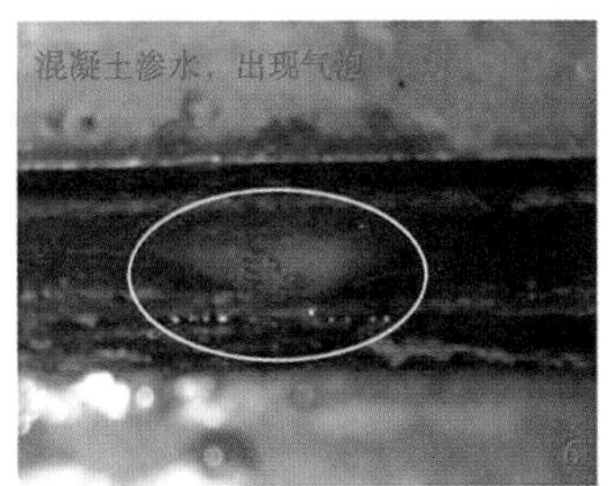

图 2-18 管片接头抗渗能力试验

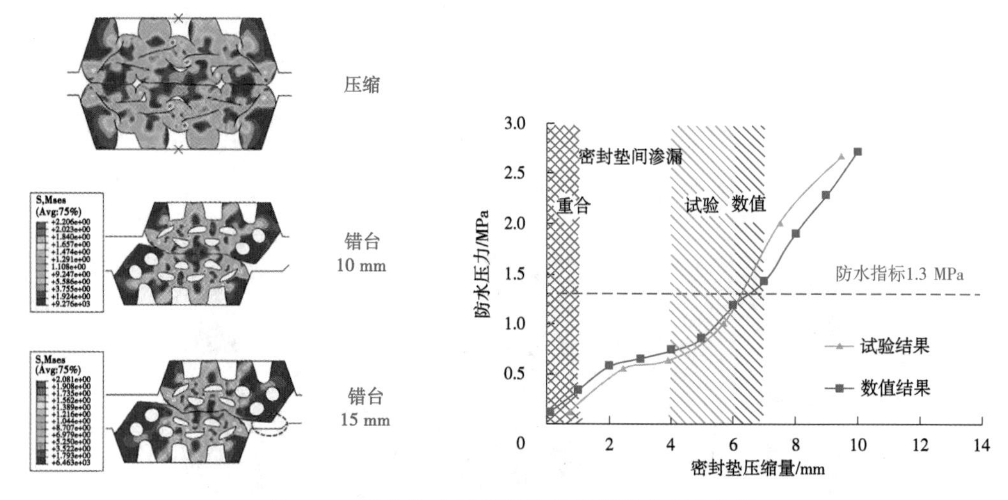

图 2-19　管片接头抗渗数值模拟及防水能力分析

41.3　成效

管片绿色高性能混凝土优化配制、管片防腐涂层性能控制试验等研究成果表明,采取一定的防护措施,可以极大提升 C55W12 混凝土管片防腐性能,满足混凝土百年耐久性指标要求。管片涂刷了面漆,无论有没有底漆,均不渗水,抗渗性能、氯离子渗透性能和氯化物吸收量降低效果等均满足要求,体现出较好的防腐性能。因此,设计根据试验成果对管片防腐涂层进行优化,优化盾构管片防腐面积 30.7 万 m^2,节约成本 9 300 多万元。

管片接头抗渗能力试验及数值模拟分析等研究成果,突破了接头单一变形指标抗渗能力分析的局限,率先提出了输水隧洞领域接头张开、错台和夹角三维渗流综合控制指标及标准。经研究及实践证明,项目采用的硬度 65 密封垫,在张开量 6 mm、错开量 10 mm/15 mm 情况下,满足防水能力 1.3 MPa 的设计要求,防水设计体系整体达到隧洞防水等级二级标准。

42. 深埋隧洞通风设计

42.1 背景

输水隧洞是水利工程中的重要结构,随着设计水平与施工技术的提高,隧洞的洞身越来越长,下埋也越来越深。对于这类长距离封闭地下输水隧洞,平时输水、停水检修期的通风问题至关重要。本工程隧洞深埋地下40~60 m,隧洞直径2.8~6.4 m,检修分段最长达40.9 km。目前已建成的输水隧洞不少,但隧洞通风研究和成功案例很少,此外珠三角地区的输水隧洞检修期还需承担稀释淡水壳菜腐烂释放有害气体的任务,因此检修期通风问题更是一项具有挑战性、亟待研究解决的关键技术问题。

42.2 措施

42.2.1 通风的必要性及通风方案的选择

排水检修时人员、车辆进入,通风应为洞内工作人员以及施工机械设备提供充足的氧气,同时担负起稀释施工过程排放粉尘及有害气体的任务。另外,国内外输水工程中生物问题比较普遍,输水隧洞壁大量附着淡水壳菜,停水检修期间会死亡腐烂产生有害气体,因隧洞长、通风线路长,检修人员会有不适(缺氧)感觉,有害气体也会对检修人员造成危害。为解决隧洞通风问题,一般可考虑两种方案。一是利用打开的竖井、沿线进人孔、进车孔、调压塔等形成自然通风;二是实行机械通风。自然通风要形成空气流动,主要依靠各洞口间高差、洞内外温度差,使得洞外空气密度与洞内空气密度有差别,从而形成的压差(热压),且压差作用大于隧洞产生的通风阻力。机械通风是依靠风机产生的作用力强制空气流动,可以有效控制,不需要依赖外部自然条件,通风效果有保证,需要消耗机械能量。

本工程隧洞分为有压输水和无压输水两类。有压输水段为全线封闭,自然通风仅能依靠沿线工作井布置的进人孔、检修车辆进出口和调压塔等。经计算分析,各洞口的高差不大,洞内外温差小,需要克服的风道阻力大,故自然通风方案在有压输水段不可行。无压输水段自然通风条件较好,但是受气温、洞外风向和风力影响,需在检修作业时间段进行洞内风速、人员感受、有害气体检测测试,本工程因前期无条件进行测试,通过开展CFD数值模拟,确定无压输水段自然通风方案不能满足检修通风需求。

42.2.2 输水隧洞通风量的需求

输水隧洞的通风需求,涉及人员和机械设备新风补给与有害气体的稀释,是安全管控的重点。经过分析文献,查阅规范标准,缺少淡水壳菜腐烂释放有害气体特性,洞内环境要求标准,人员数量和机械设备配置具有随机性及缺少计算方法。

通过分析确定有害气体来源、种类、危害性,环境控制标准。针对珠三角地区淡水壳菜附着死亡腐烂,研究单位在工程地附近开展了淡水壳菜腐烂试验,将不同密度的淡水壳菜放入试验箱中并使其离水死亡,持续观察淡水壳菜在腐烂过程中的组织形态变化情况,持续测定箱体内有害气体浓度变化规律,探究淡水壳菜腐烂有害气体释放特性,为通风量计算提供依据。

42. 2. 3　输水隧洞通风气流研究

输水管道距离长,沿线工作井布置机械设备送排风,管道内有害气体伴随从管道顶部通入/排除的风流迁移扩散形成复杂三维流动,各管段的风量无法通过计算得出,断面风速以及有害气体浓度在管道断面上不均匀分布,为检修安全带来了隐患。如何动态揭示输水管道沿程断面的风速以及有害气体浓度分布规律,评价通风方案的效果,是通风研究中亟待解决的关键技术问题。

本工程首先提出地下深埋长距离输水管道检修通风三维数值模拟方法,并且根据相似理论进行检修通风比尺试验,验证数学模型的可靠性;然后构建长距离输水管道三维精细几何模型及其计算网格模型;最后,采用计算流体力学理论和数值计算方法对检修期初步设计通风方案进行模拟分析,获取输水管道各检修段内风流组织发育情况以及淡水壳菜死亡腐烂产生有害气体的迁移规律,并且根据三维数值模拟结果对初设通风方案进行复核,并进行多方案模拟得出优化的通风方案。

42. 2. 4　检修期通风系统的实施及智能运行控制

输水管道通风系统的运行是为了在检修期间送入新鲜空气并带走管道内有害气体,但是由于施工作业过程中施工顺序、施工班组配置、施工作业有害气体的释放具有随机性,因此需要设置合适的通风控制策略,在保证人员安全施工作业的前提下降低设备运行能耗。

数字孪生作为智能制造的重要应用模式,是一种数据驱动的智能服务新模式与技术手段。数字孪生利用虚拟建模、数据融合和虚实交互等技术,搭建物理空间与虚拟空间的信息传递桥梁,加快了工业化生产向实时、高效和智能化方向发展的进程。珠江三角洲水资源配置工程作为我国 172 项重大水利工程之一,其检修期的空气质量以及通风性能非常重要。建立通风网络模型采用数字孪生技术,可以根据不同施工方案更改通风网络的物性参数及边界条件,并快速得到不同风机运行方案下各区间隧洞的通风状况。

42. 3　有益探索

检修期通风设计仍存在诸多待完善问题,未来将开展不同条件下现场测试,并与数字孪生模型相互验证,为检修期提供安全、高效、节能、智能的通风方案。

43. 高水压下光缆引出隧洞的密封设计

43.1 背景

珠江三角洲水资源配置工程在输水隧洞内、外设计了管道光缆,输水隧洞内的管道光缆采用 GYTA53+33 型水下光缆,用于泵站之间通信,敷设在全线输水隧洞的行车道下,每隔 150 m 设置光缆手井作为牵引点,在沿线工作井不引出,需在靠近泵站时引出至输水隧洞外,涉及 SD01#工作井、高新沙进库闸、GZ16#工作井、罗田泵站出口隧洞、SZ03#工作井这几处的水下光缆,输水隧洞内的最大水压为 1.3 MPa,把光缆引出输水隧洞,既要保证密封不漏水,又要能够保护光缆不受损,同时考虑到本工程为百年工程,而光纤的使用寿命一般为 20~30 年,还要为将来运维检修更换光缆提供可能性,这是项目设计团队面对光缆引出的主要难题。

43.2 措施

工程主体结构主要为输水钢管、预应力混凝土隧洞,预应力混凝土隧洞在工作井处也采用了钢管内衬,因此输水隧洞内的光缆引出输水隧洞,必然涉及在输水钢管上开孔的问题,不可避免地影响了输水隧洞结构的完整性,该问题在设计团队内部也碰到阻力。在设计方案初期,曾有过把光缆引出后用混凝土回填引出点以确保不会漏水的方案,但考虑到该方案给将来更换光缆带来很大的不便,最终没有被采纳。

在工程施工过程中,经过各参建单位多次协调沟通,项目设计团队也不断完善设计方案。最终,设计团队在光缆科研成果的基础上进一步优化。采用了在主体输水钢管上开孔,焊接不锈钢管作为光缆引出的通道,在不锈钢管上安装专用密封止水件穿出光缆的方案。专用密封止水件为光缆科研成果,经试验能够在 3.0 MPa 的水压环境下满足使用要求。专用密封止水件分为焊接盘、水密套件两大主要组成部分,其核心原理为通过锥形密封套进行第一层密封,有效覆盖光缆与水密套件之间的间隙,配合缆端热缩套管,实现穿通光缆穿通后的双重密封,其密封方式长期可靠。其焊接盘与输水隧洞上安装的不锈钢管通过焊接方式进行可靠连接,焊接完成后不可更换,水密套件与焊接盘通过螺栓、O 型密封圈连接,作为可以更换的部件,将来更换光缆时整体更换整个水密套件。

水压较高的部位,在不锈钢管两端都安装专用密封止水件(见图 2-20),作为双保险确保不漏水。在水压较低的部位,仅在不锈钢管一端安装专用密封止水件,以节约投资。

43.3 成效

2024 年 1 月 30 日珠江三角洲水资源配置工程已正式通水,专用密封止水件没有发生漏水的情况,穿出的光缆运行稳定,高水压下光缆引出隧洞的密封设计在实践中经受住了考验。

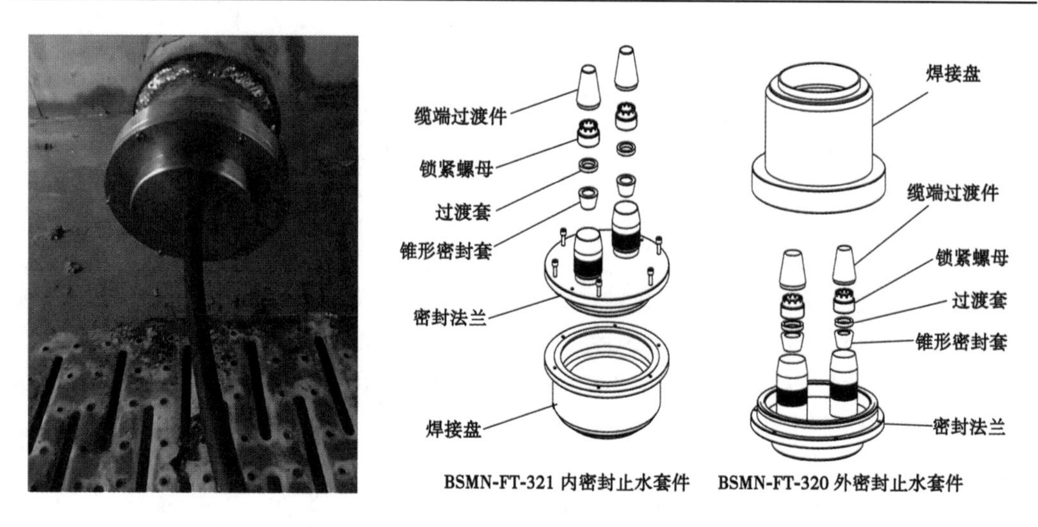

图 2-20　专用密封止水件在 SD01#工作井的应用及结构示意图

44. 主水泵模型试验及水力开发

44.1 背景

珠江三角洲水资源配置工程需要向广州、东莞、深圳输送水资源，根据各地区用水量及输送距离的不同，需要泵站输送的水流量调节范围大(20～80 m^3/s)、扬程变化幅度宽(最高扬程/最低扬程=2.94)、输水线路长(113.2 km)。因此，在复杂的运行条件下，怎样保证水泵在节约能源的同时，能够安全稳定可靠地运行是一个值得系统性研究的问题。

在对水泵进行流体计算、分析时，也会对水泵模型进行研发，即缩小比例的水泵模型。利用水泵模型开展试验，分析验证水泵的性能参数是否合理，水力性能是否优良。试验结果为珠江三角洲水资源配置工程水泵机组优化及泵站高效运行提供理论支撑。

44.2 措施

水泵模型的水力研发工作整体上分为两个阶段，第一阶段是项目投标前的初步水力研发设计阶段，通过流体力学计算、优化水泵转轮设计，保证水泵模型在试验时各项性能指标满足设计值要求；第二阶段是在第一阶段研究成果的基础上，进一步提高水泵的水力性能指标，特别是变频运行(水泵在不同转速下的运行)能力，为工程设计优化、泵站的安全稳定运行提供了有力的技术保障。

水泵采用理论分析、数值模拟和水力模型试验相结合的方式开展研究工作。结合理论分析与计算流体动力学(CFD)三维湍流数值模拟技术，对水泵模型过流部件形状进行优化设计，提高水泵的水力性能及使用寿命，全面分析鲤鱼洲、高新沙、罗田三大泵站水力参数，研发水泵水力模型，优化原型泵结构形式。主要研究内容如下：

(1)采用 CFD 流体仿真技术研发水泵水力模型(见图 2-21)。

(2)通过 CFD 技术预测水泵性能(包括变速运行性能)。

采用 CFD 分析方法进行水泵三维黏性流动解析，分析不同运行条件下水泵内部的压力、流动状态和流动速度分布，开发水力性能优良的水泵水力模型，预估水泵的综合性能，直至水泵性能达到预期目标要求。基于 CFD 数值分析对水泵进行优化设计的基本思路是：根据数值计算的内部三维流场结果，不断改变水泵几何设计参数，使水泵处于最佳工作状态，从而达到优化设计的目的。

(3)水力模型优化。

叶轮是叶片泵运输水流的主体，叶片是推动液体运动的主要部分，因此叶片设计的好坏是影响水泵性能的关键。叶轮水力设计和优化应特别关注各项指标参数之间的变化关系，要使叶轮在规定的运行条件下达到综合性能最优，关注的参数包括流道尺寸、流道形状、流道面积变化规律和叶片参数(如叶片的数量、进出口边位置及形状、高低压边安放角及包角)。叶轮空化性能优化设计时，主要考虑进口直径、流道形状、叶片进口角及进口冲角等参数。

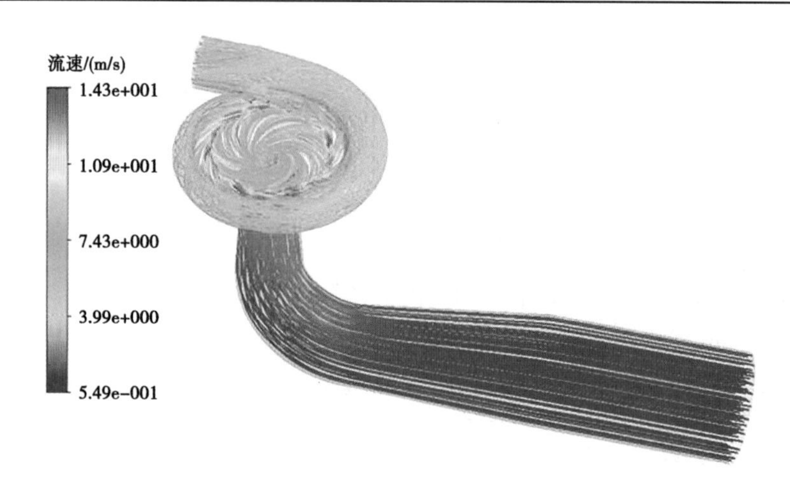

图 2-21　宽扬程大流量水泵整体仿真分析

(4)水力模型试验。

通过 CFD 数值仿真及优化技术开发得到的水力模型,需要加工成实物模型并在大型水力机械试验台(见图 2-22)上进行系统试验,试验的目的是验证数值设计水力模型的主要性能指标,并对水泵内部流动状态进行观测。全面分析模型试验结果与 CFD 数值仿真结果的差异,同时根据设计目标要求,进行下一阶段的水力研发设计,优化提高相应的水力性能参数指标。

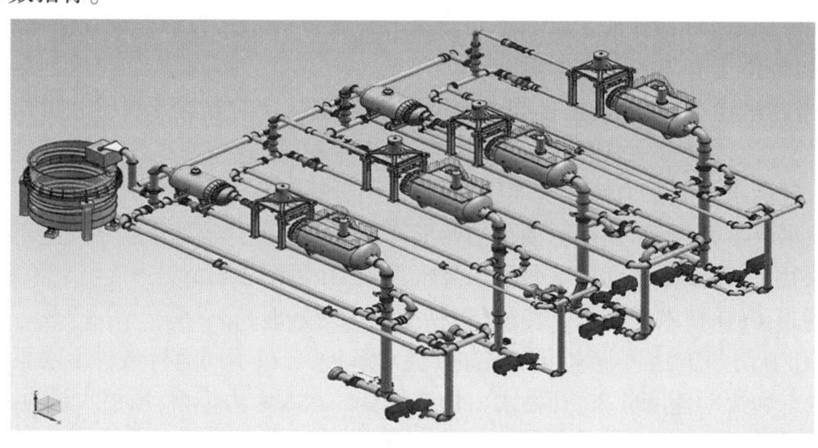

图 2-22　转轮模型试验台示意图

(5)水泵进、出水流道优化。

根据珠江三角洲水资源配置工程三大泵站参数以及设计方案的要求开展水泵通道的优化设计工作。通道的设计首先要满足机组布置控制尺寸的要求,在初步确定叶轮几何参数后,进行叶轮前后连接部件的流道形状设计,包括叶轮之前的引水管、叶轮之后的蜗壳及固定导叶。

(6)原型水泵结构优化选择。

针对泵站具有的大流量、宽扬程变幅(水压力变化大)的特点,水泵采用立轴、单吸、单级离心式水泵,水泵进水管、蜗壳座环均埋在混凝土中。水泵采用上拆结构,水泵主轴上端与电动机轴连接。水泵机坑设进人廊道,机坑可满足水泵芯包(包括叶轮、主轴、导轴承、密封)的整体拆装要求。使用基于二维、三维数字化建模工具开发的水泵产品设计系统,进行水泵产品的设计,对空间形体复杂、空间位置变化复杂的零件和配件采用三维设计:三维实体造型、干涉检查、有限元分析计算等技术手段对各个部件及部件间的配合进行全面优化。

44.3 成效

在水泵机组的模型试验和水力开发中,水泵机组具有良好的效率指标和运行稳定性,填补了国内大流量大范围调速泵的研发空白。主水泵模型试验可以很好地应用于大型离心式水泵机组水力设计上,为提升我国大型离心式水泵水力开发设计水平,提高大流量长距离大型调水工程水泵机组的高效、安全、稳定运行奠定坚实的技术保障。

45. 深埋隧洞数据传输技术应用

45.1 背景

珠江三角洲水资源配置工程意在把工程建成泵站实行关门运行管理模式、建设工程数据中心、采用大数据和人工智能等技术为基础的智慧工程。工程泵站及沿线的工作井设置包括泵站监控系统、继电保护系统、辅助设备(通风、照明、检修排水等)自动控制系统、水工安全监测系统、水情水质自动测报系统、智能巡检系统、专家支撑系统等,并在调度中心设置统一的数据资源池,把工程的各种数据都统一传输存储在数据资源池。特别是在泵站实行关门运行管理模式时,各泵站现场不设置运行人员,计算机监控系统按主动停机思路进行设计,即在泵站计算机监控系统与调度中心通信中断时,对泵站的泵组执行停机操作,以确保安全。这就对数据传输的时延、可靠性提出了很高的要求。

45.2 措施

工程全线的输水隧洞拟深埋地下,工程基于免维护设计,沿线管道及工作井均为临时征地,工作井在建设施工完成后将不保留而是回填恢复原貌。基于此条件,可研阶段工程数据传输通道拟租用运营商光纤通道解决。

在工程初步设计阶段,根据东深供水工程的经验,南方地区的输水隧洞普遍会生长淡水壳菜等生物,每年进行清理维护还是必要的,因此沿线的工作井考虑保留下来作为工程检修通道。同时,为了实现工程各个泵站、沿线隧洞、工作井等的多个系统数据信息安全、可靠传输到数字中心机房,须设计可靠的数据传输通道。在调研相关水利工程、天然气输送管道工程等基础上,在初步设计阶段,初步选定沿输水洞线建设工程专用光缆。

由于输水隧洞大部分深埋地下,沿线设有工作井,工作井之间的距离短的为 2 km,最长的达到 5.9 km。为了确保光缆建设的顺利进行,在招标、施工图阶段,还开展了长距离、深埋条件下管道光缆敷设关键技术研究。通过研究,选定了适用于水流敷设的管道光缆、硅芯管及相应的水流敷设设备及其敷设参数,并在试验中成功进行了一次性敷设达 6.4 km 的国内最长距离水流敷设管道光缆的案例(见图 2-23)。

本工程计算机监控系统设计采用了环形网络,为了保证工程计算机监控系统数据传输的可靠性,光缆通道设计了在输水隧洞内和隧洞内衬外两条光缆通道。隧洞内衬外的光缆根据沿线输水隧洞的结构不同而敷设在不同部位,如输水钢管与盾构管片之间的自密实混凝土层或预应力混凝土与盾构管片之间(见图 2-24),可以在每个工作井引出,连通沿线的各工作井。隧洞内的光缆主要是在洞内的检修行车道里建立管道光缆敷设通道,为了减少输水隧洞漏水的风险,隧洞内的光缆直通两端泵站,不在工作井内引出,以减少对隧洞的开孔。计算机环形网络一半环采用隧洞内光缆的纤芯,另一半环采用输水管道外光缆的纤芯。

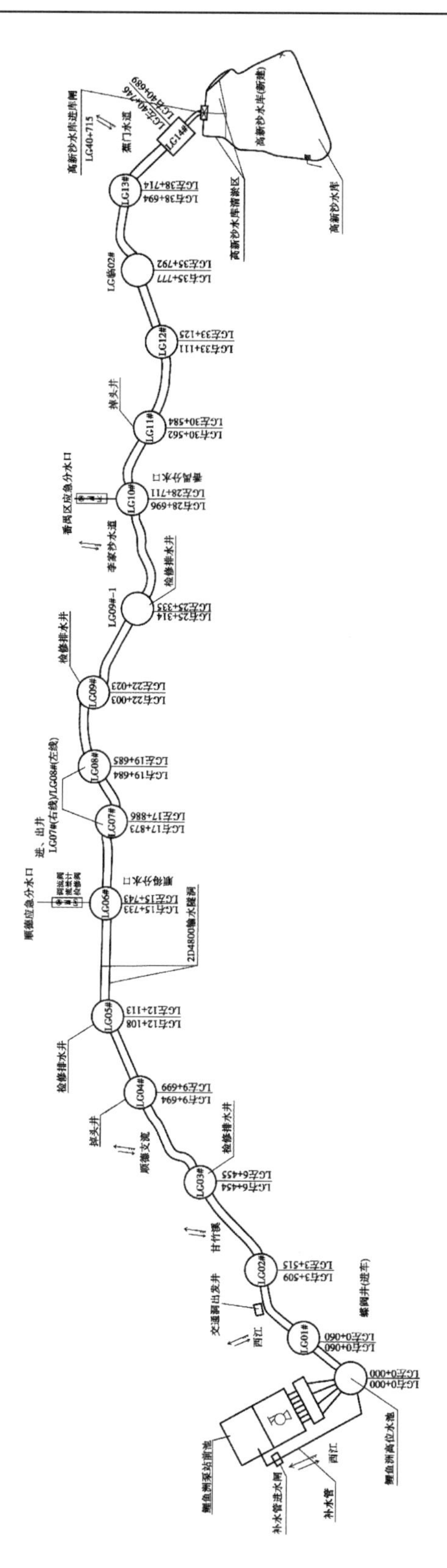

图 2-23 鲤鱼洲泵站至高新沙泵站光缆敷设路径示意图

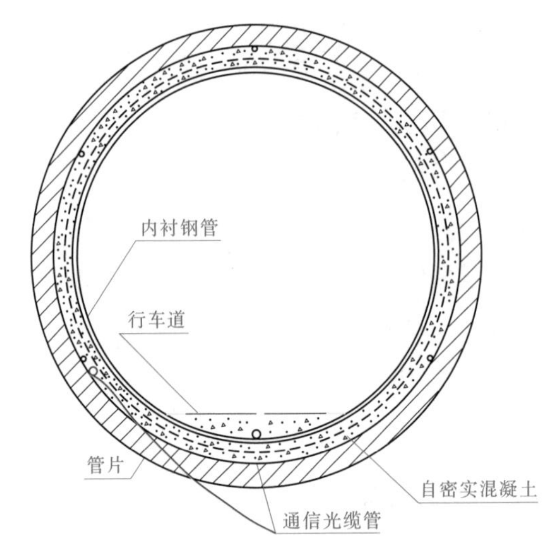

图 2-24　输水隧洞光缆敷设位置

45.3　成效

在充水试验和首次通水过程中,实现了数据传输的安全、及时、有效。

46. 设计巧妙的高新沙水库沉沙池

46.1 背景

鲤鱼洲泵站取水口设置进水前池,进水前池沉淀水中 30%的泥沙,70%的泥沙通过隧洞有压输水进入高新沙水库。高新沙水库(库容为 482 万 m^3)要满足干线(高新沙泵站)取水和南沙支线取水(南沙支线向南沙供水不能中断),还预留万顷沙泵站取水口。为了将水中泥沙全部拦截在高新沙水库,需要对高新沙水库工程进行巧妙设计,合理布置沉沙池,拦截全部泥沙,取水口则设在沉沙池之外的库区。

46.2 措施

(1)将高新沙水库进行分区设计,分成清淤区和水库区,清淤区和水库区用心形曲线隔墙(顶高程为 3.8 m)分割。清淤区按照沉沙和清淤的功能需求布置两个沉沙池,实现不停水清淤检修,保证供水的连续性。取水口设在水库区,确保取水不含泥沙。

(2)清淤区用中隔墙分割为两个沉沙池,即左、右清淤区,左清淤区库容 55.3 万 m^3,右清淤区库容 38.8 万 m^3。清淤区和水库库底高程均为-1.7 m,正常水位 4.2 m 时,中隔墙顶高程为 3.8 m。每个清淤区与水库区之间的隔墙(顶高程为 3.8 m)均设置 3 孔 1.8 m×1.8 m 连通闸(底高程为 0.5 m),在正常运行时关闭闸门,经过沉沙后的水流从心形曲线隔墙上部溢流通过,设计流量 80 m^3/s 对应流速为 0.26 m/s。为保证供水的连续性,当其中一个沉沙池清淤检修时,另一个沉沙池正常运行,实现分区检修。中隔墙上部设置人行桥,可起到巡视及景观作用,人行桥面高程 4.5 m。

(3)需要检修时,先关闭进库闸工作闸门,然后在静水中关闭检修闸门,开启所在清淤区连通闸门,将清淤区和水库区连通;通过高新沙泵站将水库水位抽至最低水位 1.6 m,这时将所在清淤区连通闸门关闭,水库区可恢复至 2.8 m 水位进行正常运行,开启另一个清淤区的连通闸门(水位控制在 3.8 m 以下)。采用检修泵将要检修清淤区的水抽至隔壁清淤区,对该清淤区进行清淤检修。

(4)从坝顶设置有下水库的检修通道,左、右清淤区均设置一条通道,检修期车辆可下至库底,同时车辆可通过进库闸进入隧洞进行检修。

46.3 成效

沉沙池布置如图 2-25~图 2-27 所示。

目前高新沙水库试运行效果良好,水流从隔墙顶上溢流至高新沙水库区,起到很好的沉沙效果。

图 2-25　沉沙池布置

图 2-26　隔墙与孔连通闸

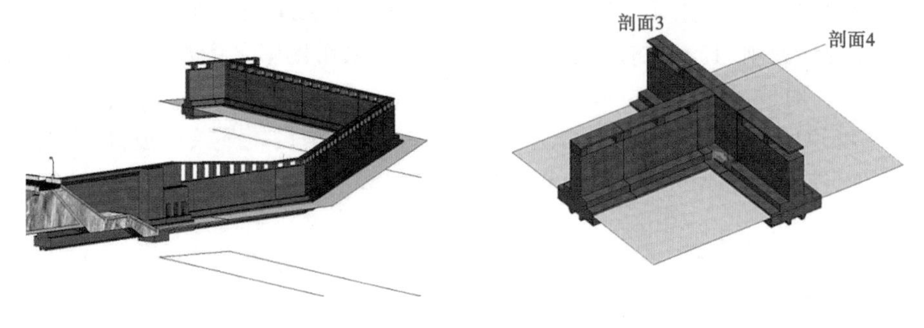

图 2-27　剖面设计图

47. 利用盾构接收井巧妙布置倒虹吸检修排水井为“井中井”

47.1 背景

DG28#工作井位于输水干线沙溪高位水池—罗田水库段，其上游为盾构有压隧洞，下游为钻爆无压隧洞(见图 2-28)。该井施工初期为盾构隧洞接收井，盾构贯通后，作为后续隧洞衬砌施工的物料通道。运行期，该井是颜屋倒虹吸的出水池，也作为颜屋倒虹吸检修排水的工作井，一井多用。

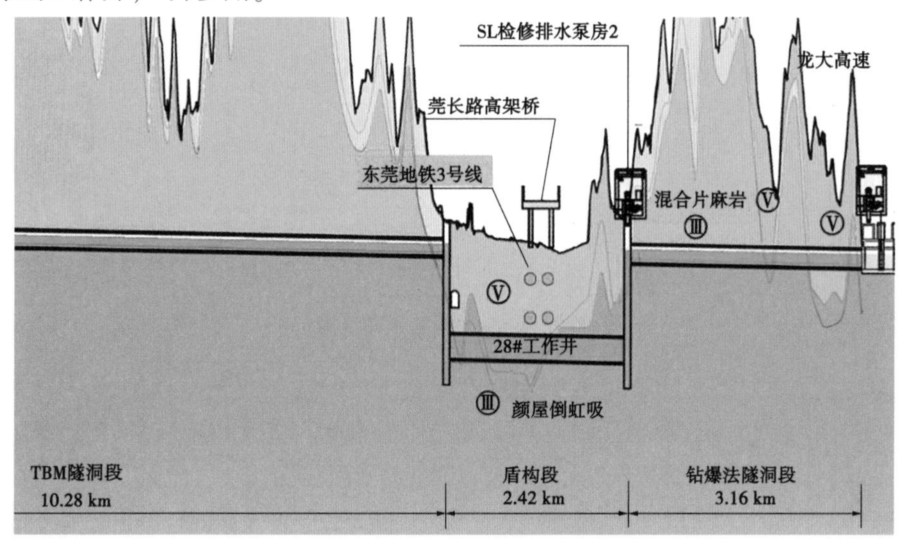

图 2-28 大岭山倒虹吸至罗田水库段纵剖面图

47.2 措施

47.2.1 采用双层薄壁圆筒结构形式

采用永临结合的方式将施工期的盾构接收井改造为“井中井”。采用双层薄壁圆筒结构形式，内筒内径 13.2 m，壁厚 1.5 m，外筒内径 24.2~24.8 m，壁厚 1.2~1.5 m。内外筒之间净宽 4.0 m，利用内外筒之间空间的“外井”作为倒虹吸出口，设计过流量 60 m^3/s，最大水深约 38.3 m；“内井”底部布置排水泵、电梯、楼梯等检修排水设施。实现一井“外湿内干”的创新结构(见图 2-29)。

47.2.2 实现隧洞内衬施工进出料和内井筒结构同步施工

施工过程中，内井筒井壁结构的浇筑与隧洞内衬施工进出物料出现冲突，采用内井壁预留城门洞作为隧洞施工进出物料通道(见图 2-30)，同步采用爬模工艺浇筑内井壁，待两项施工内容均完成后，封堵预留城门洞。

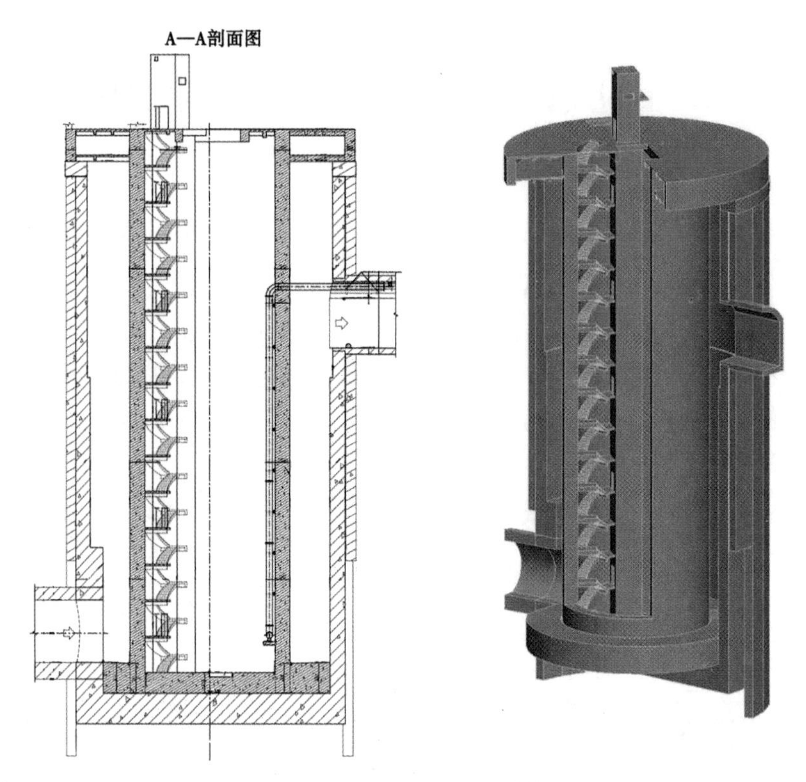

图 2-29　DG28#工作井结构

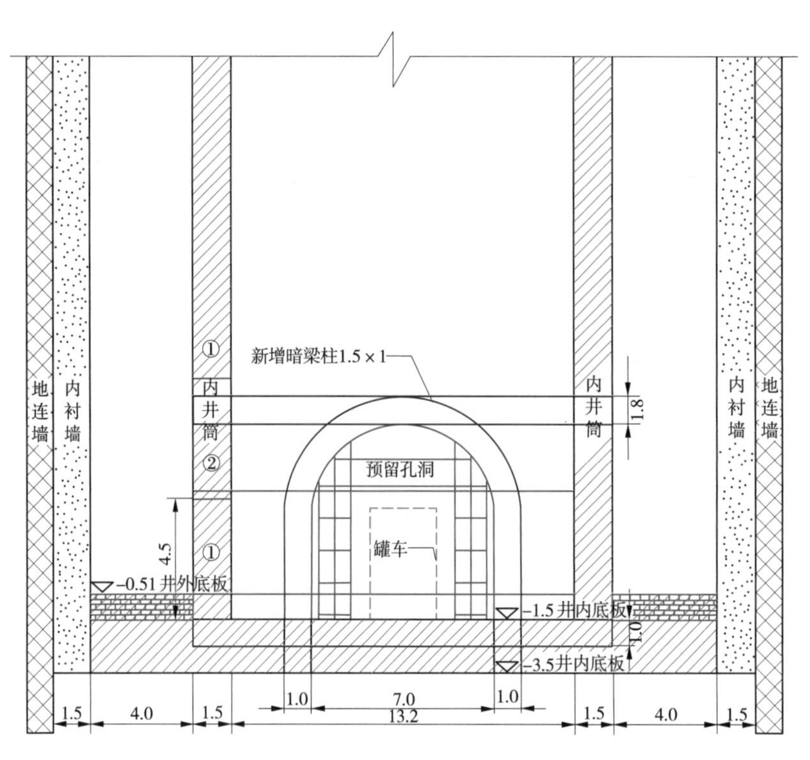

图 2-30　预留施工通道结构　（单位：m）

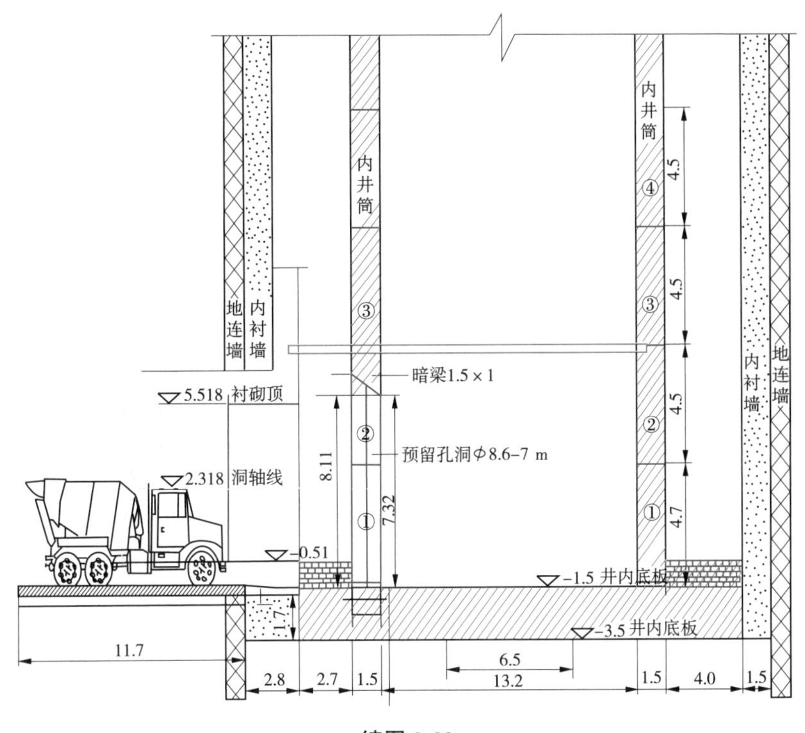

续图 2-30

47.3　成效

(1)通过结构调整实现工期优化,节省内井筒浇筑时间 3 个月。

(2)通过工作井内富余空间巧妙设计排水井,节约 1 座检修排水井的投资,约 2 000 万元。

48. 取水泵站、检修排水井与盾构工作井巧妙结合

48.1 GZ33#工作井结合取水泵站布置背景

黄阁水厂规划设计总规模为 100 万 m^3/d,现已建成一期工程 40 万 m^3/d,二期扩建工程规模为 20 万 m^3/d。黄阁水厂一期工程取水水源为沙湾水道,当珠江三角洲水资源配置工程建成通水后,取水水源调整为高新沙水库的西江水。水源替换后,需要建设黄阁水厂取水泵站,取水规模为 100 万 m^3/d,按类似工程经验,100 万 m^3/d 的取水泵站占地面积约 20 亩,而黄阁水厂周边受高速公路、河道和高压线走廊等限制,难以增加用地面积。

GZ33#工作井位于黄阁水厂一期絮凝沉淀池的北侧、水厂综合楼的西侧,工作井地连墙外直径为 28.0 m,地连墙厚度 1.2 m,内衬墙(第一层)厚度为 1.0 m,工作井深度 38.5 m,该井既是南沙支线隧洞区间盾构机接收井,同时也是南沙支线检修排水井之一。

48.2 措施

为了充分利用 GZ33#工作井土建内容,并减少水厂取水泵站占地,经过十几个方案不断的论证、比选,将隧洞检修排水井泵站、黄阁水厂取水泵站功能结合工作井进行布置,即 GZ33#工作井既是盾构隧洞的工作井,也具有隧洞检修排水井泵站、黄阁水厂取水泵站及前池等用途。

具体布置为:6 台水泵沿着工作井内周边布置,同时增设内井为取水前池。其中,4 台取水泵靠黄阁水厂北侧布置,2 台检修排水泵靠南侧布置。为了充分利用检修时弃水,检修排水管道接入现有黄阁水厂原水管,当原水管不运行时可以反供南沙区另一水厂——榄核水厂。井东侧布置溢流储水池,地面以上叠加泵站副厂房。

隧洞检修排水泵站、黄阁水厂取水泵站与 GZ23#工作井结合,通过在井内增设内筒,形成“井中井”结构,内井为湿井,-17.7 m 高程以上内井与外井之间为干井。泵房内由低至高的布置情况如下:在施工期底板基础上增设运行期底板,底部厚度为 2.2 m,“井中井”内筒内径 8.0 m,壁厚 1.0 m,内筒从底部向上延伸至溢流槽底部;在内衬墙与内筒之间设置板梁结构,并根据功能要求分层,从下到上分别布置进水检修阀层、水泵层(见图 2-31)、电动机层。

阀室层结合取水泵房上部结构布置(见图 2-32),外侧水下墙形成的圆形直径为 35.9 m,水下墙同时也作为压力箱的侧墙,并在水下墙与内圆筒之间设置水下隔墙,作为安装层的支撑结构;该层主要布置液控阀,竖向出水管达到该层后转为水平布置,经过液控阀后,供给黄阁水厂的 4 条出水管进入压力箱,压力箱采用钢管外包混凝土,布置于工作井的北侧,内径 2.6 m,半埋地结构;水流经过压力箱后在工作井的西侧分出两条出水管,出水管内径为 2.2 m,连接黄阁水厂配水池。反供榄核水厂的出水管各自穿过水下墙,汇入出厂管道,连接现有黄阁水厂原水管。

安装层要便于安装泵组机电设备,并进行设备检修、维护。此外,该层也是天面层的

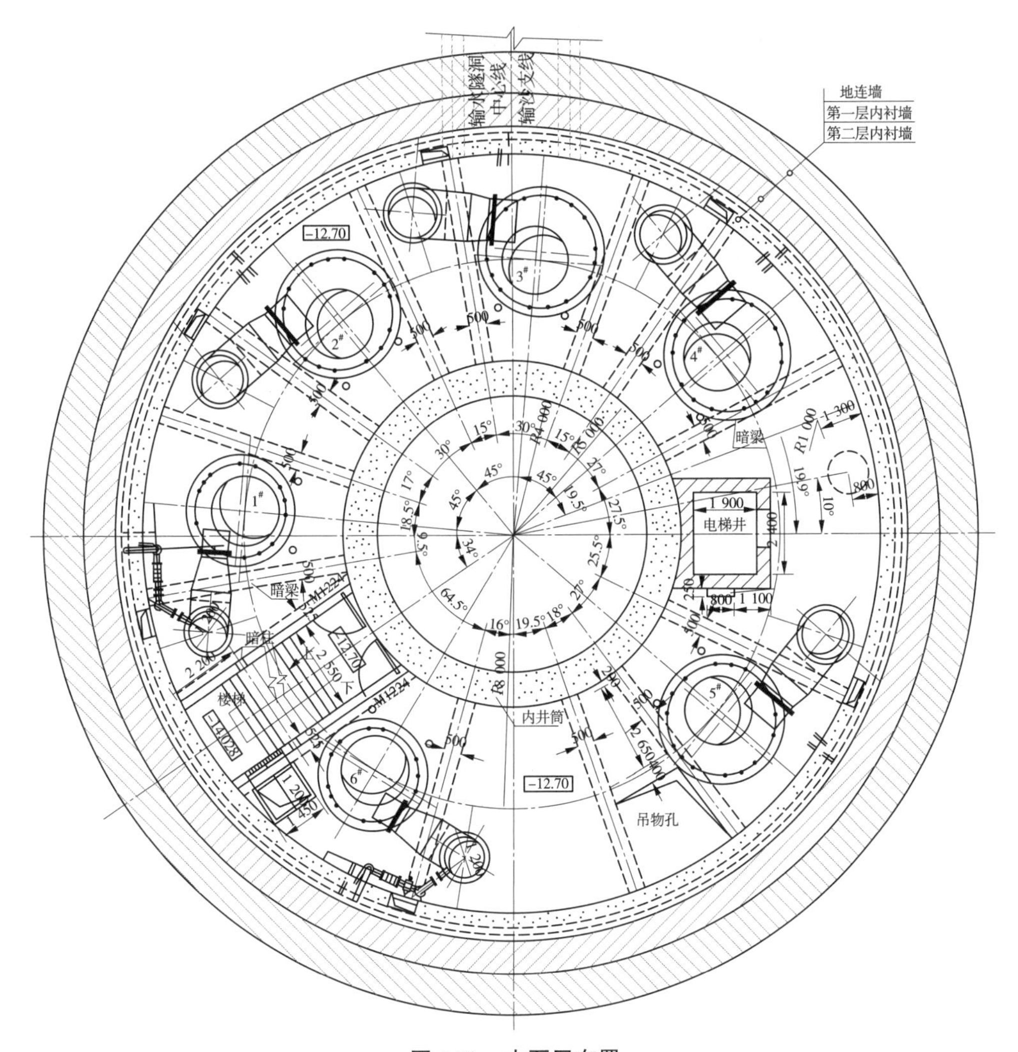

图 2-31 水泵层布置

基础,沿着水下墙一周布置了 18 根混凝土立柱,立柱从下到上布置三层圈梁,第一层圈梁属于构造需要,第二层圈梁为环形桥机基础,第三层圈梁为屋盖组合梁基础;屋盖采用 UHPC 组合梁+免拆模板+现浇混凝土面板结构。

考虑事故断电引起的工作井涌浪,经过方案讨论及比选,确定采用溢流方案。环形溢流槽布置于工作井内筒上方,出水槽布置于工作井的东南侧。当事故断电且溢流时,涌浪水量通过环形溢流槽、出水槽,排至工作井东侧的地下储水池。

48. 3 成效

一井三用,将 GZ33#盾构接收井改造为“井中井”,内井作为黄阁水厂取水前池,外井作为黄阁水厂取水泵站主厂房,通过不断优化、论证,充分利用工作井竖向空间,将泵站主要结构布置在工作井及外扩的 35. 9 m 圆筒范围内,极大地利用工作井土建结构及竖向空间,减少了工程占地。工作井占地面积约 7. 3 亩,对比常规 100 万 m^3/d 取水泵站的占地

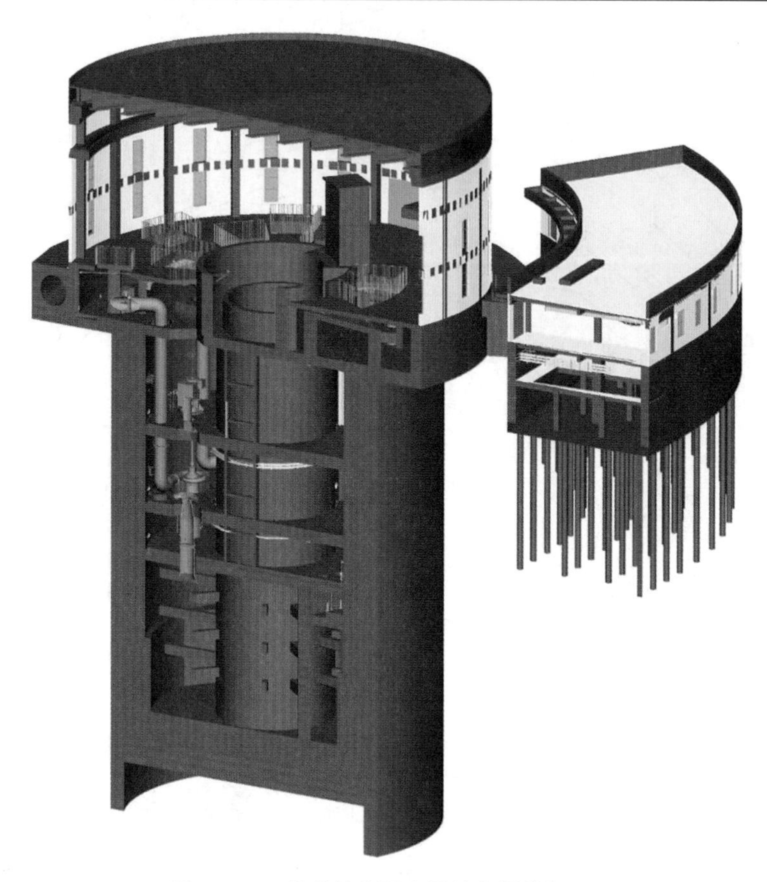

图 2-32　工作井结合取水泵站布置纵剖面

面积 20 亩,节省了 12. 7 亩,节省率达到了 63. 5%,做到了“把土地资源留给后代”。此外,GZ33#工作井内圆筒作为泵站进水井,减少了泵站进水前池建设,节省了工程投资。

49. 深埋压力输水盾构隧洞钢内衬复合衬砌结构研究与设计

49.1 背景

珠江三角洲水资源配置工程采用全封闭深层地下输水方式，输水隧洞位于地下 40~60 m 处，穿越珠三角核心城市群以及珠江出海口狮子洋，施工难度大。区别于地铁等其他交通隧道工程，工程输水隧洞结构除需要承受巨大的外部水压力和土压力外，还需承受高达 1.3 MPa 的内水压力。目前，国内外对高压输水深埋盾构隧洞工程尚缺乏成熟的理论和施工经验。为解决关键技术问题，项目法人组建了由国内专业机构及著名高校组成的科研团队，联合开展专项研究。

49.2 措施

49.2.1 研究方案

由于复合衬砌结构内、外衬之间的传力机理以及对结构受力的影响还存在大量争议，对于外载、内压联合作用下的复合衬砌结构体系缺乏充分的足尺结构试验论证。为研究钢内衬复合衬砌结构联合承载机理，明确各层衬砌之间的荷载分担机制，解决复合衬砌结构联合受力问题，科研团队在北京中建技术中心大型试验场开展了足尺模型破坏试验，通过试验揭示钢内衬联合承载结构的变形规律、承载机理、荷载分担机制、破坏机理及极限承载能力，为压力输水盾构隧洞钢内衬联合承载结构设计提供技术。

49.2.2 原位试验

为深入研究适合高压输水的盾构隧洞的衬砌结构，解决复杂地质条件下压力输水盾构隧洞衬砌结构设计和施工的系列关键技术问题，在系列室内模型试验及精细数值模拟的基础上，科研团队结合工程建设需要，开展了工程试验段的原位验证试验。试验段工程全长 1 667 m，其中 339 m 为原位结构试验段，开展单层衬砌、管片-钢筋混凝土内衬、管片-钢内衬分开以及联合受力 4 种结构断面的验证试验；其余 1 328 m 为施工工艺试验段，开展内衬钢管的洞内运输、安装、焊接及内衬钢管与管片间的自密实混凝土浇筑等工艺试验。

49.2.3 足尺模型

为评估衬砌结构内衬钢管抗外压承载能力，科研团队在钢管厂进行了足尺模型抗外压稳定试验（见图 2-33~图 2-35）。试验结果进一步验证了复合衬砌结构（见图 2-36）采用的设计假定、受力模型和数值分析成果的合理性和可靠性，验证了复合衬砌结构设计的安全性、整体性和工作性能，同时摸索和总结出隧洞内狭小空间的钢管运输、安装和自密实混凝土的浇筑工艺，为主体工程的设计优化提供依据。

图 2-33 足尺模型破坏试验

图 2-34 试验段原位结构试验

图 2-35 足尺模型抗外压稳定试验

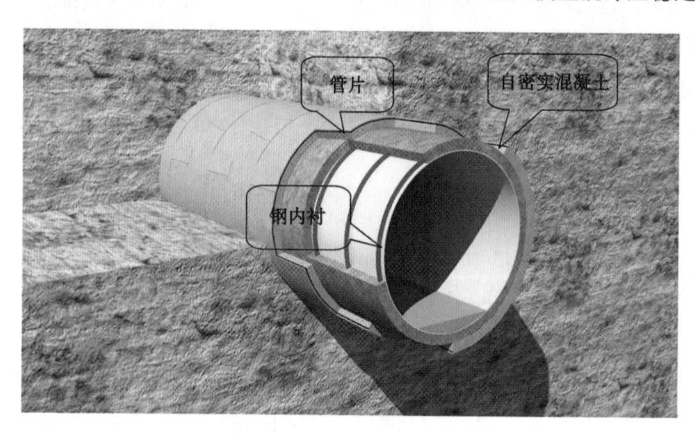

图 2-36 压力输水盾构隧洞钢内衬复合衬砌结构

49.2.4 创新试验方法

科研团队充分发扬勇于创新、严谨求实的科学精神,团结协作、集智攻关,开发了一种具有自主知识产权的内水压模拟方法。工程输水隧洞直径达4.8 m,如采用端头封堵注水加压的方式,则堵头推力高达1 800 t,堵头稳定及防水都难以解决;如采用千斤顶加载的方式,只能模拟点荷载,不能很好模拟水压的面荷载以及梯度荷载。科研团队经过广泛的调查研究、反复论证,开发了一种具有自主知识产权的内水压模拟方法,研制了适应高压加卸载的囊体,以及与囊体匹配的16路加卸压系统,实现了内水压力的精确模拟。

开发了整套海量测试数据自动采集系统。为了确保囊体充水后衬砌结构的受力与变形等监测数据的实时性、准确性、真实性以及囊体和加压系统的匹配性,试验广泛采用线缆集成度高的光纤传感技术,配合传统的振弦式、电阻式等传感器,以实现监测系统的智能感知。

49.2.5 专项科技研发

科研团队研发的自密实混凝土材料能适应原材料波动性及施工工法多样性,满足长距离泵送、狭窄空间浇筑的要求;研发的新型复合排水板,使盾构隧洞钢内衬外水压力降低约30%,累计节省钢材1.1万t;研制的钢管专用运输台车集洞内运输、对中等自动化功能于一体,效果良好;研制的管壁自动焊接机器人,可代替人工完成洞内环境的焊接作业,大大降低施工作业风险,且焊接质量稳定。

49.3 成效

基于前期系统理论研究、大型结构试验、精细数值模拟等研究工作,在兼顾经济性的基础上,设计采用了盾构隧洞三层复合衬砌结构,由外到内依次为盾构管片衬砌、充填自密实混凝土和内衬钢管。外层管片是盾构施工的防护,用于抵抗外部土和水的压力。内衬钢管为输水管道,用于承受高内水压力,钢管外侧焊接加劲环,以增加其抗外压稳定性。管片和钢管之间为狭小空间,填入自密实混凝土,通过混凝土重力实现自流并密实。同时,结合工程沿线内外压力及地质条件,设计首次将压力输水盾构隧洞钢内衬联合承载结构推广应用于工程实践。对比前期可研阶段,压力输水盾构隧洞钢内衬复合衬砌结构钢管壁厚总体减薄2~8 mm,节省投资约7亿元。

压力输水隧洞钢内衬复合衬砌结构设计经验、施工工艺和研究成果为该结构在其他同类工程中应用奠定了坚强的技术保障,为珠江三角洲水资源配置工程的顺利建设提供了有力的科研支撑,为推动粤港澳大湾区战略发展做出了应有的贡献。

50. 隧洞预应力结构缝装配式止水设计

50.1 背景

水工建筑物结构缝止水所采用的材料和构造形式是多种多样的,常见的止水材料与接缝混凝土材料结合形式为埋入式或橡胶压板式。输水隧洞结构缝更多的是采用埋入式铜片止水(见图 2-37),该种止水形式的主要问题是一旦损坏难以更换。当衬砌结构端头混凝土浇筑不密实时,结构缝极易出现渗漏水,一般只能通过灌浆进行结构缝堵漏。

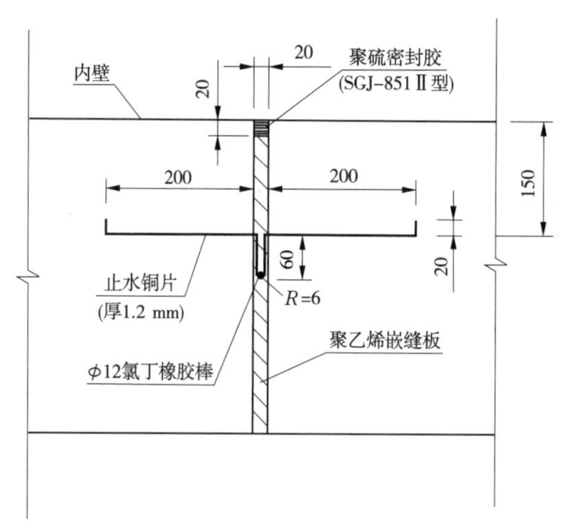

图 2-37　某工程单层铜片止水大样图

当输水压力不高时,可采用橡胶止水带进行止水。国内可更换式橡胶止水带主要应用于输水渡槽(见图 2-38)。橡胶压板式止水是在结构缝两侧预埋或后植螺栓,将止水带用扁钢或角钢通过拧紧螺母紧压在结构缝。止水槽内填入沥青砂浆或水泥砂浆,可对止水起辅助作用并防止橡胶老化与铁件锈蚀。该种止水形式止水效果受紧固面平整度与螺栓紧固力大小的制约,对后期施工质量要求较高,该种止水形式止水效果好且适应结构缝变形的性能较好。

根据《水工建筑物止水带技术规范》(DL/T 5215—2005)要求,当作用水头较高时,宜采用复合型止水带或多道止水带。本工程输水隧洞最高运行压力为 1.30 MPa,水头高,若发生渗流对周边环境影响大,所以隧洞结构缝止水结构的防渗效果必须有保障。

50.2 措施

为确保结构缝止水的长期效果,后期止水效果减弱可更换止水带,本工程输水隧洞结构缝采用两道止水结构:顶部可更换式橡胶止水带+底部埋入式铜止水带(见图 2-39)。止水槽内回填丙乳砂浆,可对止水起辅助作用并防止橡胶老化与铁件锈蚀。为加强丙乳砂浆稳固性,还通过不锈钢垫板焊接不锈钢电焊网(见图 2-40)。衬砌内表面(过水面)还增加一道聚脲涂层(厚 2 mm、宽 460 mm),进一步提高抗渗性。

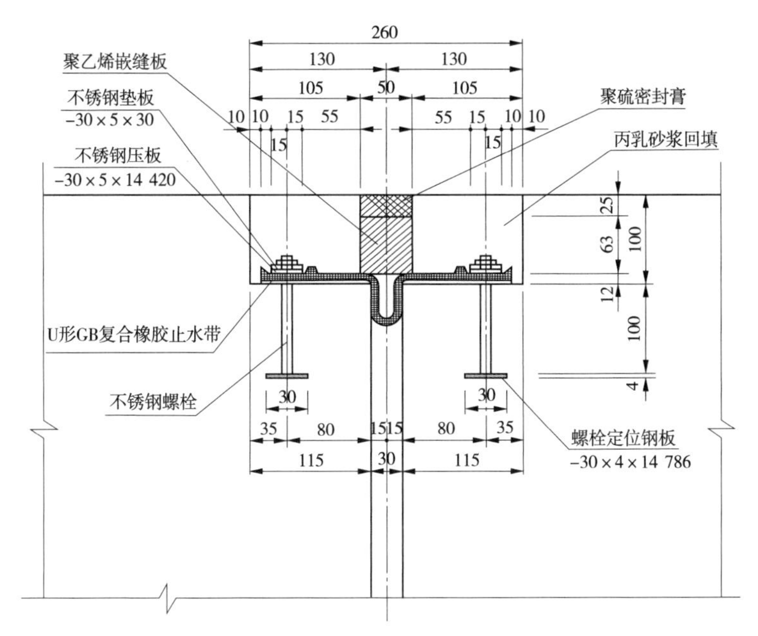

图 2-38 某渡槽单层橡胶止水大样图

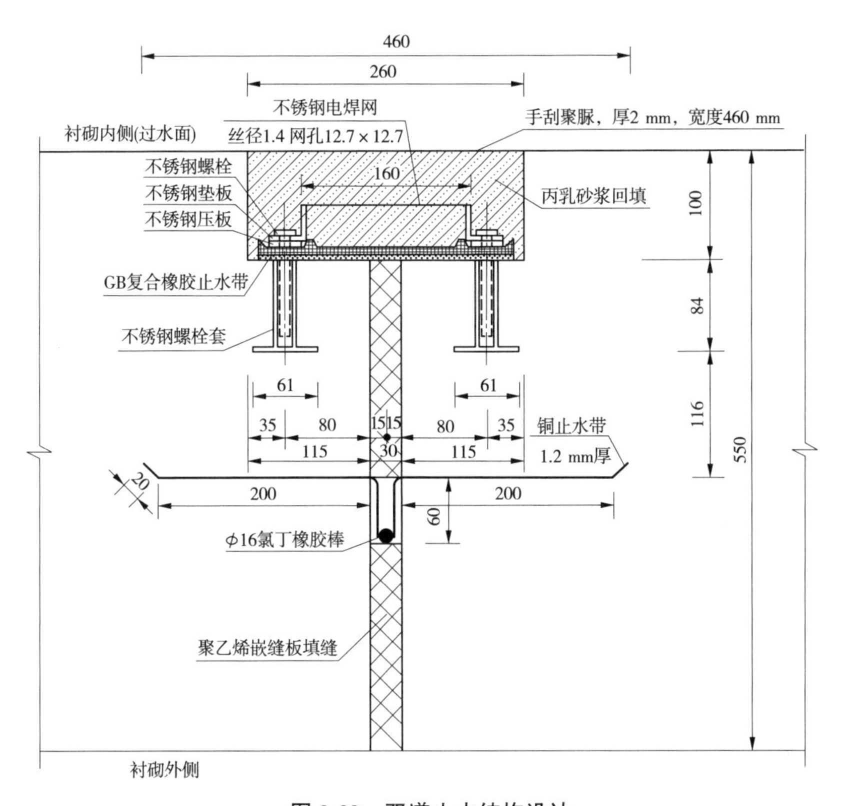

图 2-39 双道止水结构设计

图 2-40　不锈钢电焊网施工

50. 3　成效分析

采用了双道止水结构,经通水验证,效果良好。

51. 隧洞预应力内衬结构设计

51.1 背景

《水工隧洞设计规范》(SL 279—2016)中规定,隧洞衬砌除满足结构稳定外,还应满足防渗要求。有严格防渗要求或围岩抗渗能力差而导致内水外渗后果严重的,应采用有效的防渗措施,必要时采用预应力混凝土衬砌或钢板衬砌。珠江三角洲水资源配置工程输水隧洞内压大(最大为 1.30 MPa),设计压力水头线超过地面(隧洞埋深 40~60 m),内水外渗后对周边地层环境造成不利影响,因此隧洞衬砌应采用有效的防渗措施。

钢板衬砌可以承受较大的内水压力,但大直径钢板衬砌承受外压稳定能力弱,采用钢管内衬,同时还面临大直径钢管整体防腐以及管节运输、焊接等一系列技术难题。经技术经济比选,输水内径为 6.4 m 的盾构输水隧洞段最终采用预应力混凝土内衬结构(见图 2-41)。

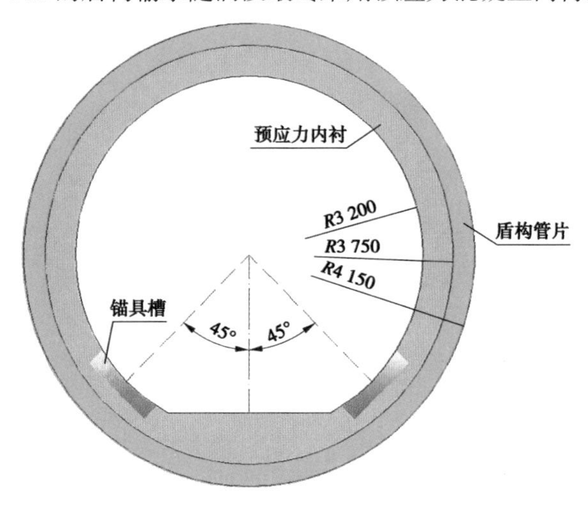

图 2-41 预应力混凝土内衬断面示意图

51.2 解决措施

目前,国内输水隧洞预应力混凝土主要采用了有黏结及无黏结预应力两种体系。有黏结预应力混凝土体系需要预置孔道成型材料及其辅助定位钢筋、穿入预应力钢绞线、孔道灌浆等繁杂工序,存在着预应力钢筋张拉时易在孔道内壁挤压、孔道灌浆不易饱满密实、硬化后孔道内部易形成空洞、有的部位起不到黏结筋的作用等缺陷,而且环形预应力钢绞线的孔道摩擦损失大,达到同等有效预应力将显著增加预应力钢筋的用量,增大工程造价。与环形有黏结体系相比,无黏结预应力施工简便,不需要预留孔洞、穿筋、灌浆等烦琐工序,预应力钢绞线在结构中可较为均匀地布置,张拉时钢绞线与塑料 PE 套管间的摩擦力小,混凝土管壁中建立的有效预压应力较大且均匀性较好。综上所述,经技术经济比选,本工程高压输水隧洞主要采用无黏结预应力混凝土衬砌,为抵抗高内水压力,钢绞线采用双层双圈布置形式(见图 2-42);为提高钢绞线的耐久性能,钢绞线钢丝采用环氧涂层或镀锌防腐两种。

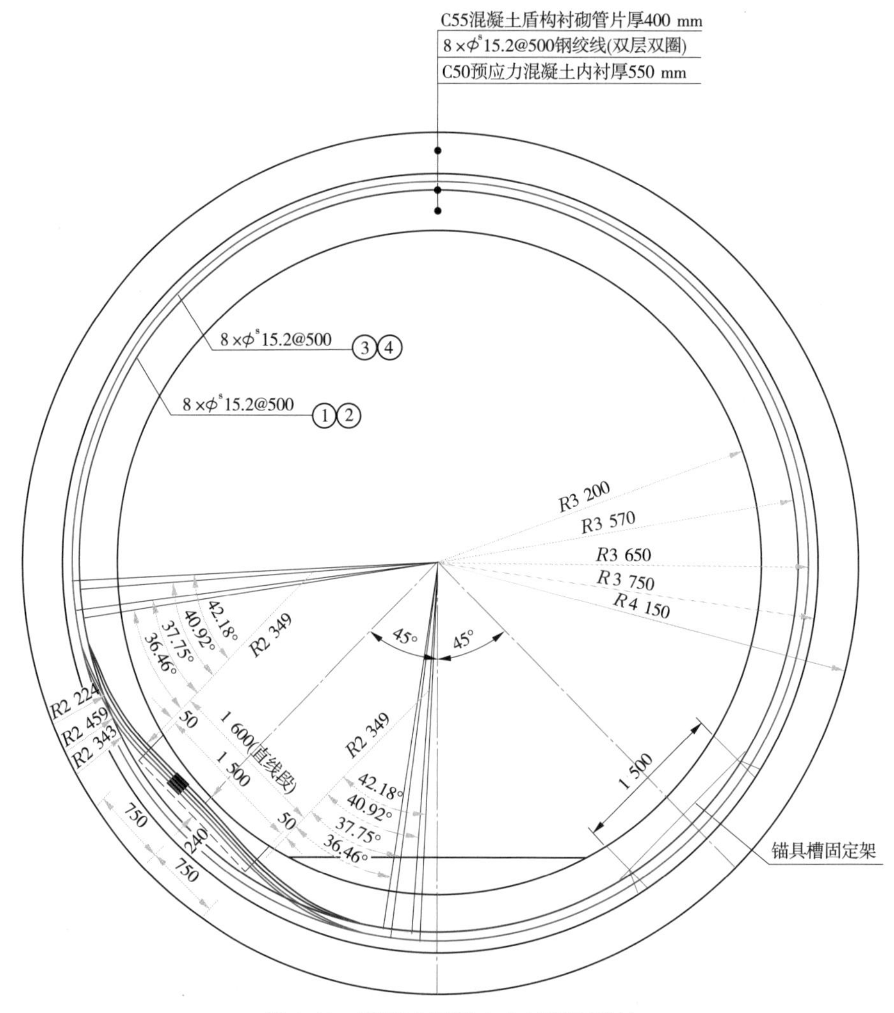

图 2-42　预应力混凝土内衬断面设计

缓黏结预应力混凝土体系主要是缓黏结预应力钢绞线吸取了有黏结和无黏结预应力钢绞线(见图 2-43)的优点,预应力钢绞线外部裹以高密度塑料套管,内部空隙填充具有防腐性能的缓黏结胶黏剂,钢绞线的铺设、混凝土浇注和钢绞线的张拉锚固施工与无黏结预应力混凝土结构一样,在钢绞线张拉锚固后,随着时间的延续,胶黏剂逐渐固化并具有较高的强度,使钢绞线与混凝土牢固地黏结在一起,起到有黏结预应力钢绞线传递预应力的作用,形成有黏结预应力混凝土结构。目前,国内输水隧洞暂无使用缓黏结预应力体系的先例,本工程对于内水压力小于 0.5 MPa 的颜屋倒虹吸输水隧洞段首次采用缓黏结预应力体系(见图 2-44)。

图 2-43 盾构隧洞无黏结预应力混凝土内衬现场施工

图 2-44 盾构隧洞缓黏结预应力混凝土内衬现场施工

51.3 成效分析

通过采用顶拱脱空监测技术(见图 2-45),确保了预应力混凝土内衬顶拱浇筑密实;采用智能张拉技术(见图 2-46),确保了每根钢绞线均能张拉到设计要求;采用热缩套防护方式(见图 2-47),在保证锚具得到良好密封防护效果的同时,又提高了施工效率。经过通水验证,预应力混凝土内衬运行效果良好(见图 2-48)。

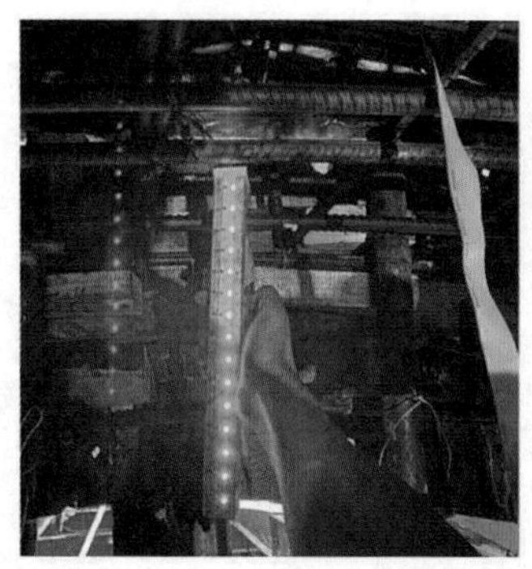

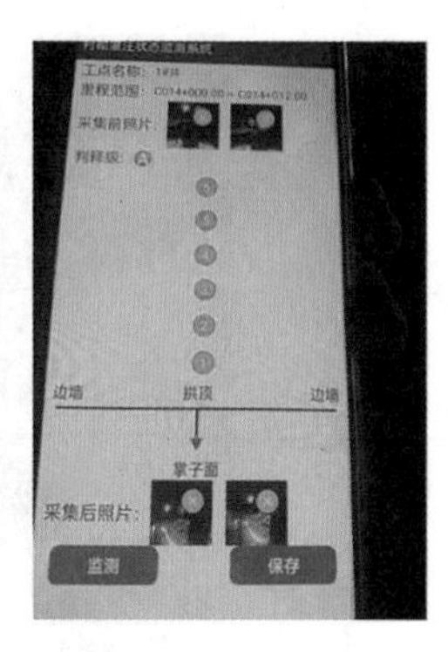

图 2-45　顶拱脱空监测

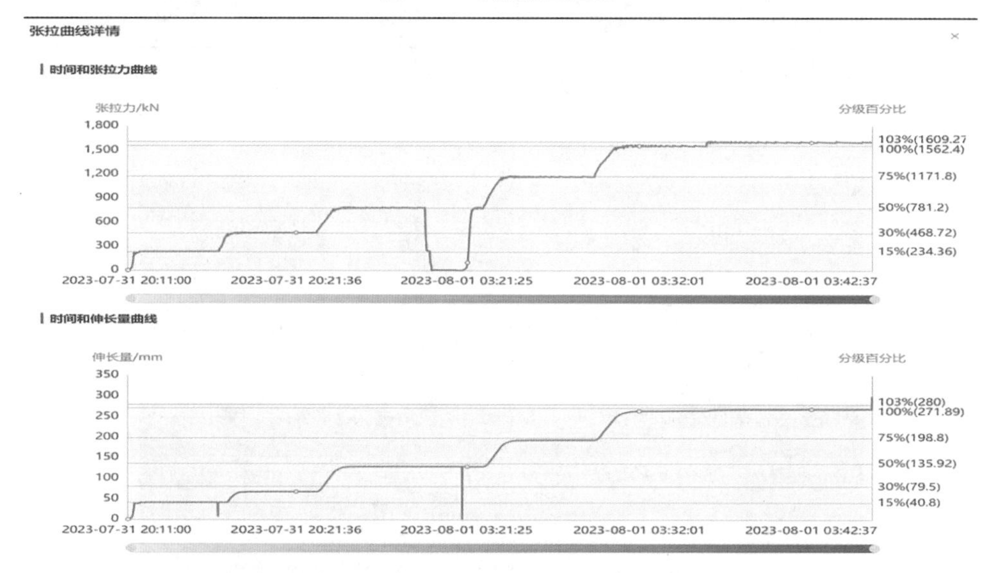

图 2-46　智能张拉监管

图 2-47　锚具防腐

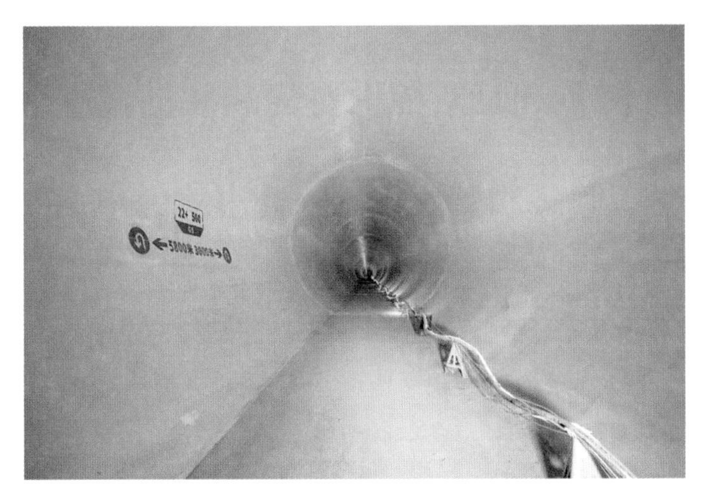

图 2-48　隧洞完工

52. 鲤鱼洲泵站桥机安装 BIM 创新应用

52.1　背景

为满足安装间封顶的工期节点目标要求,鲤鱼洲泵站双梁桥式起重机计划在安装间封顶后,通过预留吊装孔进行桥机安装。由于本次桥机安装工况较为特殊,拟通过 BIM 技术对设计方案及施工方案进行优化验证,以便下一步为指导现场桥机安装施工提供依据。

52.2　措施

52.2.1　基于 BIM 技术的安装方案

结合桥机吊装专项施工方案、鲤鱼洲泵站主副厂房上部结构布置图、鲤鱼洲泵站双梁桥式起重机图纸资料,制定了基于 BIM 技术的鲤鱼洲泵站桥机安装方案(见图 2-49)。

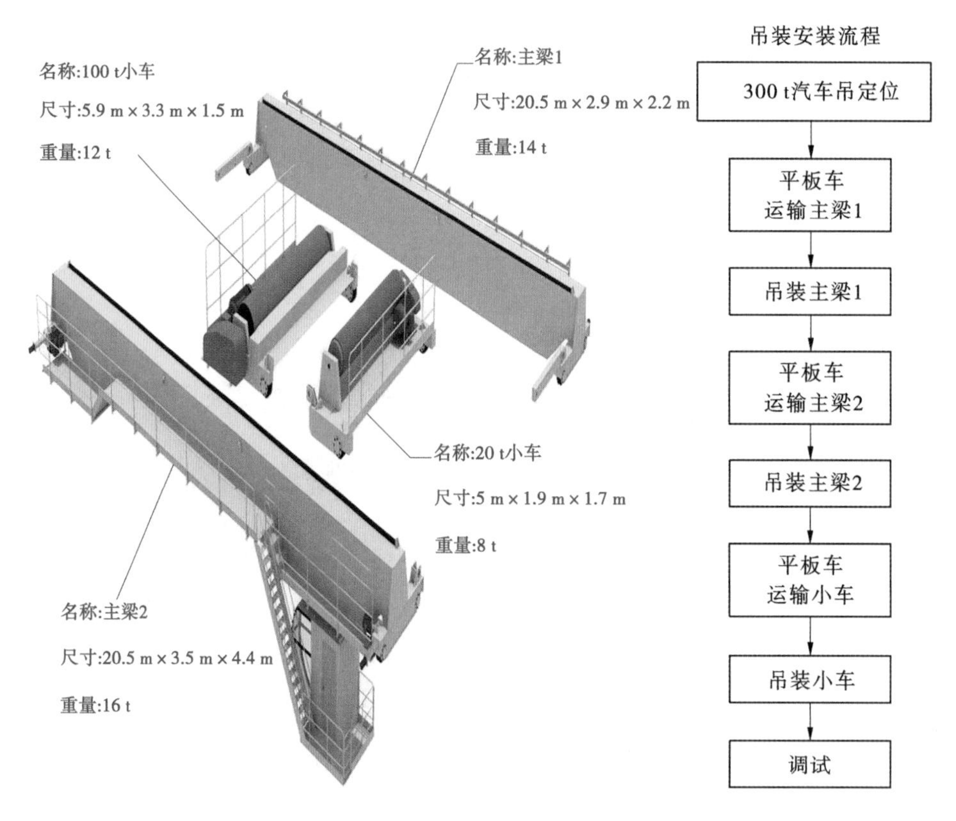

图 2-49　基于 BIM 技术的安装方案

52.2.2　桥机安装推演及碰撞检查

利用 BIM 技术开展桥机安装推演及碰撞检查,发现该方案小车需起吊至 15 m 高度并悬吊约 1 小时,待桥机双梁的端梁连接并定位后,才能将小车放入轨道,有一定安全风险;原图纸设计开孔位置不合理、与结构发生碰撞,需将开孔中线调整至安装间中心线;原图纸设计开孔尺寸(1 m×2. 85 m)偏小,开孔尺寸需调整至 3 m×6 m,开孔偏大,对结构不利。

52. 2. 3 优化推演

重新调整桥机安装方案,进行必要的设计修改后,再进行优化推演(见图 2-50)。小车分体吊装后直接在轨道上安装,减少单次吊重,减少吊机吊装时间,降低安全风险。开孔尺寸优化调整至 2. 4 m×2. 5 m,减少对结构的不利影响。

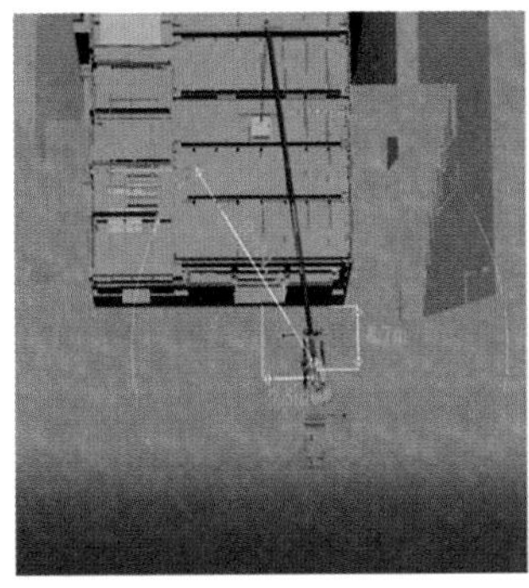

图 2-50 桥机安装优化推演(小车分体吊装方案)

52. 2. 4 确定最终安装方案

(1)确定安装间内外施工平台尺寸,满足汽车吊装站位及平板车回车要求(见图 2-51)。

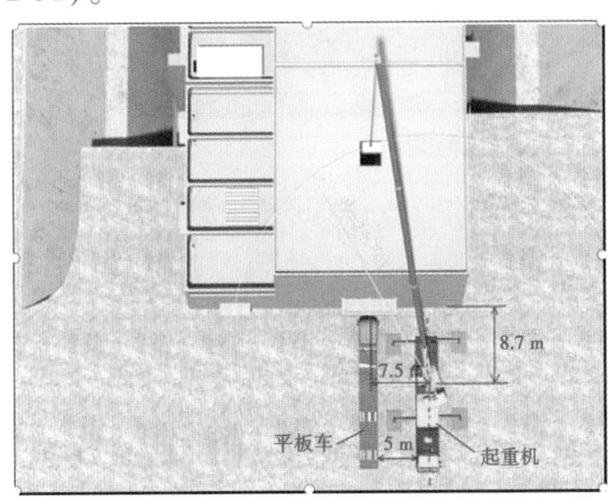

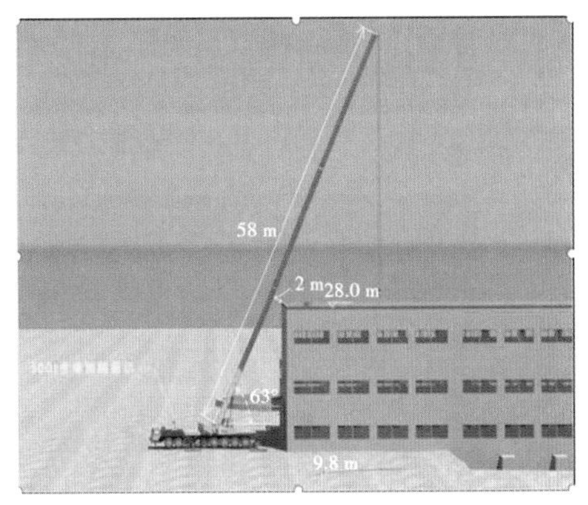

图 2-51 吊装方案示意图

(2)确定桥机小车分体吊装施工方案(见图 2-52)。

(3)确定安装间屋顶开孔尺寸和位置(见图 2-53、图 2-54)。

(4)设计屋顶方案开孔尺寸的调整(见图 2-55)。

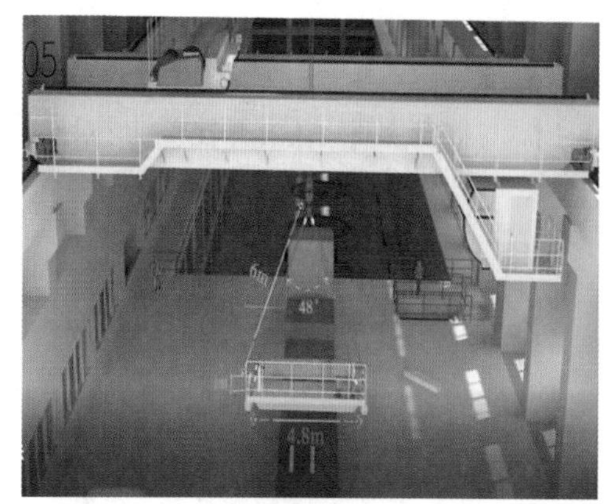

(a)模拟图片

(b)现场小车安装图片

图 2-52　桥机小车分体吊装施工方案

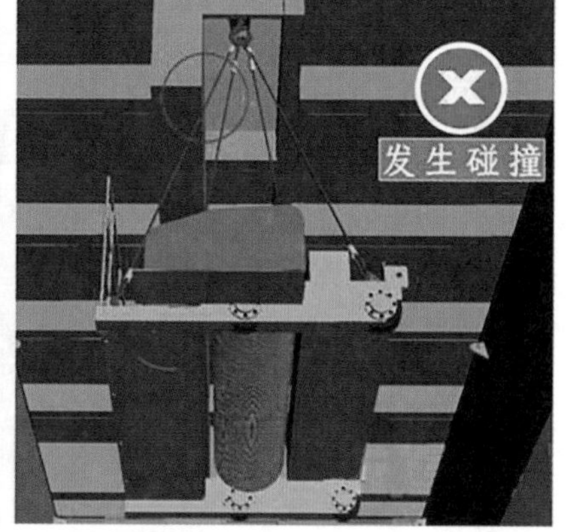

(a)原设计1 m × 2.85 m碰撞检测

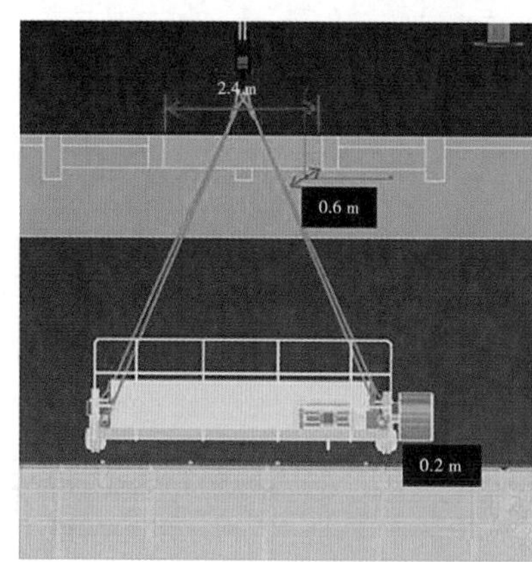

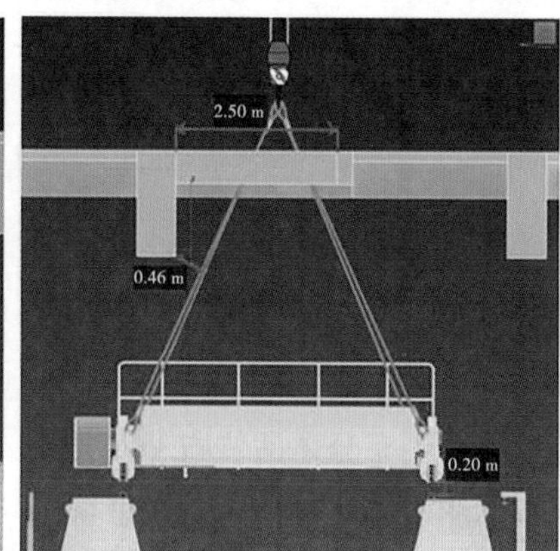

(b)调整至2.4 m × 2.5 m碰撞检测

图 2-53　碰撞模拟

图 2-54　现场安装

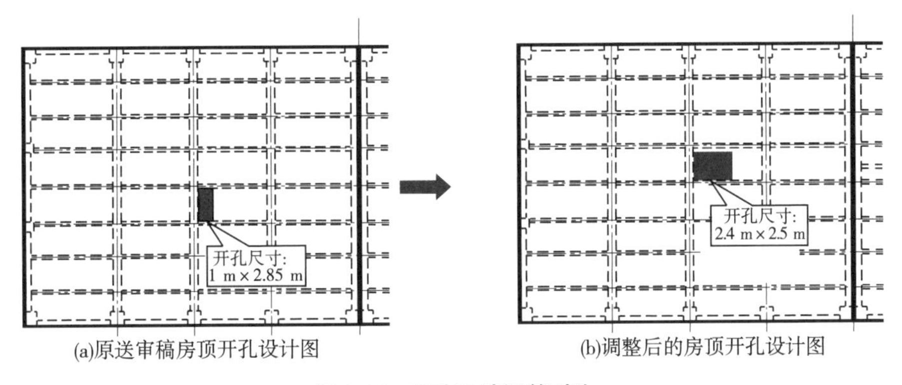

(a)原送审稿房顶开孔设计图　　(b)调整后的房顶开孔设计图

图 2-55　开孔设计调整对比

52.3　成效

通过本次鲤鱼洲泵站桥机安装 BIM 创新应用,对桥机安装条件及安装方案进行全面分析,提前发现安装过程中存在的问题,对设计及施工方案及时进行优化修正。通过对施工方案的 BIM 推演,本成果可用于指导桥机的安装施工,且有利于提高安装的安全性及高效性,值得推广应用。

53. 水泵变速设计

53.1 背景

珠江三角洲水资源配置工程需要向大湾区各地输送水资源,根据各地区用水量及输送距离的不同,需要泵站输送的水流量调节范围大(20~80 m^3/s)、扬程水压力变化幅度宽(最高扬程/最低扬程=2.94)。在输送水资源时,各种工况下不同流量和扬程需要耗费的能量不同,在满足所需求流量扬程的前提下,如何降低水泵能耗是一个需要探讨的问题。

由于水泵的固有特性,水泵在固定转速下消耗的电能较为稳定,无法实现不同设计扬程下均能抽取设计流量的运行要求,无法实现匹配复杂工况下的节约用电要求,且水泵在低扬程区间运行时叶轮背面将发生空化(破坏转轮),影响水泵高效运行。

按设计要求,鲤鱼洲取水口至南沙段流量变化范围为20~80 m^3/s,运行扬程为16.30~49.6 m,在此工况下,进行水泵变速设计、节约能耗非常必要。

53.2 措施

53.2.1 调节方式的选择

离心泵的调节可以通过变阀调节、变速调节等方式实现。

(1)变阀调节是通过改变设置在水泵出水管路上的流量调节阀开度而改变管道特性,通过增加管道的水力损失来提高运行扬程、减小流量并改善水泵汽蚀性能。

但用流量调节阀进行调节时易产生水压力急剧变化或水击,并联工作泵组间的配合运行控制困难,且因管道的水力损失增加而增加了输水运行电费,经济效益不佳。

(2)变速调节是通过调节电动机的转速而改变水泵在不同扬程下的工作速度,使水泵在工作条件变化范围内均可节电、高效、稳定运行。采用变速调节运行可解决工作扬程变化对水泵出口流量的影响,明显改善水泵的运行工况,使水泵在不同的设计扬程下能运行在高效区,提高供水的灵活性和准确性;在较低扬程运行时保持安全稳定,减轻水泵运行发生的振动和空蚀,保证工程的安全输水要求。

综上所述,从设备稳定运行、供水灵活性和输水系统安全供水等多方面考虑,推荐本泵站水泵调节方式均采用变速调节。

53.2.2 变速设计研究

水泵作为泵站的关键和核心,其性能对工程的设计、施工、梯级泵站的联合调度运行和经济效益会产生重大影响,直接关系到调水的安全性、可靠性和经济性。因此,对大幅度变速后给水泵带来的影响进行仔细研究并提出相应对策,以确保水泵在安全可靠的情况下高效运行是十分必要的,开展了“大流量离心泵大范围调速运行分析及对策研究”课题。

(1)大幅度变速对泵站安全性影响及对策研究。对变速过程中和变速稳定后,潜在的不安全因素如水泵汽蚀、机组振动、压力脉动振荡、超载等情况进行仔细分析并提出相应对策。

(2)大幅度变速对供水可靠性影响及对策研究。通过流体力学计算,建立水泵和泵站的动力学参数方程,研究水泵工作参数(流量、扬程、转速、功率、效率、汽蚀余量)可能的区域、实际需要的工况区域,并使两者相协调,保证水泵能高效、稳定地满足供水要求。比如说实际稳定运行的变速区间是否一定是60%~105%额定转速。

(3)大幅度变速对水泵性能的影响与对策研究。主要对边界工况(包括单泵和多泵并联运行的各种工况)进行分析,当水泵变速后其性能(包括流量、扬程、效率、功率、内部流态引起的振动频率等)的变化规律。

(4)大幅度变速的水泵叶轮内部流动特性研究。针对水泵大幅度变速运行典型工况进行三维数值计算,直观地了解在偏离额定工况的情况下,在叶片进口附近的压力面和吸力面观察是否出现"脱壁旋涡"和"空泡云"(这是引起水泵汽蚀、振动、效率下降的重要原因)。

成果方面,本科研项目已发表《基于相似抛物线和插值法的水泵转速确定方法研究》等论文3篇,开发软件1款。

53.3 成效

在实际运行方面,以鲤鱼洲泵站为例,水泵机组可输送的水量为20~80 m^3/s;提升的扬程为10.7~48 m,对应变化的转速从125 r/min至262.5 r/min,消耗电能功率从最低747 kW至9 000 kW。在大大节约电能的同时,亦满足了水泵高效、稳定、低噪、安全的要求。

54. 电动机变速设计

54.1　背景

鲤鱼洲取水泵站装设 8 台机组,6 用 2 备,为满足水泵的扬程变化以及不同的供水流量要求,全部泵组都需采用变速调节方式,故鲤鱼洲泵站设 8 台(套)变频装置,与电动机采用一对一配置。

高新沙加压泵站装设 6 台机组,4 用 2 备,根据水泵运行工况要求,需至少 2 台泵组采用变速调节。考虑到变频装置的备用和机组的启动,设置 4 台(套)变频装置。两段母线各设 2 套变频装置,分别采用 2 拖 3 的方式,既可以用作机组启动又可以用作变频调速运行。如此,即使在其中一段 10 kV 母线故障或检修时,也能保证 2 台泵组变速调节运行。

罗田加压泵站装设 4 台机组,3 用 1 备。为满足水泵的多种运行工况要求,全部泵组都需采用变速调节方式,故罗田泵站设 4 台(套)变频装置,与电动机采用一对一配置。

54.2　措施

54.2.1　变频器型式选择

根据变频装置主电路中间直流回路的滤波原件,主要分为电流源型变频器和电压源型变频器,下面就这两种市场上的主流产品进行比较。

两种变频器比较见表 2-1。

表 2-1　两种变频器比较

形式	电压源型	电流源型
功率原件	IGBT/IGCT/IEGT	SCR/SGCT
直流元件	电容器	电抗器
整体效率	96%~97.5%	96%~97.5%
网测功率因数	0.9~0.95	0.6~0.9
谐波	较低,一般可不设滤波器	高,长期运行一般设滤波器
最高输出电压等级	3~10 kV	不受限制
适合容量	小—特大	小—特大
对负载控制	U/F 或 DTC	U/F 或 VC
输出波形控制	PWM	PWM 或 PAM
换相模式	自控	负载或自控
适应电机类型	同步/异步	同步/异步

续表 2-1

形式	电压源型	电流源型
寿命	较长(取决于电容)	长
变-定速转换	可实现(需加电抗器)	好
优点	1. 输入输出波形较好; 2. 输入侧功率因数高,可满足电网要求	1. 结构简单; 2. 易于实现旁路功能
缺点	1. 元器件较多; 2. 实现旁路功能时需增加开关、电抗器和保护等设备	1. 输入侧功率因数低,需加无功补偿装置; 2. 输入侧谐波值较高,需配置滤波器,谐波滤波装置设备庞大、复杂,且随着电网的数据变化,在某个时间段或点上可能会产生谐振,如何消除谐振则带来新的问题; 3. 输出谐波大; 4. 共模电压和 dV/dt 较大,影响电机绝缘
推荐方案	推荐	

通过以上对电压源型和电流源型变频器的比较,以及国内外变频装置的生产厂商的技术交流和对国内类似工程实例的调研,根据泵站的运行特性,推荐采用电压源型变频器。

54.2.2 变频器冷却方式选择

目前,主流的中高压变频器内部冷却方式主要为风冷和水冷。风冷是通过风机将冷风流过散热片的方法将功率开关元件上热量带走的方式进行冷却。风冷在外部又可分为强迫风冷、空调密闭冷却和空水冷冷却三种方式,高新沙泵站电机功率为 12 000 kW,变频器功率原件热量较高,强迫风冷热交换效率较低,不列入比较方式。水冷采用去离子水闭式循环装置为功率元件冷却。根据外部冷却装置不同分为水-空冷和水-水冷。综合考虑变频器功率和冷却系统效率、安全可靠性、初期投资、运行成本等之间关系,推荐鲤鱼洲泵站、高新沙泵站、罗田泵站变频器冷却方式采用水-水冷方式。

54.2.3 变频器谐波分析

根据现行国家标准《电能质量公用电网谐波》(GB/T 14549)的要求,公用电网标称电压为 110 kV 时,电压总谐波畸变率不超过 2.0%。通过厂家初步模拟计算,谐波电压畸变率含量不超过国标中电力系统要求的限值,谐波电流低于国标中的电流谐波次数允许值,无须设置另外的滤波装置。

54.2.4 变频是否设旁路的考虑

为满足泵站水泵多种工况下的特性曲线和并联运行综合特性曲线的要求,本工程采用变频调节方式运行。在单机达到最大流量及输水管道糙率稳定时，水泵电机可采用工频方式运行，另外高新沙和罗田泵站泵组前有水库，有一定的调节能力，因此在一定时间段内，可考虑脱开变频器直接挂网运行。工频旁路运行是在水泵允许工频运行区间内，采用变频启动，电机稳定运行后切除变频器，转入旁路工频运行。下面就是否设工频旁路进行技术经济比较，变频装置电能损耗按 3%进行估算，预估一年之中 5 个月运行在工频工况。根据技术经济比较，带旁路方案运行灵活，可适应定、变速任何工况，虽一次性投资较高，但运行费用较低，故推荐带旁路方案。

54.2.5　变频器输出电压、电动机电压选择

通过与国内外变频器生产厂商的技术交流和国内类似工程实例的调研，对于本工程单机容量为 9 000 kW、12 000 kW、5 000 kW 的电机来说，目前主流的中高压变频器采用的输出电压为 3 kV、6 kV 和 10 kV，相应的电动机也有相应的案例，但本工程推荐带旁路方案，根据电动机的容量和系统电压，选择 6 kV 和 10 kV 进行比较。6 kV 方案主变低压侧电流较大，针对本工程电动机单机容量较大，额定电流较大时，对于开关设备、母线、电缆的选择和运行 10 kV 电压较为有利，另考虑附近检修泵房从电动机电压母线供电，故本阶段推荐变频器输出电压、电动机电压为 10 kV。

54.3　成效

在充水试验和通水试运行阶段，开展了泵组变速调节试验，成功验证了电动机变速设计。

55. 深埋隧洞检修交通设计

55.1 背景

本工程在停水检修方面有以下特点和难点：

(1)根据调度原则，当思贤滘来水量小于压咸流量 2 500 m^3/s 时，取水口—高新沙水库段双线隧洞仅有 1 条隧洞可供水，高新沙水库之后的输水隧洞无法供水。结合调度原则，本工程设检修期 1 个月，对隧洞进行检修维护。由于线路长，检修维护任务较繁重。

(2)本工程输水线路穿越珠江三角洲核心建成区，为减少工程建设对沿线城市环境、交通、规划及人民生产生活的影响，采用深埋盾构隧洞作为主要输水建筑物形式，盾构隧洞埋深 40~60 m，占输水线路总长度的 75%。由于盾构隧洞埋深较大，隧洞距离地面落差较大，进出隧洞车辆交通布置十分困难。同时，本工程大部分盾构隧洞工作压力较高，为 0.5~1.3 MPa，采用钢管或预应力混凝土作为内衬。由于内水压力较大，在钢内衬上开大口径孔洞作为车辆入口时，对孔洞的密封性能提出很高的要求。

(3)本工程盾构隧洞每隔约 3 km 设置一座工作井，工作井为中空结构，连通地面和隧洞，检修时只能从盾构工作井向隧洞内送风，隧洞通风条件较差。

(4)经调查，本工程取水河段附近的水厂存在淡水壳菜入侵现象，结合东深供水工程运营经验，淡水壳菜的清理可能会成为本工程停水检修的主要任务之一。

55.2 措施

针对本工程长距离深隧的特点，以鲤鱼洲泵站—高新沙水库段长 41 km 深隧为例，为了方便检修和通风，采用整段检修方式，即中间不设隔断阀，同时考虑到线路长，除两端设置进出车口外，中间再设置一处车辆进出口，将线路分为 20 km。在此基础上，再在 20 km 中间位置设置车辆掉头位，从而达到线路分段交通的目的(见图 2-56)。

鲤鱼洲高位水池—高新沙水库段输水隧洞线路上共布置工作井 14 座，为建设期盾构工作井，运行期用于检修、交通、排水、通风，保留使用。

隧洞内衬钢管底部设置钢筋混凝土平台，宽 2.5 m，方便行车，车速不超过 10 km/h。

不长于 5 m 的车辆可从 SD01#井垂直上下(见图 2-57、图 2-58)，在 10 km(SD04#)、30 km(GZ12#)处可掉头。中间约 20 km 处 SD07#(右线)/SD08#(左线)井可出洞，到高新沙进库闸经过分区清淤区驶出，反向亦然。

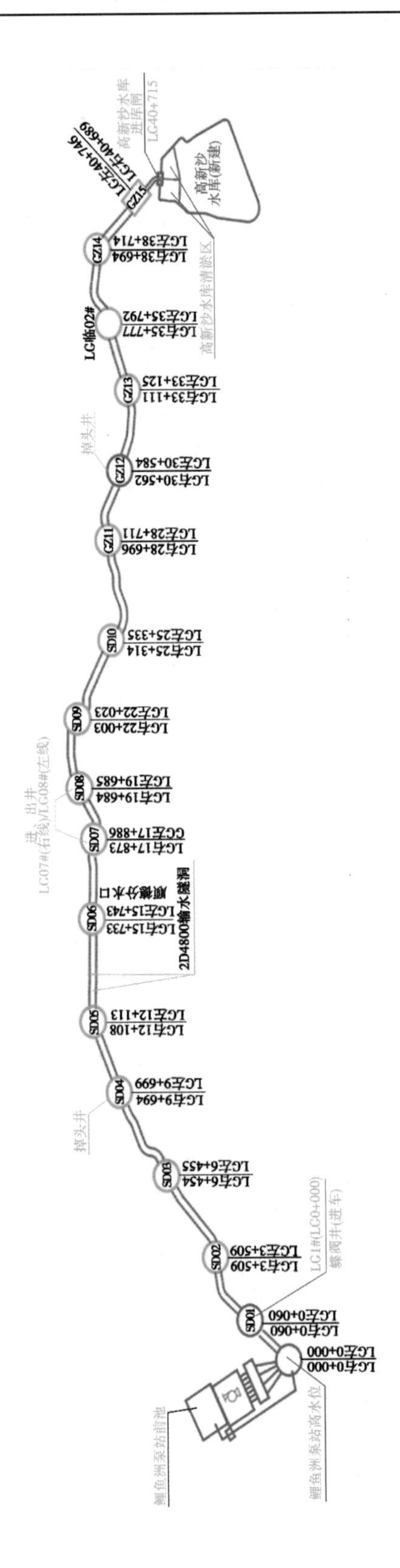

图 2-56　鲤鱼洲泵站—高新沙水库段检修交通布置

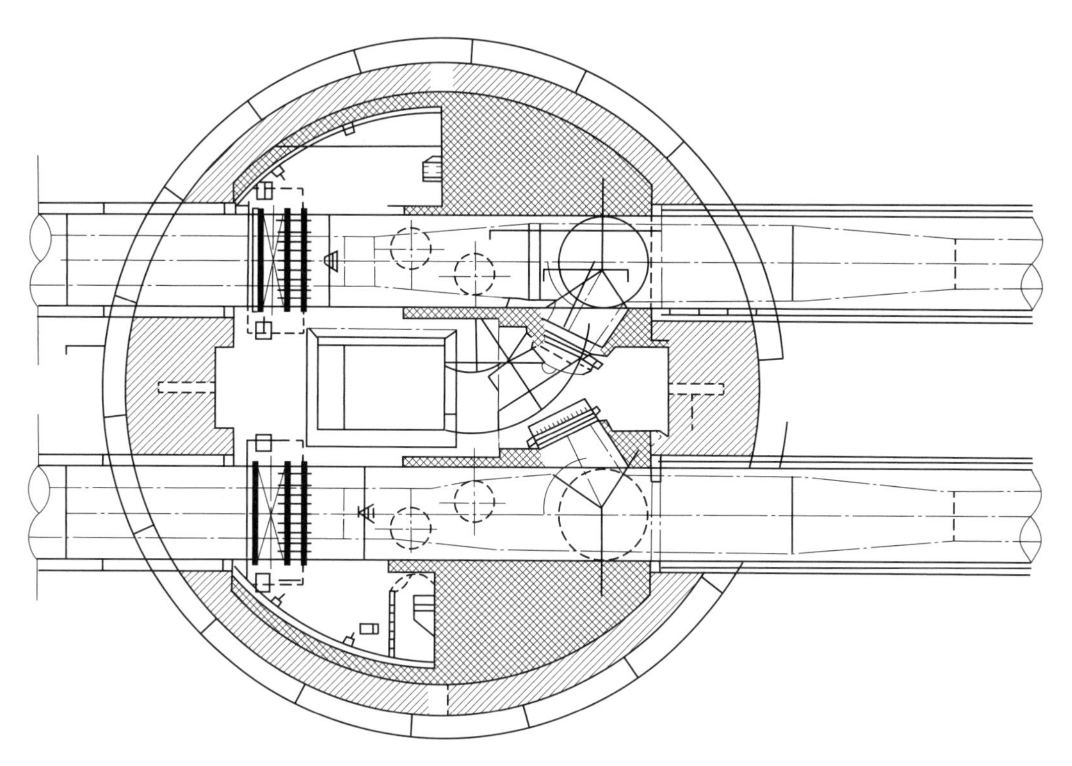

图 2-57　SD01#进车三通平面布置

图 2-58　SD01#工作井进、出车三维图

为了在 DN4800 m 隧洞内方便车辆掉头，在掉头位置，利用工作井内钢管设置三通岔管，同时通过将道路填高从而加宽至 4.5 m，形成一个 T 形平台（见图 2-59、图 2-60）。

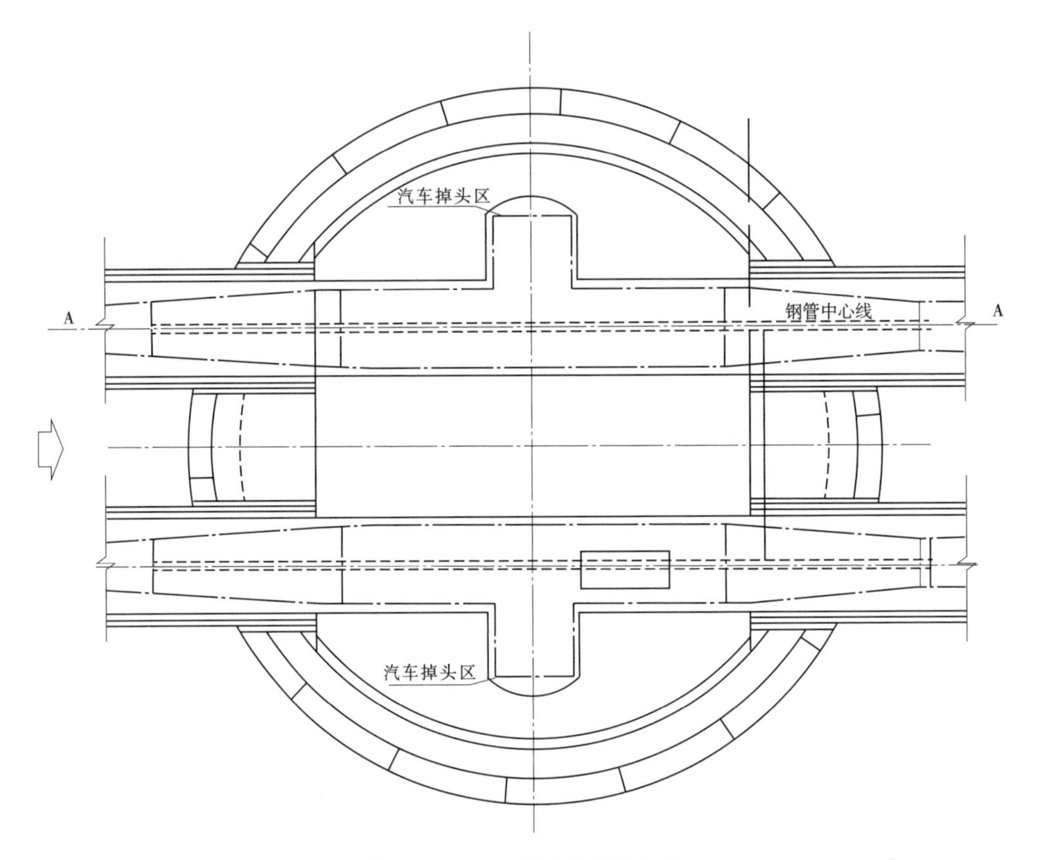

图 2-59　SD04#掉头位平面布置

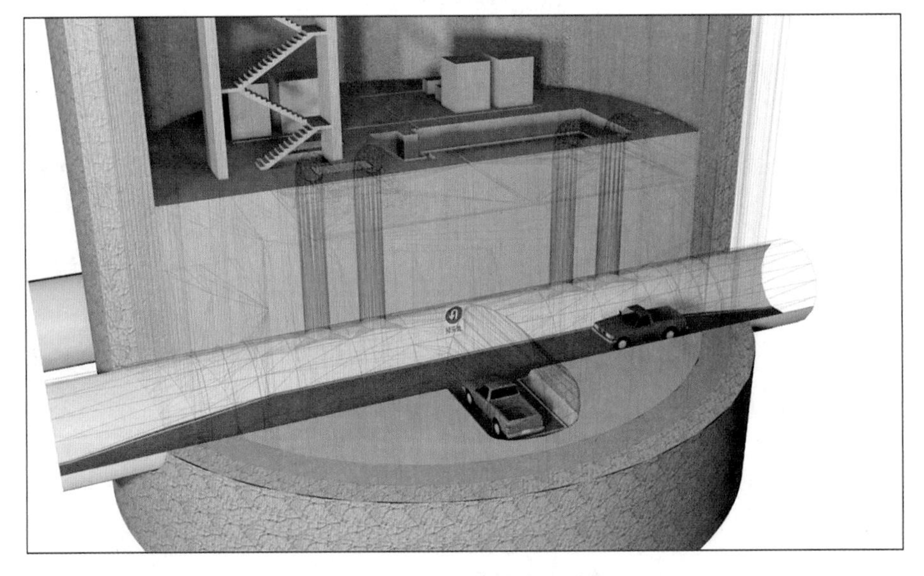

图 2-60　SD04#掉头位三维图

56. 层层拦截,合理布置进水拦漂

56.1 鲤鱼洲泵站进水口

56.1.1 背景

鲤鱼洲将西江干流分为左、右两汊。取水口布置在鲤鱼洲北端从左汊取水,合理布置进水拦漂是确保取水口水质的关键(见图 2-61)。

图 2-61 鲤鱼洲泵站布置

56.1.2 措施

为减少对航道的影响,取水口采用开敞式进水,进水口位于鲤鱼洲北侧凹岸中部,进水方向与来水呈约 35°夹角;为改善进水流态,在前段设置小段进水明渠,渠底高程-3. 40 m,渠宽 85 m,底板设置拦沙坎,坎顶高程-2. 40 m;为防止河道中的浮渣及油污进入,在取水口前缘设置拦油拦污浮排,浮排分别固定在中部支墩及两侧导水墙上,拦污浮排墩轴线和两岸堤线齐平,主要将西江漂浮物拦在取水口外围;拦污浮排上游侧配置水泵可将其周围漂浮物冲开,以便排至下游。

进水口末端布置进水闸共 16 孔,每孔净宽 4. 0 m,闸室顺水流方向长 15 m。分别布置有回转式清污机及检修闸门,上部布置两台移动门机,便于设备吊装及闸门启闭。回转式清污机保障洪水期西江上垃圾翻越拦油拦污浮排流入进水闸,通过回转式清污机进行清理,回转式清污机配置皮带机将垃圾输送至进水闸右侧平台集中清理运走。

为了将鲤鱼洲泵站进水口漂浮物拦在外围,利用进水口二期围堰作为打桩平台,在外围增加一道拦漂设施。在外侧设置 5 根直径 800 mm 的灌注桩(采用钢护筒施工),桩顶高程 3. 0 m,桩底深入弱风化基岩,作为拦漂绳固定立柱,拦漂绳可沿立柱上下移动以适应不同水位,利用西江进水口侧水流将拦漂绳外侧漂浮物带走,减少进水口漂浮物积聚,增设拦漂绳主要满足小洪水期漂浮物拦截,拦漂绳布置如图 2-62 所示。

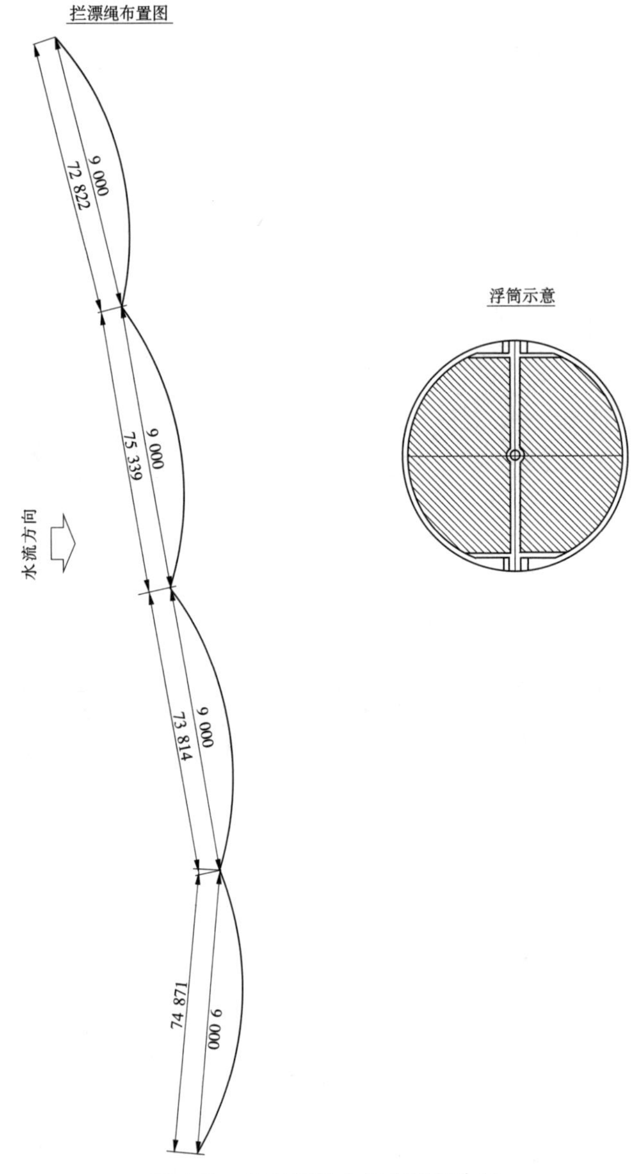

图 2-62　鲤鱼洲进水口拦漂绳布置

56.2　罗田泵站进水口

56.2.1　背景

罗田泵站位于罗田水库东南侧,进水口主要由进水渠、进水前池及进水闸组成(见图 2-63),进水渠宽 31 m、长 20 m。进水池的布置结合地形地势顺山坳布置,上游向西南方向偏转。考虑到罗田泵站位于库区,库区常年开展清污工作,设计只考虑在水闸进口布置了拦污栅,并没有单独设置拦污设施用于拦挡水面漂浮物。2023 年 12 月珠江三角洲水资源配置工程通水,随着罗田水库水位不断上升,树叶、残根等漂浮物随水流堆积在罗田泵站进水闸进口侧,影响了泵站进水条件。

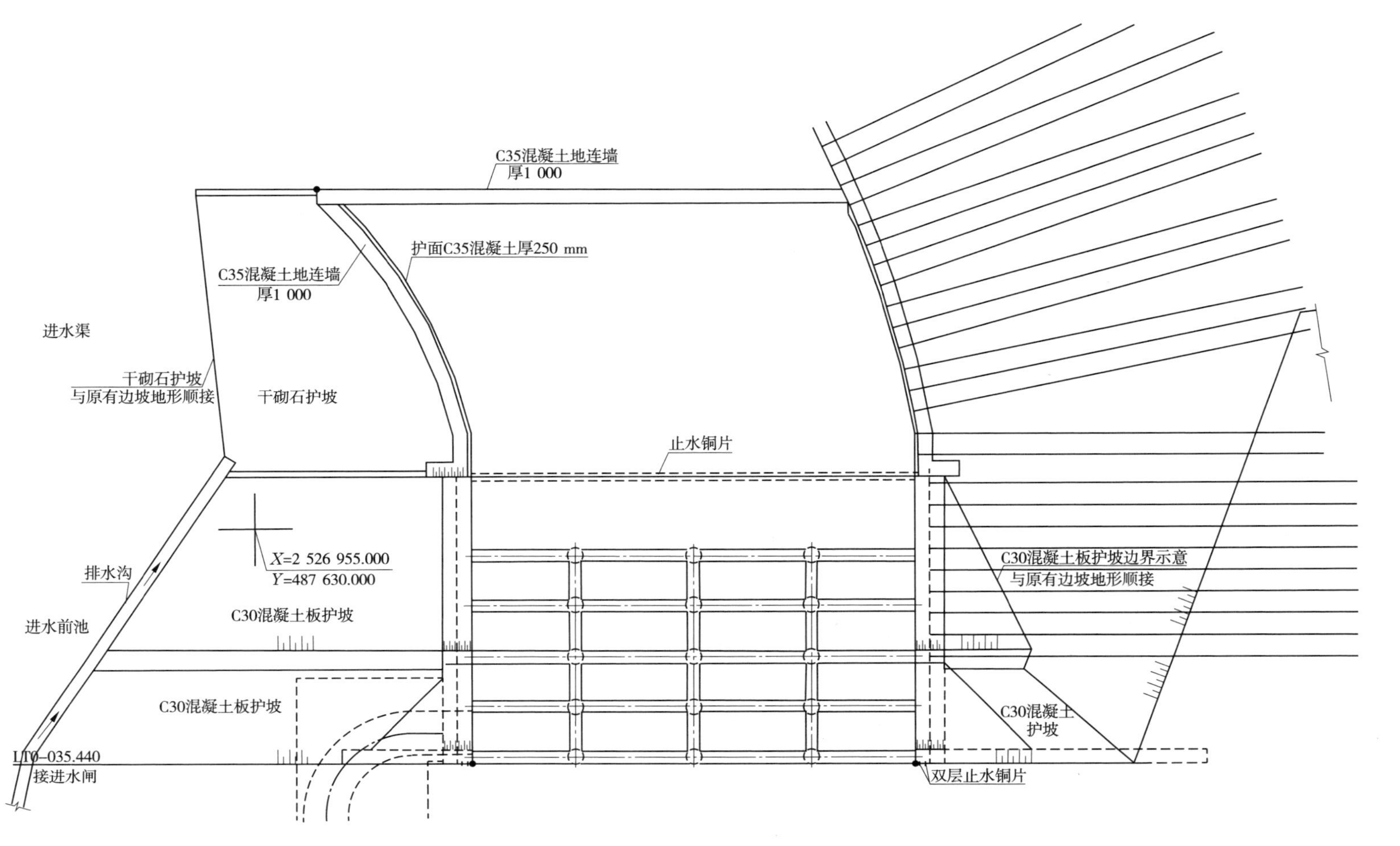

图 2-63 罗田泵站进水池布置

56.2.2 措施

拦漂绳采用分段设置,分别固定在灌注桩侧(见图 2-64),可上下移动适应不同水位运行,拦漂绳中间穿直径 500 mm 聚乙烯 PE 塑料外筒,筒内充填白色聚丙乙烯泡沫。

鉴于罗田水库已经蓄水,结合现场施工条件,在岸坡增加混凝土固定墩台,横向增加拦污浮漂设施。拦污浮漂实际运行效果良好,目前日常巡检可在远离水闸进口的上游侧将表面漂浮物清理,泵站进水闸侧的进流条件得到改善。

图 2-64　罗田泵站进水池进口拦漂绳

56.3 成效

实际运行中,水面漂浮物需要经常性清理,泵站进口侧布置拦污栅,确保了泵站运行的安全,提高进水水质和优化进水口水流条件。鲤鱼洲泵站和罗田泵站进口侧的拦污浮漂设计可为同类工程提供参考。

57. 泵站吊物孔盖板调整

57.1 背景

在泵站厂房中有较多设备吊物孔,为检修期间起吊阀门等设备预留,一般采用普通钢制盖板进行遮盖,作为可拓展作业区域,在设备检修期间采用起吊设备将盖板吊开,并搭建安全围栏,费时、费力,且存在安全隐患。

57.2 措施

将普通盖板调整为重锤平衡式多功能安全防护型设备吊装口,平时处于闭合状态作为可承载楼板,检修期间直接人工翻转打开同时形成安全围栏(见图 2-65~图 2-67)。

图 2-65 钢盖板放下状态

图 2-66 钢盖板打开状态

图 2-67　泵站吊物孔盖板打开状态

57.3　成效

安全、省力、省时、省事、美观及免维护。

58. 高新沙水库库盆土壤隔离技术

58.1 背景

拟建高新沙水库库址土壤铬、镍、砷等多种重金属含量超标，蓄水后可能存在水环境风险，因此水库库周及库底需采取隔水防渗措施，避免水库水体与超标土壤接触。

58.2 措施

(1)隔离措施采用全库库盆底铺设土工膜+混凝土封闭。

(2)针对本工程土工膜铺设面积大的特点，土工膜下部设置排水排气盲沟，防止气胀破坏。库盆防渗土工膜采用膜布分置，铺设方式为：上层长丝土工布为 300 g/m^2，下层长丝土工布为 300 g/m^2，中间土工膜厚 1.0 mm。

(3)总体布置：土工膜下排水排气盲沟间距 60 m，矩形布设，断面尺寸为矩形 300 mm×300 mm，盲沟内布设一条ϕ 200 的软式透水管，每 180 m 间距盲沟布设一条ϕ 300 的软式透水管，并且沿库底坝脚四周布设，断面尺寸为矩形 400 mm×400 mm，盲沟内管周回填粗砂，粗砂外包一层 300 g/m^2 的土工布。库底从下至上依次设置土工布(300 g/m^2)、厚 300 mm 粗砂(盲沟)，两布一膜、厚 100 mm 中粗砂、厚 200 mm C25 混凝土。ϕ 200 的软式透水管沿坝坡埋至校核水位以上后穿过防浪墙。盲沟与水库四周 7 个测压管及集水井连通，集水井内设置潜水泵，可将水抽至坝外排水沟或排水口，降低水库地下水位，保障水库库盆防渗土工膜施工期或检修期不会上浮。

防渗土工膜及盲沟布置见图 2-68、图 2-69。

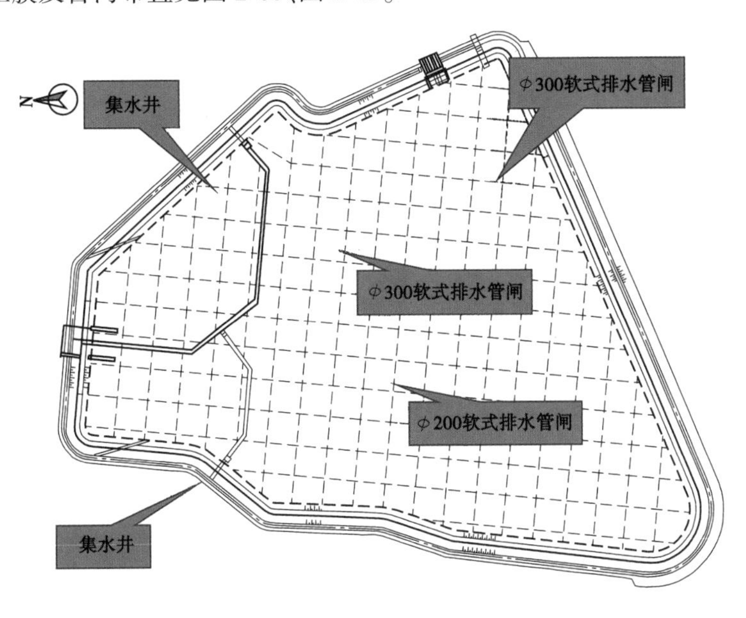

图 2-68 防渗土工膜及盲沟布置

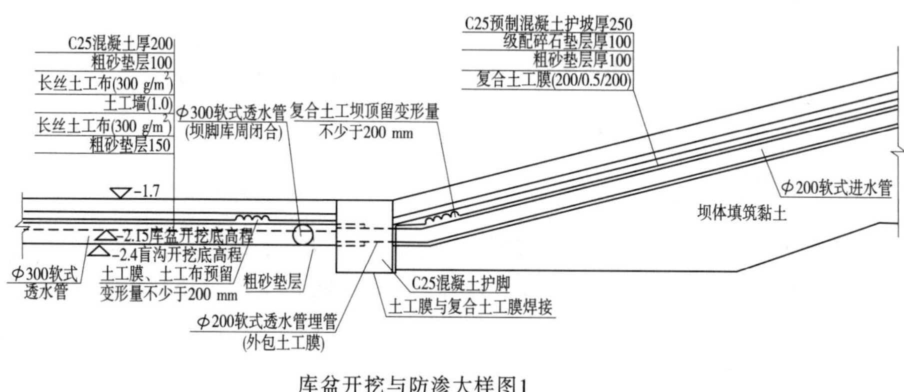

库盆开挖与防渗大样图1
(排气管沿坝坡到坝顶)

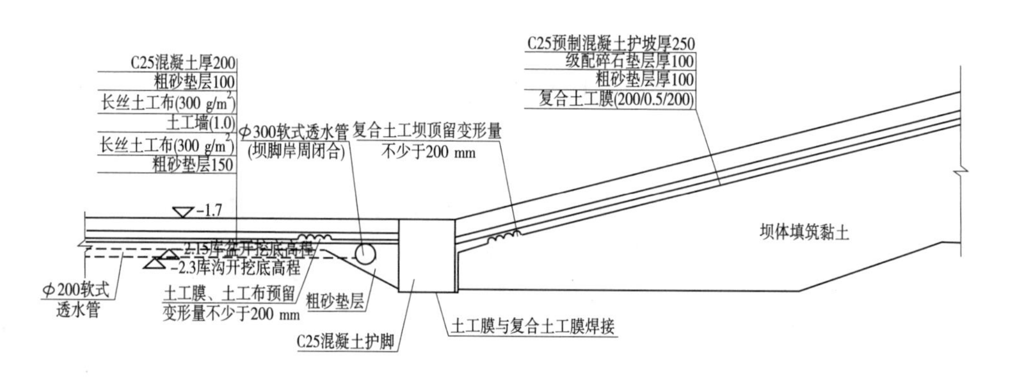

库盆开挖与防渗大样图2
(排气管到坝脚)

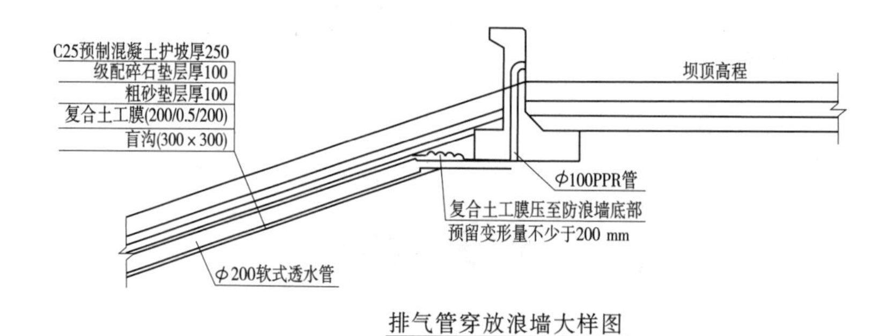

排气管穿放浪墙大样图

图 2-69　细部图

58.3　成效

高新沙水库整个施工期及充水前未出现库盆混凝土底板上浮现象，初步证明库盆防渗设计合理有效，可为类似工程隔离要求提供成功经验。

59. 圆形与矩形工作井比选

59.1 背景

珠江三角洲水资源配置工程输水线路长，全线共 37 座盾构工作井，工作井深度大、数量多。工作井平面形状选择，是本工程设计中的一个重要环节，它直接影响盾构始发、接收、掘进施工和洞内衬砌结构施工，关系到结构安全、工程投资和施工工期。本工程工作井结构永临结合，使用时间长，因此确保盾构工作井结构安全、投资合理、施工高效是工作井设计的重点。

59.2 措施

一般工作井平面形状大多布置为圆形或矩形，以本工程ϕ 6.0 m 双线盾构工作井为例，圆形井布置方案外直径为 35.9 m，结构剖面见图 2-70；矩形井布置方案平面外尺寸(长×宽)30.0 m×28.0 m，结构剖面见图 2-71。

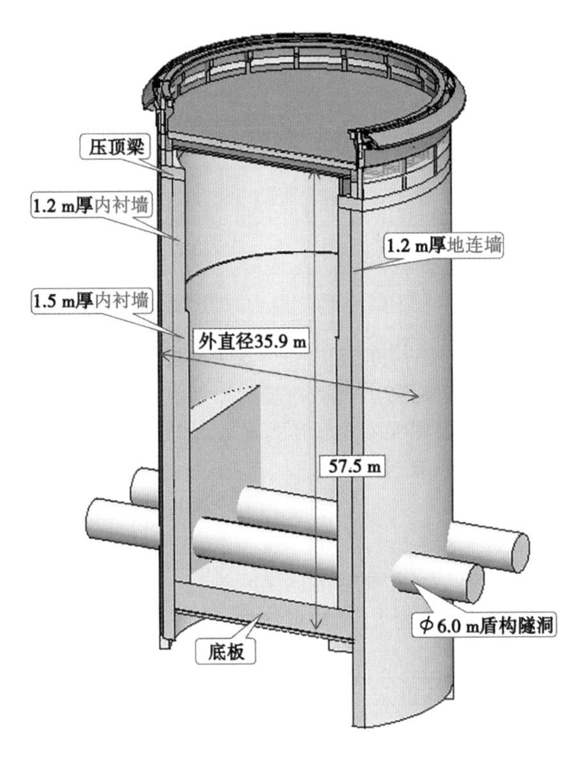

图 2-70　圆形工作井剖面示意图

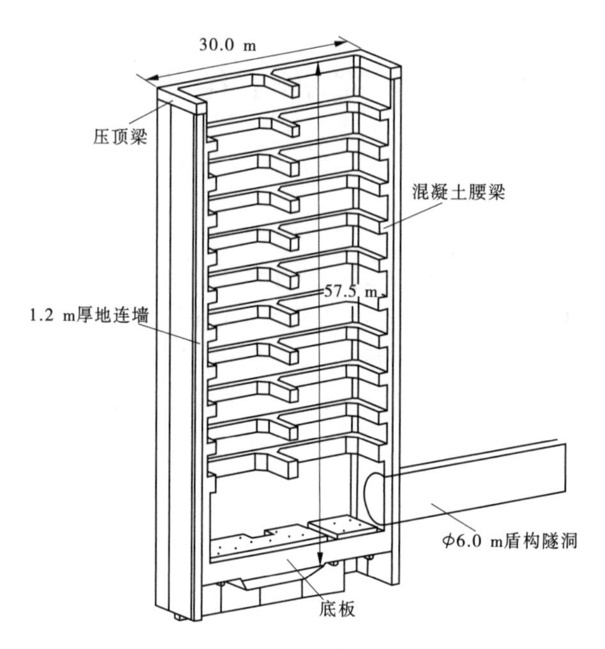

图 2-71　矩形工作井剖面示意图

为解决工作井设计的关键技术问题,初设阶段组建项目科研团队,开展联合专项研究,对圆形井和矩形井在结构受力条件、结构尺寸、使用条件、施工难度及工期、投资等方面进行综合比选(见表 2-2),最终选定工作井采用圆形井为主。

表 2-2　盾构工作井矩形、圆形布置方案综合对比

工作井布置方案	圆形井	矩形井
结构受力条件	圆形结构可充分利用结构布置的空间效应,井内部不需设置支撑体系,井壁内衬墙受力以压力为主,可充分发挥混凝土受压好的特性,结构受力条件较好,变形小	矩形结构墙体内力较大,井内需设置多层钢筋混凝土支撑。为满足盾构施工出渣和台车吊装等要求,内支撑水平间距较大,支撑体系结构内力大,在水土压力大的部位,层间间距需加密或地连墙加厚
结构尺寸	圆形工作井平面面积大,大井结构抗浮问题突出,且井口上部结构跨度大,结构布置难度大	矩形井布置紧凑,平面面积相对较小,上部结构跨度较小,容易布置
使用条件	工作井内空间较大,井底施工布置宽裕。工作井内无混凝土支撑,物料的垂直运输方便	工作井内布置紧凑,井内空间较小,井底施工布置受限。工作井内设置的多层支撑,对物料的垂直运输有一定的影响

续表 2-2

工作井布置方案	圆形井	矩形井
施工难度及工期	①连续墙布置为折线形,增加了墙体的施工难度; ②井内无支撑体系,基坑开挖、出渣方便; ③内衬墙钢筋制安方便,可节约施工时间; ④内衬墙逆作法施工,每个开挖、内衬浇筑循环时间约 15 天	①连续墙墙段多为直线型,成槽和钢筋吊装施工方便; ②井内布置有支撑体系,对基坑开挖、出渣存在一定的影响; ③内衬墙、混凝土支撑钢筋制安时间较长; ④内支撑较多,每个开挖、支撑及内衬墙浇筑循环时间约 20 天
工程投资	投资比较结果表明,工作井开挖深度大于 30 m,软弱冲积地层较厚的地质条件下,圆形井工程投资更优	投资比较结果表明,工作井开挖深度小于 35 m,且地质条件较好情况下,矩形井工程投资更优

59.3 成效

盾构工作井施工过程表明,圆形工作井受力条件好,监测数据均在预警值范围内,达到设计预期。逆作法内衬墙的分层浇筑高度为 4.5 m,圆形井每个开挖、内衬浇筑循环时间约 15 天,与矩形井相比单座工作井施工工期平均减少约 75 天。圆形井开挖过程中还结合工作井的内力、变形监测数据,优化或取消洞口环梁,运用信息化动态施工,进一步减少工期,确保盾构按时始发、接收。

在深厚软弱冲积地层条件下,圆形深大竖井虽结构尺寸大、开挖量大,但结构简单、工程投资更优。与矩形工作井相比,单座圆形工作井投资平均节省约 300 万元。

三、施工篇

科技推动创新，多点提升确保施工提质增效

本书施工篇以安全生产为基础，以施工工艺优化为核心，以科技创新为导向，以新材料应用为支撑，以智慧建设为手段。内容涵盖超前地质预报、TBM下穿水库、盾构穿越断层破碎带等安全生产措施，下穿高速公路、隧洞预应力及自密实混凝土内衬和张拉等施工工艺和方法优化，垂直皮带机出渣、特殊地段冷冻法开仓换刀、热熔结环氧粉末防腐、免拆模板、长距离管道光缆敷设等创新技术，缓黏结预应力混凝土、超高性能混凝土等新型材料，智慧运输、实时监管、安全监测等智慧化手段，多举措并进确保施工提质增效。

60. 多措并举超前地质预报

60.1 背景

珠江三角洲水资源配置工程 C1 标段处于输水干线沙溪高位水池至罗田水库段。输水隧洞总长为 17.29 km,包括位于山岭地段 4.53 km 的 1 号主隧洞、位于山岭地段 10.34 km 的 2 号主隧洞、位于平原地段 2.42 km 的盾构隧洞;检修交通隧洞 3 座,分别为沙溪检修交通洞、大岭山检修交通洞、颜屋检修廊道。

1 号主隧洞总长 4.53 km,采用钻爆法施工,全段采用钢筋混凝土内衬,断面形式为城门洞形。2 号主隧洞总长 10.34 km,采用 TBM 法施工 9.75 km,剩余部分钻爆法施工,洞内采用钢筋混凝土内衬。

钻爆段输水隧洞结构形式为城门洞形,洞顶埋深 2~214 m,底板高程 37.7~40 m。根据实际揭露的地质情况断层 52 条,地下水位高,洞内承压水较大。

TBM 法隧洞长 9.75 km,设计外径 8.2 m,埋深 13~235 m,洞底板高程 30.9~36.1 m,进、出洞段采用钻爆法施工。隧洞穿过大溪、怀德水库两处地段,洞身及上覆岩土体为全风化—强风化带,岩层多为碎石土、块石、砂砾,透水性大且与库水连通,地勘报告显示大溪水库段隧洞可能最大涌水量(Q_0)13 178 m^3/d,怀德水库段隧洞可能最大涌水量(Q_0)3 295 m^3/d。

该段隧洞地质条件复杂,超前地质预报能够为隧洞机械掘进和钻爆施工的安全提供有力保证,是隧洞施工质量控制、进度控制和投资控制的重要前提。

60.2 措施

管理团队与参建单位充分讨论,采用了洞内超前钻探法、地震波法、激发极化法、特殊地质段及不良地质段地面钻探勘测法相结合的方法进行超前地质预报。

60.2.1 洞内超前钻探法

洞内超前钻探法分为超前地质钻探法和加深炮孔探测法。本段隧洞钻爆段结合管棚施工,根据第一孔打入的管棚返渣渣样,判定前方地质围岩情况及地层含水情况;结合钻爆施工,加深炮孔探测深度,实现地质超前探测,岩溶发育地区加深炮孔探测效果更佳。

60.2.2 地震波法

TBM 掘进段采用地震波法开展超前地质勘探,利用三维地震波超前地质探测系统安装在 TBM 上(见图 3-1)。三维地震探测系统包括 12 个检波器、8 个震源、主机三大部分,检波器布置在刀盘后 12~32 m 位置,每组间距约 4 m,安装位置位于洞体中下部左右各一排;震源 8 个,分 3 组,布置在刀盘后 48~60 m 位置,每组间距约 3 m,安装位置位于台车中上部;主机布置在主控室内,传感器安装位置根据围岩变化情况确定,用全站仪测量提取坐标,安装好传感器锤击岩壁(见图 3-2),再进行数据收集分析。

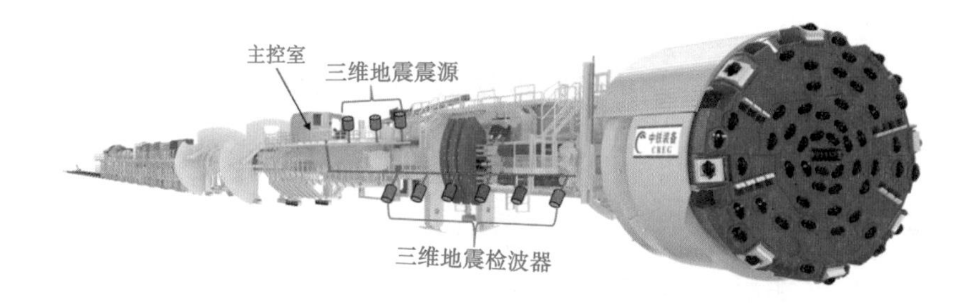

图 3-1　三维地震搭载整体效果图

图 3-2　TBM 隧洞地震波锤击岩壁

60.2.3　激发极化法

TBM 掘进段同时采用激发极化法,以围岩和含水地质构造的电性参数差异为物理基础。通过在掌子面布置一定数量的电极,在掌子面上布置测量电极和供电电极,同时在边墙上布置多圈供电电极。探测时,供电电极供入直流电(A、B 电极),测量电极(M、N 电极)测量两个电极间的电势差,从而计算出视电阻率剖面。通过反演计算,得到探测区域围岩电阻率剖面,对含水构造表现为低阻,对完整围岩表现为高阻,同时结合激发极化半衰时之差与反演低阻体体积估算水量,从而达到对探测区域地质情况探测的目的(见图 3-3~图 3-5)。

探测采用 GEI 综合电法仪,通过 1 条多芯电缆连接供电电极与测量电极,另外通过 1 根多芯电缆连接电极 B 和 N,测量时刀盘后退使得刀盘脱离掌子面,推出电极接触掌子面并保证电极与围岩良好耦合。

激发极化法控制主机与地震波法控制主机为同一套,在具体实施时,根据实际目的启动对应的预报系统即可,激发极化法所有仪器及线路均为机载安装,在具体实施过程将刀盘后退调整到对应位置后即可开展实施。

图 3-3 设备搭载探测电极

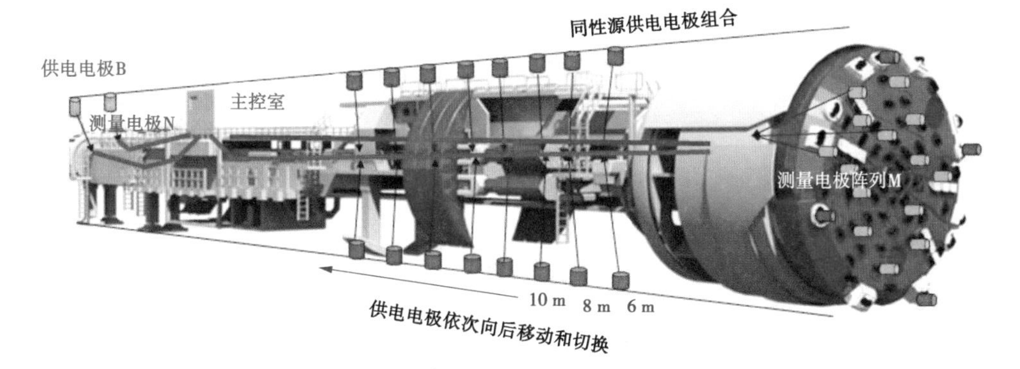

图 3-4 激发极化法机载系统布置

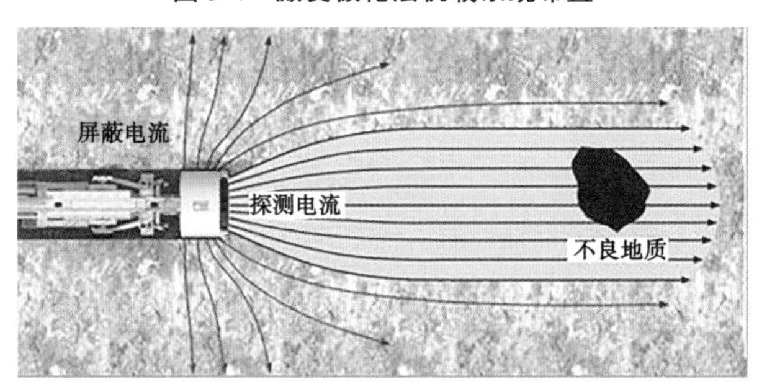

图 3-5 隧洞激发极化超前探测示意图

60.3 成效

通过对钻爆段采用超前勘探,对管棚钻孔情况的观察及渣样分析,可对前方地质情况作出判定,提前做好施工准备;通过加深钻孔探测前方围岩水文地质情况,与实际开挖钻爆揭露围岩比较,可对前方地质情况作出判定。TBM 掘进段采用超前勘探,同时在工序间隙时段利用地震波法和激发极化法超前地质预报,不影响掘进施工,高效准确,为 TBM 隧洞穿越不良地质段提供了坚实的科技支持。

通过以上几种地质预报方法的综合应用,在正常掘进情况下或遇围岩出现局部变化时,利用 TBM 停机维保时开展三维地震波法及激发极化法地质预报,即可大致判定前方围岩裂隙分布情况和地层含水情况;在进入特殊地质段前除提前开展三维地震波法和激发极化法地质预报外,同时结合已开展的地面补充勘探和隧洞内加深钻孔情况综合判定前方围岩情况,确保施工准备工作的有效性。一套有效且准确的地质预报方法,通过三维地震波法、激发极化法、加深钻孔法和特殊地质段补充勘探法得到的结果综合判定,提升了 TBM 工序转化效率,极大提高了掘进及开挖功效,保证了施工工期,为 TBM 安全、快速通过不良地质段提供了保障基础。

61. 隧洞盾构掘进增效措施

61.1 背景

珠江三角洲水资源配置工程秉持“把方便留给他人,把资源留给后代,把困难留给自己”的工程建设理念,工程输水线路基本采用深埋隧洞方案,隧洞布置在 40~60 m 深的地下建设。全线共投入了 29 台土压平衡盾构机,18 台泥水平衡盾构机。隧洞机械掘进是该工程隧洞开挖的主要方法,机械掘进的工效是保证工程总工期的关键。

61.2 措施

61.2.1 做好盾构分体始发布置与规划,加快始发工效

盾构分体始发按照“一次始发、三次组装”。盾构机总长约 96 m,盾构机分体始发共分为三个阶段,第一阶段为主机+设备桥延伸始发掘进,第二阶段为主机+连接桥+1 号拖车+2 号拖车延伸掘进,第三阶段为整机掘进。

盾构渣料及管片、油脂等物料垂直运输通过地面布置的 50 t 龙门吊进行作业。由于工作井埋深较大,物料的垂直运输工效直接影响施工进度,且井下净空只有 22.5 m 可供使用,为提高渣土运输功效,需增大反力架后方物料运输空间,使用尽可能大的渣斗进行渣土运输。采用始发架分段并可拆卸设计的措施,将整个架体拆分为 6 845 mm 和 1 855 mm 两部分,两部分架体采用高强螺栓连接并可自由拆卸(见图 3-6)。待盾体在始发架上

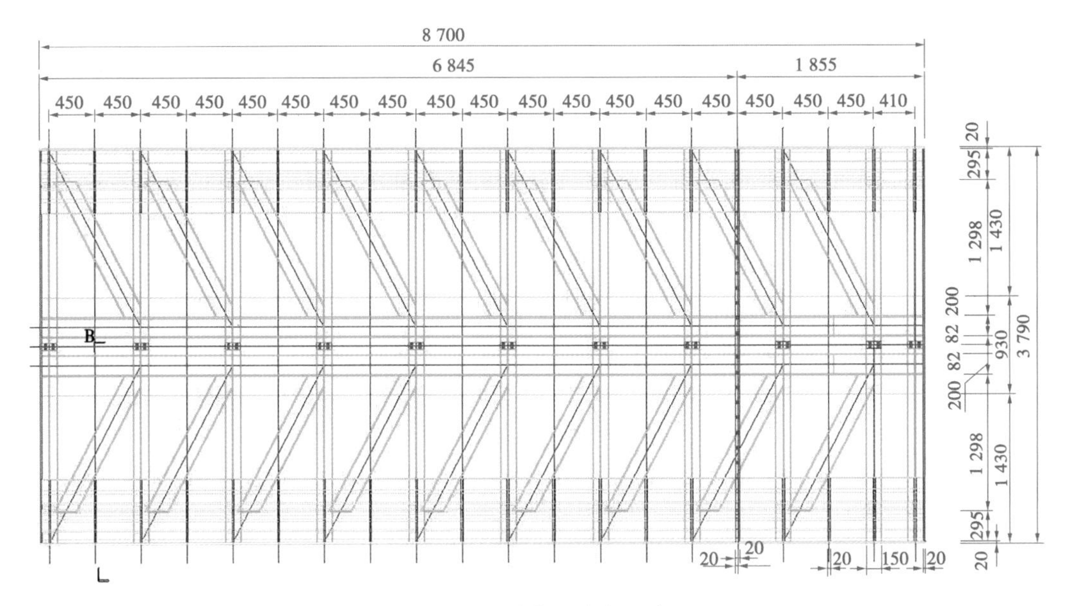

图 3-6　始发架分段设计

组装完成后,将盾体整体推进至洞门钢环内,与掌子面预留 100 mm 的刀盘调试转动的空间即可,而后拆除始发架后段,安装反力架。采取此措施后,只需安装 5 个负环,相比于常规的始发架整体设计需采用 7 个负环,可以减少 2 个负环,为反力架后方多腾出 3 m 的物料吊装空间。

61. 2. 2　做好深井长距离出渣的设备选型与维保

由于工作井深度大且井下空间有限,采用土压平衡盾构工法施工的隧洞无法按照城市轨道盾构车间的电瓶车出渣,应根据地层条件判定盾构刀盘每分钟的切削速度,并按照一定的富余系数进行洞内水平皮带机的选型。工作井内布置的垂直皮带机应当结合场地布置与运输能力进行选型配置。

在隧洞掘进过程中,一旦满足皮带机安装条件,应当立即停机进行皮带机出渣设备的安装。洞内水平连续皮带的储带仓储带能力应尽可能多,以减少停机延伸皮带次数。水平连续皮带的储带仓可以布置在工作井内,也可以布置在成型隧洞内。

皮带机安装调试完成投产后,应当配置专业的运行维保班组进行维保,重点对 PLC 控制系统、驱动装置、托辊、限位挡棍等进行巡检。建立完善的维保清单与备品备件(易损件)仓库,保障其运行工效。

61. 2. 3　强化施工组织安排,持续做好激励措施

从施工组织管理上进行动态管理,确保盾构机、出渣设备、物料运输设备、渣土外运等全过程的协调一致。全面强化主要设备的维保与配品备件的储备。通过合理调度,在水平皮带储带仓延伸皮带的停机期间安排对主要设备进行维保,避免非正常停机。

根据总体进度计划将任务目标层层分解,制定单环、单班、单月进度计划,并按照每环、每班进行实施通报,分析单环产生偏差原因并及时调整掘进参数,实施纠偏。同时,根据任务目标制定与之相适应的经济考核激励措施,通过超环奖、高产奖等奖励激发全员工作积极性。

61. 2. 4　超长区间的物料运输方案

针对单隧洞设计长度超过 3 000 m 的超长土压平衡盾构隧洞,由于井内不具备布置道岔的条件,单组电瓶车运行工况下管片的洞内水平运输成为制约掘进工效的关键。根据该隧洞前期的盾构单环掘进时间与洞内水平物料运输时间相匹配原则,在隧洞内布置道岔(见图 3-7)。受空间限制,需要对道岔位置的轨道基础抬升,同时对水平连续胶带机进行局部抬升并贴近一侧管片,以确保运行空间。

61. 3　成效

通过一系列增效措施,提高了每台盾构机的掘进速度,整个工程提前半年通水。

图 3-7 隧洞内道岔实物

62. TBM 下穿怀德水库

62.1 背景

土建施工 C1 标 2 号主隧洞掘进采用 1 台中铁装备集团生产的直径 8.23 m 敞开式 TBM,整机长度约 210 m,隧洞设计外径 8.2 m。TBM 隧洞穿越怀德水库库尾 111 m,地质条件较差,埋深 21.3~42.3 m,该段围岩属于强风化-全风化-中风化层;撑靴部位埋深 22.7~43.7 m,处于全风化-破碎岩层带,透水性大,且与库水直接连通,可能最大涌水量(Q_0)3 295 m^3/d。

施工过程存在问题包括以下几个:

(1)地表 WSS 注浆和高压固结灌浆后,地层防渗系数达到设计指标,但整体加固效果较差,TBM 掘进时撑靴部位出现变形和局部坍塌。

(2)地连墙与洞身结构线相连区域因地连墙内侧壁较为光滑,容易出现地表塌陷。

(3)受地下水影响,泥渣通过 TBM 刀盘流入洞内,严重影响施工安全,降低掘进效率。

62.2 措施

怀德水库段地表采用 WSS 注浆+深孔高压固结灌浆加固(见图 3-8~图 3-13),注浆加固范围为隧洞桩号 SL8+169~SL8+273 的地面,注浆孔底部要求入弱风化岩不少于 2 m。

其中桩号 SL8+169~SL8+245 m 段的地表设置地下连续墙围封,净宽 8.6 m。地连墙两端头为素混凝土,便于 TBM 掘进破除,轴线两侧为钢筋混凝土结构,要求嵌入完整弱风化岩不小于 1 m。

(1)地连墙之间和外侧增加降水井,降低水位至底板以下至少 1.0 m。地连墙围封之间铺盖土工布和浇筑混凝土,减少雨水流入洞内的风险。

(2)调整 WSS 注浆参数,控制 WSS 注浆扩散范围,两侧斜坡段加密深孔固结灌浆,确保洞顶以上土体无空腔。随时准备好泡沫混凝土和袋装水泥,当地表可能出现坍塌时回填泡沫混凝土或干水泥拌土。

(3)洞内增加加强支护措施,顶拱 120°范围内ϕ 25 mm 钢筋排间距加密,拱架采用 HW150 型钢,间距调整为 0.45 m,采用直径 22 mm 螺栓连接,联系筋采用 $14^{\#}$槽钢,环向间距 1 m。

(4)钢拱架之间采用 2 mm 厚的钢板封闭,拱顶施作ϕ 50 径向注浆小导管,注浆后在隧洞拱顶形成应力拱圈,增加顶部围岩自稳性及承载力。洞身段利用 TBM 应急喷混凝土装置全程跟进喷射 C25 混凝土。两侧撑靴位置软弱围岩采用 C30 模筑混凝土置换、加强。

(5)为防止 TBM 设备"栽头",拱架底部人工超挖 30~50 cm,回填水泥,置换底部软岩,增加强度;底部铺设钢板,增加接触面积;拱架间采用槽钢连接,槽钢与拱架之间进行焊接。

62.3 成效

2022 年 1 月 24 日开始穿越怀德水库,4 月 19 日 TBM 顺利穿越,用时 86 天,较计划推迟 26 天,没有发生人员伤害和设备损坏安全事故,穿越后洞身结构稳定,地表未出现大的沉降。

图 3-8 地表加固

图 3-9 撑靴部位模注混凝土置换软弱岩体

图 3-10 TBM 掘进过程中泥浆经刀盘流入洞底

图 3-11 底板软基采用袋装水泥和混凝土置换

图 3-12 洞内加强支护

图 3-13 喷混凝土封闭

62.4 经验总结

(1)地表加固后渗透系数满足要求,但围岩整体强度不高,无法满足敞开式 TBM 掘进的需求;围护结构采用地连墙方案,很难解决地连墙与洞顶土体之间结合容易整体坍塌的问题,设计方案中增加了壁后注浆,但实际效果达不到要求。

后续类似工程建议优先采用化学灌浆方法洞内加固处理,地表建议采用钻孔灌注桩等桩基础方案,地表增加降水井将水位降至底板以下,可以极大改善 TBM 掘进条件,防止地表塌陷风险。

(2)需合理控制 TBM 掘进参数,根据实际围岩条件稳步调整,减小 TBM 刀盘及撑靴对围岩的扰动,撑靴两侧如遇塌腔或软弱围岩,采用现浇或者喷射混凝土回填,必要时径向注浆或回填。选择加强支护方式,加密拱架和钢筋排,钢板封闭后喷混凝土,径向注浆加固。

(3)加强对 TBM 主轴承唇形密封唇口油脂挤出状况的日常观察,酌情增加油脂泵输出压力、脉冲次数,避免泥沙侵入密封唇口。

63. TBM 下穿大溪水库

63.1 背景

下穿大溪水库最浅埋深仅 11 m,桩号 SL6+616~SL6+788 段洞身及上覆岩土体为全风化-强风化带,多为碎石土、块石或砂砾结构,透水性大且与库水直接连通,断层发育,存在库水涌入隧洞可能性,可能最大涌水量(Q_0)13 178 m^3/d。撑靴部位处于全风化-强风化层,无法满足撑靴接地比压要求。

施工过程存在的问题为:原设计采用全断面钻爆开挖后 TBM 空推通过的方案,该段围岩软硬相夹,爆破施工可能造成洞身结构失稳塌方,钻爆施工后渣料需要通过临时竖井出渣,效率很低,且受到森林公园道路交通管制的影响。

63.2 措施

大溪水库段洞挖采用地表深孔固结灌浆+临时工作井(提供钻爆工作面)+全断面钻爆法隧洞+TBM 空推的方式。参建各方多次讨论后确定调整了设计方案,将原设计的全断面钻爆开挖调整为上半洞钻爆开挖与支护+下半洞 TBM 掘进通过的组合方式。

63.2.1 上半洞钻爆开挖与支护

(1)竖井两侧洞口拱顶 150°范围内施作 A89 超前管棚;洞内超前支护设ϕ 50 注浆小导管。

(2)初期支护采用 I25a 拱架+ϕ 25 系统锚杆+ϕ 50 锁脚锚管+双层钢筋网片+喷 C25 混凝土。

(3)Ⅳ、Ⅴ类围岩采用台阶开挖和加强支护,Ⅴ类围岩段采用环形开挖预留核心土法施工。

(4)撑靴范围 C30 素混凝土,顶拱为钢拱架加密+系统锚杆+挂网喷混凝土(见图 3-14~图 3-17)。

63.2.2 下半洞 TBM 掘进

(1)TBM 到达下穿段前 10 m,勘察上半洞掌子面的实际加固情况,测量员定时监测,掘进时及时校核 TBM 刀盘与掌子面的距离。抵到分界桩号时,刀盘贯入度不超过 3 mm,转速控制在 2~3 r/min。

(2)TBM 抵达全断面掌子面时采用正常掘进模式,首先将掌子面表层利用 TBM 切削平整,提高掘进推力、刀盘转速,掌子面修整时降低刀盘转速、减少贯入度、减小刀盘推力;掌子面修整完成后采用正常掘进。下半洞 TBM 掘进参数如表 3-1 所示。

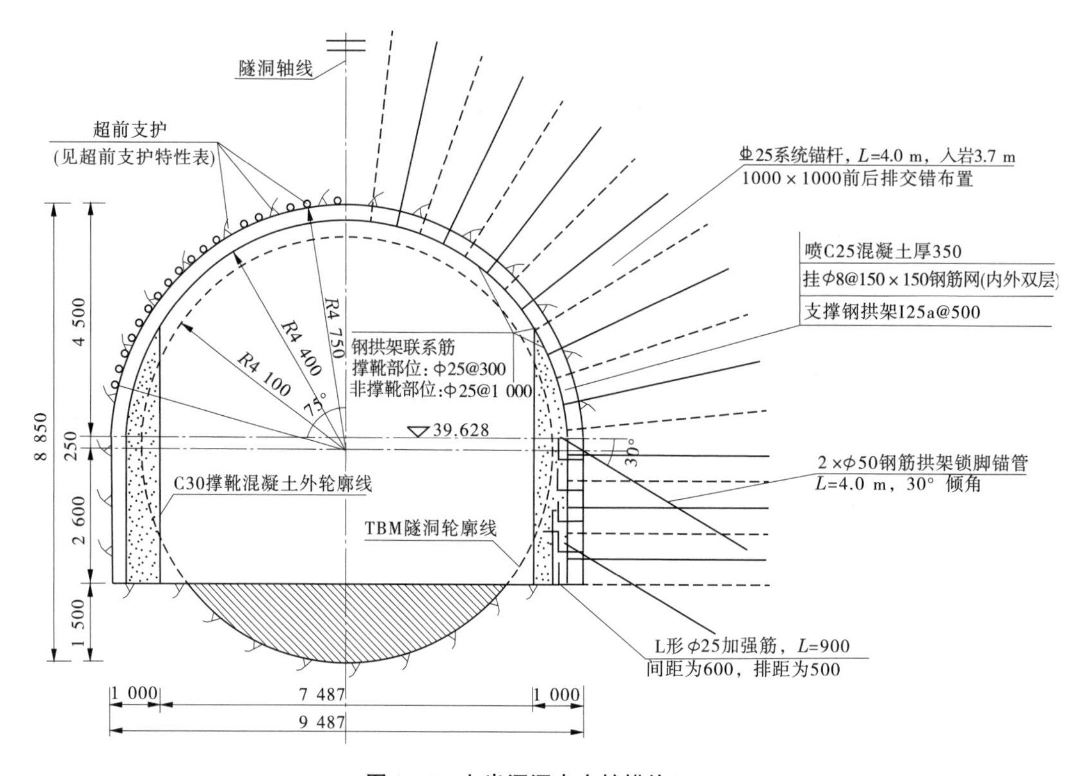

图 3-14　上半洞洞内支护措施(一)

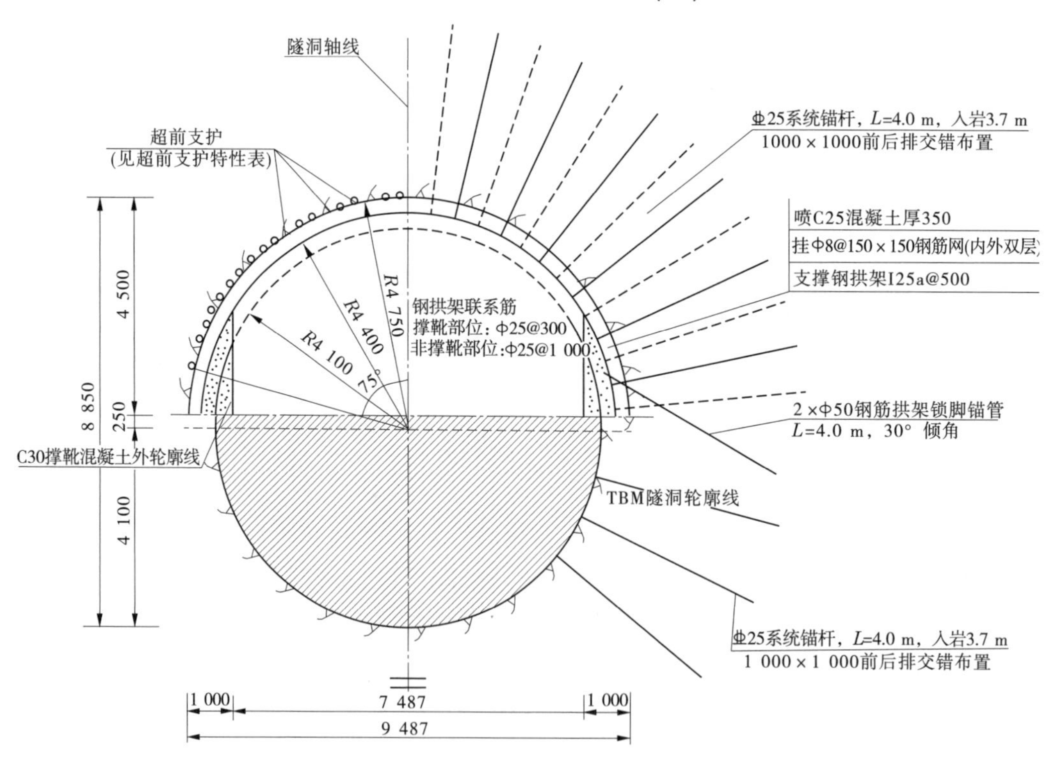

图 3-15　上半洞洞内支护措施(二)

图 3-16　大溪水库工区地面形象

图 3-17　TBM 掘进时照片

表 3-1　下半洞 TBM 掘进参数

项目名称	掘进速度/(mm/min)	刀盘扭矩/(kN/m)	刀盘转速/(r/min)	贯入度/mm	撑靴压力/bar
下穿段(工况 1)	10~25	800~3 000	2~3	3~5	110~150
下穿段(工况 2)	10~20	400~800	1~3	2~3	110~150

63.3　成效

2022 年 7 月 9—15 日,TBM 顺利穿越临近大溪水库库尾复杂地质段,较原计划提前 20 天,洞身和地表各项安全监测数据均未超过设计指标。

63.4　经验总结

在 TBM 下穿临近水库等复杂地质段掘进工程中,采用上部软弱地层弱爆破和人工开挖,剩余硬岩部分采用 TBM 掘进的方式,与全断面钻爆开挖+TBM 空推通过的方法相对比,保障了工程建设的工期要求,充分发挥了 TBM 设备性能,更加安全高效。

本工法在广东省内属于首次使用的创新施工技术,可为其他类似工程提供技术借鉴。

64. 穿越居民区盾构由土压平衡改为泥水平衡

64.1 背景

珠江三角洲水资源配置工程 B2 标输水干线和南沙支线共分为 6 段盾构区间，招投标阶段采用 4 台泥水平衡盾构机和 2 台土压平衡盾构机，其中 2 台土压平衡盾构机用于输水干线 GZ17#~GZ18#区间和南沙支线 GZ18#~GZ33#区间。

64.2 措施

本标段 GZ17#~GZ18#干线和南沙支线 GZ18#~GZ33#区间埋深超过 50 m，地层较为复杂，盾构机在长距离软硬不均的砂砾岩和石英砂岩中掘进，局部岩层硬度大，石英砂岩的单轴饱和抗压强度高达 209 MPa，且在部分区域需穿越断层破碎带，加上地下水丰富，容易引发土压平衡盾构机的螺旋机喷涌，对盾构机掘进影响大。

区间需穿越大量建(构)筑物，包括广州地铁 18 号线、鱼窝头跨线桥、骝岗水道、鱼窝头民房群，对建筑物沉降控制要求高。

施工单位在中标后经过对地质条件、施工工况的深入研究，主动提出将上述 2 台土压平衡盾构机调整为泥水平衡盾构机并承诺不增加费用。

64.3 成效

实践证明，调整为泥水平衡盾构机后，盾构区间能按期贯通，且隧道内安全文明施工水平(见图 3-18)处于全线前列，施工单位能根据情况主动作为，为创优质工程做出了较大贡献。

图 3-18　泥水平衡盾构机掘进洞内文明施工效果

65. 下穿高速公路填方段施工工艺优化

65.1 背景

东莞分干线输水隧洞 DG1+184~DG1+402 段总长约为 221 m,为东莞分干线钻爆隧洞(桩号 DG0+000~DG1+402)的一部分,原设计采用钻爆隧洞施工,从东莞分干线进水闸工作面(桩号 DG0+000)、DG 临 01#工作井(桩号 DG1+401. 402)双向掘进(见图 3-19~图 3-21)。钻爆过程中揭露工作面隧洞地下水丰富,洞身以全风化-弱风化为主,洞顶主要为全风化土,开挖支护施工过程中存在较多的渗漏水及涌泥、涌水现象。

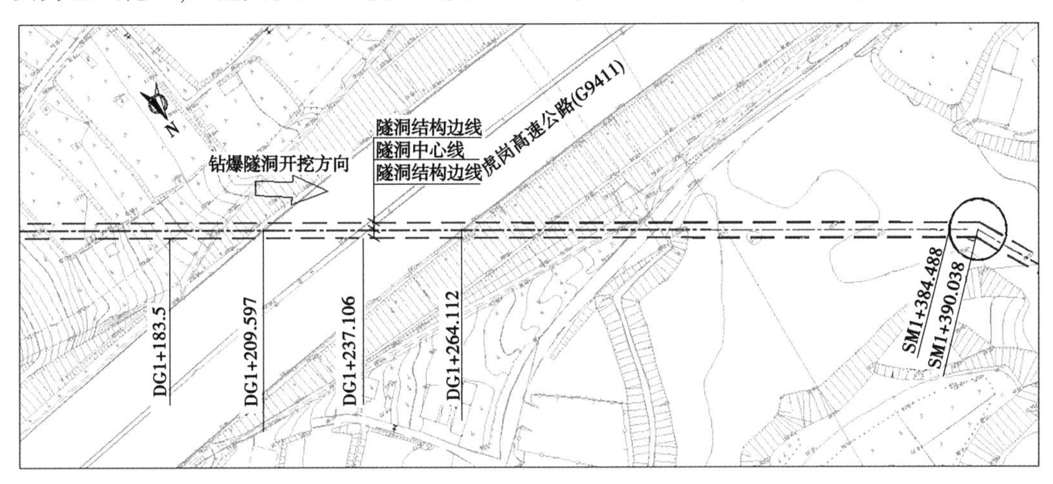

图 3-19 DG1+183. 5~DG1+401. 459 段布置

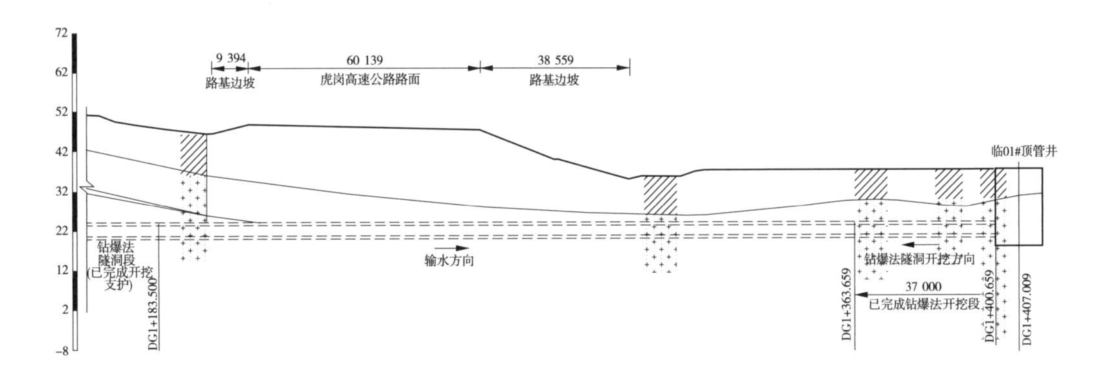

图 3-20 DG1+183. 5~DG1+401. 459 段纵剖面布置

图 3-21　DG1+183.5~DG1+401.459 段钻爆施工布置

65.2　措施

继续采用钻爆法开挖支护扰动大,开挖后渗漏水等对洞顶地表沉降较为敏感,安全风险相对较高。决定调整采用顶管方案(见图 3-22),做好顶管机选型、控制顶管施工工艺等工作,可提高施工安全性。

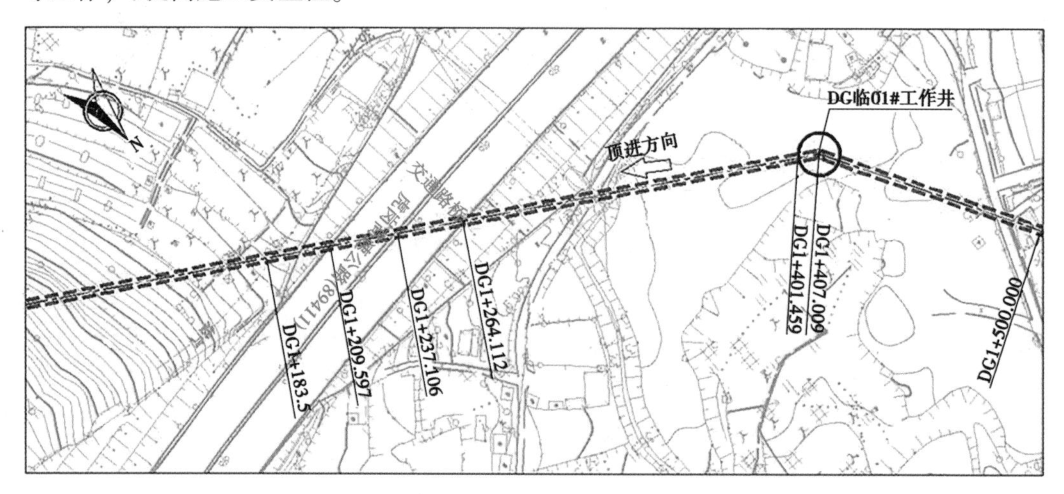

图 3-22　DG1+183.5~DG1+401.459 段顶管方案掘进布置

决定变更掘进方案时该段已钻爆开挖约 37 m,洞门为城门洞形,未预埋洞门钢环。顶管机始发前,需要将 DG 临 01#工作井至隧洞已开挖支护段采用低标号水泥砂浆填充(M5)(见图 3-23),回填的砂浆的配合比需要进行固化试验后使用,保证成型隧洞无空腔,避免顶管机始发后发生机体位移现象。

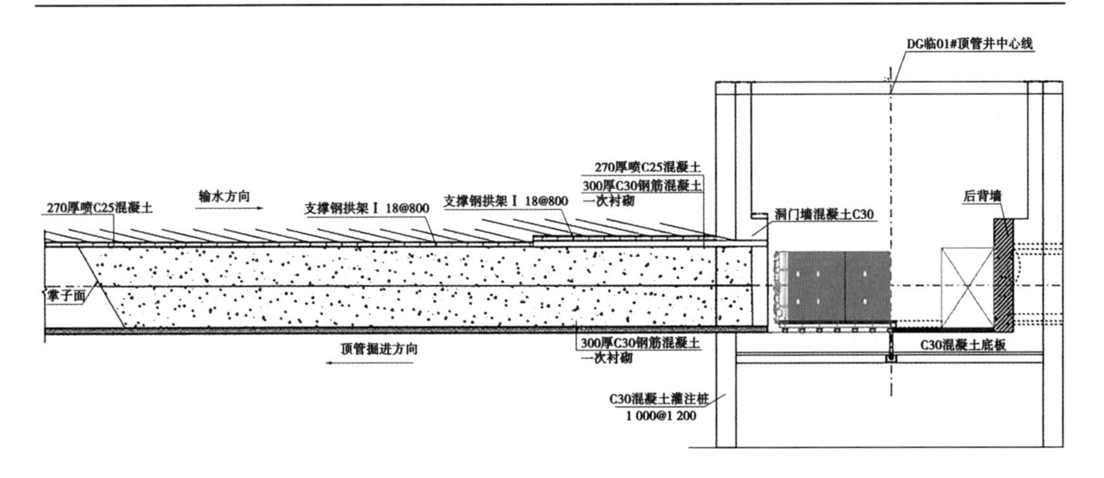

图 3-23 成型钻爆隧洞回填示意图

65.3 成效

顶进过程中严格控制顶进参数,加强出渣量管理,避免超量出渣引起顶拱塌腔,造成塌陷风险,严格将地表隆沉控制在允许范围内。最终顶管方案顺利完成施工,实现了不良地质情况下高速公路段的成功穿越。

66. 盾构穿越断层破碎带空腔地带措施

66.1　背景

珠江三角洲水资源配置工程 SD02#~SD01#盾构区间在 LG3+417~LG2+157 穿越大金山,穿越长度 1 260 m,最大坡度 0.1%,最小转弯半径 494 m,双线隧洞间距为 6 m,隧洞埋深为 47~120 m,地下水头高达 5.5 bar,设计揭示地层主要为弱风化砂砾岩、花岗岩(610~900 环、430~460 环),花岗岩单轴抗压强度 110~162 MPa,砾岩单轴抗压强度 53~130 MPa,该段分布 14 处区域性断裂的次生断层。

盾构穿越大金山段位于西江“泥湾门”区域断层影响范围,受地表环境、埋深影响,以目前的勘探技术完全查明地层断裂带发育情况、影响宽度是较困难的,综合大金山段地勘资料、实际出渣、开仓检查、掘进参数等情况(见图 3-24、图 3-25),判定断层位置及断层特性与设计描述基本一致,设计描述断层宽 0.5~10 m 不等,实际盾构掘进过程中断层破碎带影响范围 30~171 m,双线累计影响范围 1 381.5 m。盾构穿越大金山施工主要特征为:埋深大、水头高、岩层硬、多上软下硬、多断裂带、地质复杂多变,致使盾构掘进参数控制难,刀具、管路、泵壳磨损严重,导致换刀频繁、换刀困难。

盾构出渣(砂岩含泥夹石)

硅铁胶结物

石英结晶体

掌子面左上部空洞

掌子面上软下硬

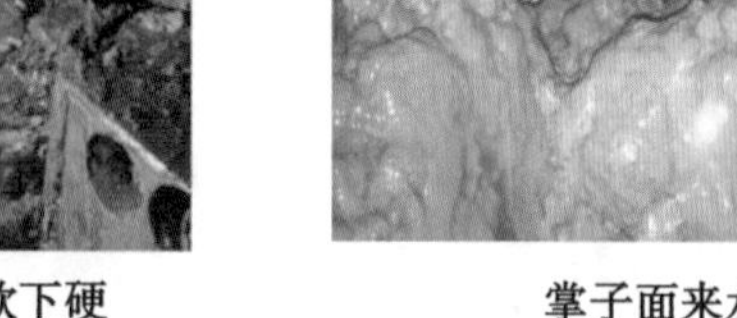
掌子面来水

图 3-24　大金山段地质状况

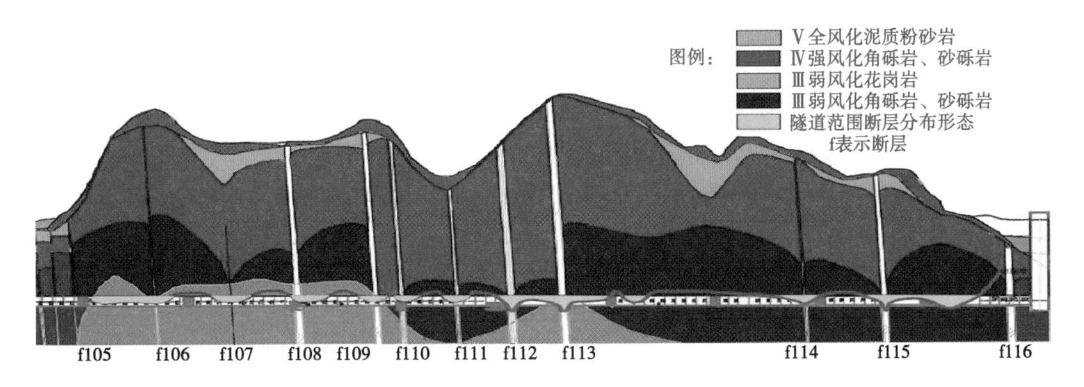

图 3-25 **大金山段实际地质填充图**

66. 2 措施

受复杂地质及水文影响，泥水盾构下穿大金山段施工困难，主要采取高频次盾构刀具更换、超高压(5 bar)带压换刀、断裂带超前长距离预注浆加固、针对掘进过程大量失浆采用特殊材料调浆等措施，确保了盾构掘进安全和掘进质量，也在一定程度上保障了盾构掘进效率。

66. 2. 1 高频次盾构刀具更换

大金山段计划盾构换刀 26 次，为减少被动换刀，遵循“勤开仓、勤检查、勤换刀”的原则，实际换刀 57 次，超过计划 31 次。平均约 40 m 换刀一次，共换 805 把滚刀，报废率高达 37%，大金山段换刀时间占该段总施工时间达到 38. 6%。其间进行一次 5 bar 带压换刀，耗时长达 54 天，56 次常压换刀，其中 7 次进行超前加固。

该段上软下硬等复杂地质对刀具损耗大(见图 3-26，前期 10~20 环换一次刀)，通过试刀(邀请 10 家刀具厂商进行试刀，选择性价比高的厂商)，对刀具磨损形式进行分析，对刀具设计优化(30~40 环换一次刀)。另外，通过调整边缘 6 把滚刀 U 形楔块厚度，优化刀具安装结构(见图 3-27)，提高了刀具利用率，也减少了换刀次数。

图 3-26 **盾构滚刀磨损**

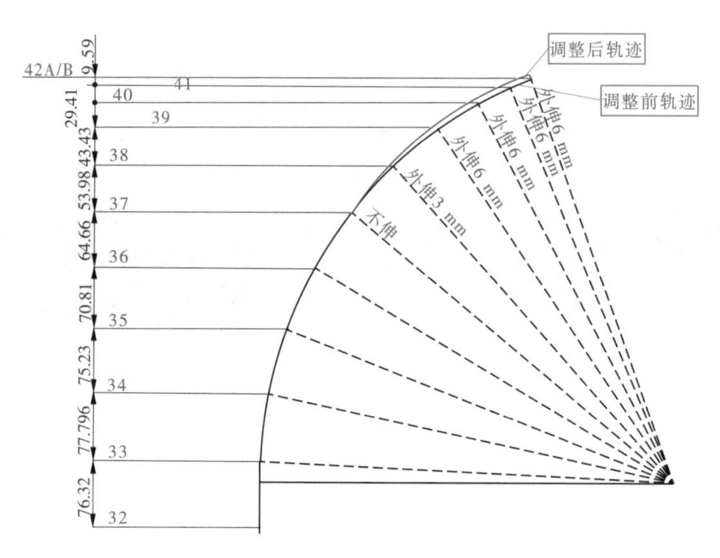

图 3-27　盾构滚刀轨迹调整

66.2.2　超高压(5 bar)带压换刀

粤海 3 号(右线)在 136 环提前遇到 f115 断层,无法常压换刀,被动采取带压换刀。该处掌子面约 2/3 为破碎的泥夹石,易坍塌,水压高,常规加固困难。通过计算该处带压换刀需保压 5.0 bar,超过 3.6 bar 带压换刀目前没有相关规范标准,泥膜施作标准需根据实际情况反复试验确定。

采用超前加固及衡盾泥 5 bar 气压辅助换刀(见图 3-28、图 3-29),共进行两次衡盾泥膜施作(5 级建泥膜共反复施作 93 次),经历 57 次换刀作业,历时 54 天。据了解,本次换刀为当时广东省最高气压换刀。

图 3-28　盾构带压换刀施工现场

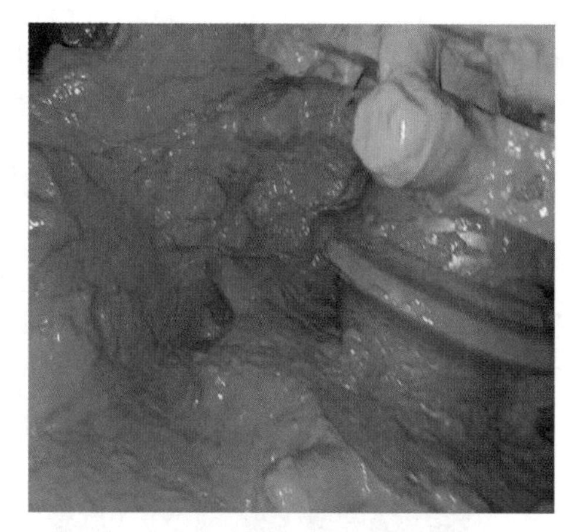

图 3-29　带压换刀仓内泥膜效果

66.2.3　断裂带超前长距离预注浆加固

受地表条件及埋深影响,遇掌子面破碎需加固的情况,采用洞内超前长距离注浆加固,针对传统超前加固易裹刀盘,加固效果难保证等问题,本项目从 4 个方面进行了改进,加固效果较好,利于盾构常压开仓换刀。

针对泥水仓内的渣料采用优质泥浆(黏度在 50 s 左右)进行置换;在盾体上部及超前钻孔的终孔位置注磷酸水玻璃(见图 3-30),盾体外侧注聚氨酯辅助,防止包裹盾体及刀盘;钻孔深度达到 18 m;泥水仓降压后,在打开仓门前采用微型摄像头穿过阀件进行掌子面加固情况判断(见图 3-31),预防开仓门后掌子面坍塌。

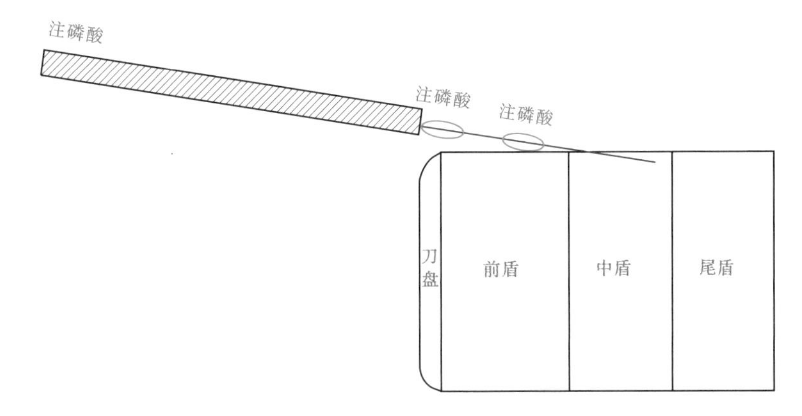

图 3-30 盾构超前注浆示意图

图 3-31 掌子面加固效果

66.2.4 大量失浆后优化泥浆配置

盾构掘进穿越断裂带时,掌子面前面裂隙较大或者存在空洞,仓内保不住压力或爆仓堵管,地面分离系统泥浆池液位下降,该段最多一次损失泥浆约 400 m^3。

采用剪切泵,外加泥浆冲刷泵对膨润土、CMC、纯碱等进行高速剪切及冲刷,配制优质泥浆(黏度 26 s、比重 1.1 以上)。适当提高保压系统压力,加强洗仓,首先对气垫仓洗仓,环流正常后对泥水仓洗仓。

66.3　成效

盾构左线穿越大金山历时约 310 天,平均工效约 4.06 m/d;盾构右线穿越大金山历时约 380 天,平均工效约 3.32 m/d。盾构艰难穿越大金山段,但保障了盾构施工的安全、质量,且创造了泥水盾构在长距离、大埋深、断裂带、硬岩等复杂地质中掘进的多个先例。

67. 安全为先,TBM 逆坡掘进

67.1 背景

TBM 主隧洞为输水主干线东莞沙溪高位水池—罗田水库的输水隧洞段的一部分,为无压隧洞,总长约 10.34 km。该段隧洞局部断层带可形成富水、透水通道,存在突水、涌水的可能。特别是穿过大溪、怀德水库两处的隧洞段,洞身及上覆岩土体为全风化-强风化带,为碎石土、块石或砂砾等,透水性大,与库水直接连通,涌水量大。

原初步设计阶段采用的“TBM 顺坡掘进方案”无自流排水能力,突涌水时排水能力有限,存在较大的施工安全风险。考虑到工程地质条件的不确定性,还需充分考虑突发涌水工况时的应急处理预案,最大程度地保障施工期人员和设备的安全,在工程招标阶段,经过项目法人和设计单位多轮讨论,确定了以确保安全施工为前提,并遵循尽量逆坡掘进、尽量减少钻爆的设计思路。

随后,由项目法人牵头并积极协调当地主管部门,解决了位于颜屋村 TBM 隧洞进洞口的施工临时用电以及临时用地等制约性问题,使 TBM 逆坡掘进方案具备可行性。因此,在招标设计阶段,设计单位将初设阶段的“TBM 顺坡掘进方案”变更为“TBM 逆坡掘进方案”,即 TBM 逆坡掘进(坡度 1/2 000),施工期隧洞具备一定的顺坡自流排水能力。

67.2 措施

67.2.1 调整 TBM 输水隧洞掘进方向为逆输水方向、逆坡掘进(坡度 1/2 000)

TBM 掘进机从位于大岭山镇大塘村的无压涵洞基坑内组装始发,步进(空推)260 m 钻爆法隧洞后,开始进行长度为 9.75 km 的 TBM 隧洞掘进,再步进 200 m 钻爆法隧洞后,进入大岭山山谷地带的倒虹吸,该处利用倒虹吸的基坑作为 TBM 掘进机拆解的工作场地,完成 TBM 掘进机的接收。

67.2.2 结合 TBM 掘进施工特点,优化 TBM 输水隧洞各段结构设计

TBM 主隧洞按掘进方向由 4 段隧洞组成,各段隧洞设计概述如下:

第 1 段隧洞简称 TBM1,为长度 134 m 的无压涵洞段,桩号 SL15+218.863~SL15+353.203。采用明挖法施工,现浇涵洞混凝土,施工期该段涵洞的基坑作为 TBM 掘进机始发组装的工作场地。

第 2 段隧洞简称 TBM2,为长度 260 m 的 TBM 隧洞进洞段,桩号 SL14+958.500~SL15+218.863。该段隧洞采用钻爆法施工、城门洞形断面、喷锚支护+钢筋混凝土衬砌形式,施工期作为 TBM 隧洞步进洞段。

第 3 段隧洞简称 TBM3,为长度 9.75 km 的 TBM 隧洞掘进段,桩号 SL5+213.571~SL14+958.500。该段隧洞采用ϕ 8 200 TBM 开敞式掘进机施工,Ⅱ~Ⅲ类围岩断面采用喷锚支护形式、Ⅳ~Ⅴ类围岩断面采用喷锚支护+钢筋混凝土衬砌形式,施工期作为 TBM 隧洞掘进洞段。

第 4 段隧洞简称 TBM4，为长度 200 m 的 TBM 隧洞出洞段，桩号 SL5+013. 571～ SL5+213. 571。该段隧洞采用钻爆法施工、城门洞形断面、喷锚支护+钢筋混凝土衬砌形式，施工期作为 TBM 隧洞步进洞段。

TBM 隧洞段线路示意图见图 3-32。

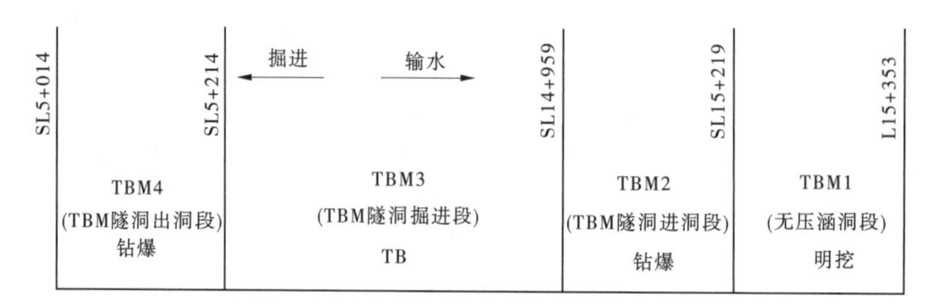

图 3-32　TBM 隧洞段线路示意图

67. 2. 3　解决 TBM 进洞口的施工用电问题

施工用电：初步设计方案 TBM 进洞口位置采用 10 kV 输电线路就近从 110 kV 富马变电站 F40 接入，长度为 2 614 m。采用逆坡掘进方案后，TBM 进洞口施工用电线路分两期使用，一期从 110 kV 龙盘站 F25 新出 10 kV 临时专线，线路长度为 8 295 m。二期根据供电局规划，因 110 kV 龙盘变电站计划报装容量较大，计划在 110 kV 杨屋变电站进行负荷调整后，将外线改接至 110 kV 杨屋变电站，线路长度为 2 467 m。该方案供电线路总长度为 10. 76 km，施工用电投资较原方案增加约 1 510 万元。

67. 3　成效

在工程实施阶段，虽然根据已探明的地质情况以及超前地质预报成果，对发现的地下水富集带提前进行工程预处理，但在穿越大溪、怀德水库两处隧洞段时仍遭遇到 TBM 掘进困难的情况，施工期洞内平均排水量约 4 000 m^3/d，施工期洞内排水情况见图 3-33、图 3-34。

图 3-33　TBM 隧洞洞内加强支护段渗漏水

图 3-34 TBM 隧洞洞内排水

由于 TBM 逆坡掘进方案具有自排水功能,降低了 TBM 掘进掌子面及前段施工水淹风险,为现场及时调整设计及施工方案提供了强有力的安全保障。

本工程采用 TBM 法施工的隧洞段总长 9.75 km,2020 年 10 月 16 日 TBM 开始掘进,2022 年 10 月 29 日 TBM 隧洞段贯通,平均月进尺约 400 m,按原计划顺利贯通。

68. 土压平衡盾构隧洞垂直皮带机出渣技术

68.1 背景

土压平衡盾构机出渣方式主要为龙门吊垂直间断运输、大倾角皮带机或垂直皮带机连续运输。但珠江三角洲水资源配置工程出渣竖井超深，井深在 60 m 左右，常规的出渣方式施工效率难以满足施工要求。为提高施工效率、确保出渣安全、兼顾文明施工，需要研究制定适应长距离超深竖井的出渣方案。

68.2 措施

通过充分论证比选，采用水平皮带机水平运输，将土压平衡盾构机挖出的渣料通过水平皮带机运至竖井处；设计专用的垂直皮带机连接水平皮带机，将渣土运至井外。对水平皮带、储带仓、转载皮带、垂直皮带等进行针对性设计，重点解决垂直储带仓张紧车易跑偏、垂直皮带支撑结构易变形、皮带漏渣等难题。详细措施如图 3-35～图 3-37 所示。

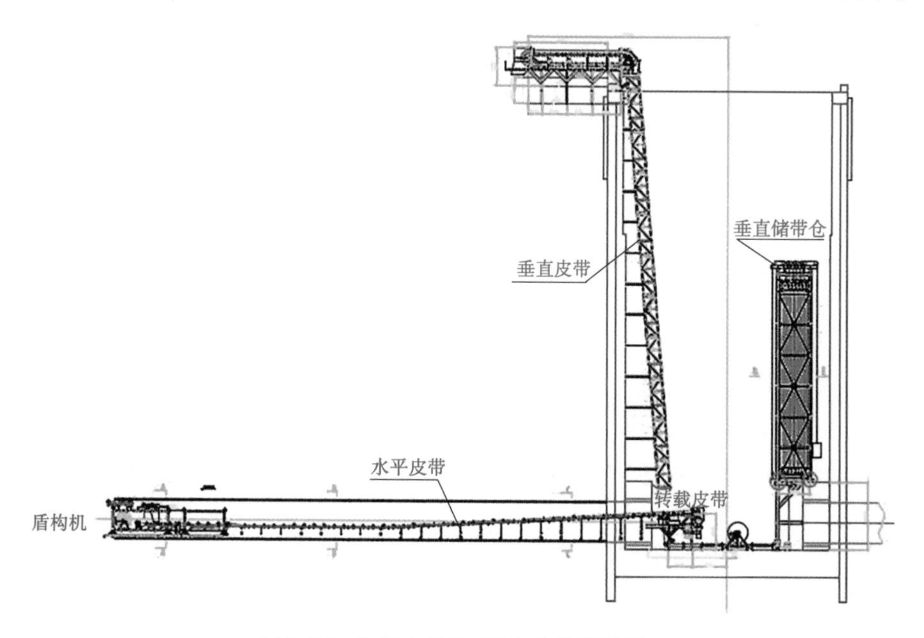

图 3-35　水平皮带机+垂直皮带机设计

68.3 成效

该措施的应用成功解决了珠江三角洲水资源配置工程长距离超深竖井出渣的安全、文明施工问题，提高了功效。本工艺的实施将对以后类似施工提供重要的参考价值。

图 3-36 垂直皮带机

图 3-37 水平皮带与垂直皮带转角处

69. 深埋盾构隧洞特殊地段冷冻法开仓换刀

69.1 背景

珠江三角洲水资源配置工程土建施工 B2 标 GZ16#～GZ17#区间采用粤海 32 号泥水平衡盾构机,隧洞埋深达到 50 m 以上,土层软弱、地下水丰富且处于上软下硬区域,地面上空有高压线,临近南沙港快速路,地形和地质条件极其复杂,盾构开仓换刀面临巨大挑战。B2 标开展了在 GZ16#～GZ17#区间快速开仓换刀技术研究,研发了一种新型冷冻法开仓换刀技术。

69.2 措施

项目部在项目法人和设计、监理单位的支持下,组织行业专家反复论证,比选了气压、盐水、液氮 3 种方案,综合考虑安全性、效率、绿色环保等因素,确定了液氮冻结地层加固开仓换刀方案。

传统冷冻法通过管路将液氮输送到拟加固区域,利用液氮气化过程中高效率的热交换将地层中的水冻结,形成一种人工冻土,以提高地层的稳定性和密闭性,地层加固后再进行常压开仓换刀,作业完成后解冻恢复掘进。

新型冷冻法开仓换刀技术的研究核心是如何快速加固,在盾构机刀盘上部及刀盘前方利用垂直冻结孔对地层进行冻结加固,使盾构机刀盘左右侧、上部和前方范围内土体冻结,形成“∩”状冷冻加固体(见图 3-38)。其中,刀盘前方设置 2 排冻结管(A、D 排),盾构上方布置 2 排冻结孔(B、C 排),采用液氮通过冻结系统,短时间内形成冻结体,为加强盾构底部的薄弱点,在盾构机内辅助切口环冻结,冻结壁理论厚度 3.2 m,积极冻结时间仅 4 天。

采用高精度液压钻机、红外线法测斜、密闭性试验等措施有效保障了冻结管的施工质量。为了判定有效冻结段的冻结效果,在冻结壁中布置测温孔,在测温孔中布置测温传感器,利用信息化手段监测冻结壁的温度发展状况,为冻结壁发展状况的判定提供直接依据。

69.3 成效

冷冻法开仓换刀技术在超深隧洞盾构掘进中的应用,为盾构机开仓换刀作业提供了安全可靠的作业环境。该项技术的成功应用对行业具有重要的借鉴意义。

图 3-38　液氮冻结现场照片

70. 热熔结环氧粉末防腐技术在隧洞内衬钢管中的应用

70.1 背景

珠江三角洲水资源配置工程是国家节水供水重大水利工程之一,工程设计使用年限100年,为了确保百年工程的实现,需要从工程设计、技术保障(腐蚀控制技术研发与有效性工程验证)、施工工艺与质量控制系统满足整体保障输水系统的耐久性要求。

70.2 措施

70.2.1 钢管防腐设计要求

设计从优选钢管防腐方案、提升钢管腐蚀裕量和运营期维护保养等方面综合保障百年工程的实现。

70.2.1.1 钢管防腐方案设计保障

在工程前期论证过程中,设计单位于2018年编制了《珠三角输水隧洞内衬钢管防腐蚀专题研究报告》,通过对复合不锈钢、各种涂层及阴极保护等方案进行对比,从经济和耐久性角度,确定了钢管内壁采用环氧粉末,外壁采用聚合物改性水泥砂浆的防腐方案。会议特邀6位国内防腐方面专家对专题报告进行咨询,认可了防腐方案。

钢管内防腐采用熔结环氧粉末防腐涂层,厚度450 μm,环氧粉末涂层目前在世界上使用年限已经超过60年,其耐久性得到历史验证,综合考虑涂层质量稳定性等因素,本工程设计对环氧粉末涂层的设计年限定为50年;钢管外壁采用1 mm厚聚合物改性水泥砂浆永久防腐,再浇筑300 mm厚C30自密实混凝土,外壁在稳定的环境下锈蚀可以忽略。

70.2.1.2 优选钢管材质和提升钢管腐蚀裕量

DN4800钢管采用Q355C钢板卷制而成,钢板耐候性方面比传统的Q235和Q355A、B级钢更优;增加钢管的腐蚀裕量至4 mm,保证在涂层局部破损情况下,有足够的腐蚀裕量等到停水检修期进行修补。研究资料表明,钢板在淡水中年腐蚀厚度0.3~0.7 mm,在涂层完全失效的极端情况下,4 mm腐蚀裕量可保障6~13年结构安全。

70.2.1.3 运行维护

工程每年设置1个月时间进行停水检修,在检修期间,主要是检查管道内生物附着生长情况和内防腐损坏情况,及时进行清理和修复损坏涂层,输水钢管在工作井内留有进车通道,采用机械化维护修复,修复速度快,通过良好的维护,确保内防腐涂层能稳定长期发挥防护作用,通过良好的维护,工程满足设计使用年限100年的要求。

70.2.2 解决了钢管内防腐熔结环氧粉末涂装均匀预热技术难题

珠江三角洲水资源配置工程盾构内衬钢管用低合金钢重量达22万t,钢材具有强度高、易加工的特点,但存在易腐蚀的缺点。当前世界上应用最早、耐久性最好的防腐涂层之一是环氧粉末,环氧粉末防腐采用静电喷涂,涂层一次成型,具有无污染、附着力强、耐磨性好、耐高温、耐酸碱性介质等优点。熔结环氧粉末防腐工艺,需将钢管加热至200 ℃

进行粉末涂装,珠三角配水工程项目实施前,国内没有成熟的超大管径钢管的加热设备,并且加热温度的温差超过 40 ℃,会让钢管发生二次变形,不满足熔结环氧粉末涂装工艺温差控制在 20 ℃以内的要求,还会导致涂层固化不足,影响防腐质量。

项目开展了超大管径钢管加热设备的技术攻关,实现了传统中频加热块内侧加热、燃气炉整体加热以及突破传统中频加热块内侧加热,采用轴向整体内外加热方式对外壁带加劲环的钢管进行加热,采用轴向加热后的钢管表面温度分布均匀,温差小于 10 ℃;钢管变形小,基本不会产生二次变形;同时,采用轴向线性、径向环绕喷涂,保证钢管整体加热温度均匀、涂层固化充分,保障了涂层质量满足规范和设计要求。

70.2.3 钢管防腐施工工艺

钢管卷制焊接完成经过抛丸除锈后进行内外防腐涂装。钢管内防腐采用加热设备(见图 3-39)将钢管加热至(200±10)℃,通过静电喷涂环氧粉末至钢管表面,粉末熔融固化,形成致密的防腐涂层。为确保钢管预热温度达到要求,加热过程中采用高精度(±1.5 ℃)红外热像仪进行全过程温度监控。

图 3-39 加热块布置

因钢管外壁带加劲环,加劲环会吸收一部分管体的热量,导致内壁在加劲环处温度过低,达不到粉末喷涂的要求,所以需要对加劲环进行补温(见图 3-40),减小加劲环与钢管的温差,可解决加劲环吸收管体热量的问题(见图 3-41~图 3-44)。

图 3-40 加劲环补温

图 3-41　中频感应加热喷涂设备

图 3-42　钢管燃气加热设备

图 3-43　轴向线性加热喷涂设备

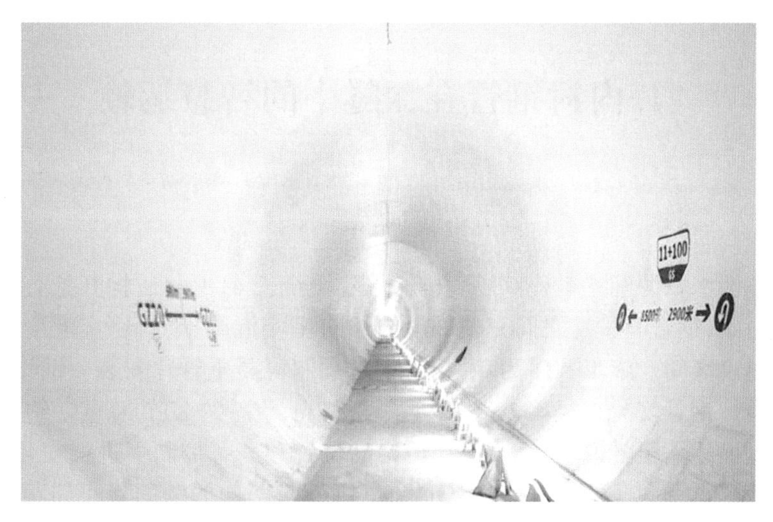

图 3-44　隧洞内衬钢管内防腐整体效果

71. 内衬钢管在深隧中的智慧运输

71.1　背景

珠江三角洲水资源配置工程双线盾构输水隧洞全长 41 km,盾构开挖直径 6.0 m,隧洞采用钢管衬砌,钢管与管片之间充填 30 cm 厚自密实混凝土,自密实混凝土段共有 17 个工作井和衬砌区间。施工顺序为:盾构掘进—预制混凝土管片安装—钢管安装—自密实混凝土浇筑。钢管安装直径 4.8 m,单管长度 12 m,重量约 30 t,总重量约 20 万 t。

钢管从地面运输至隧道施工面,并在严格的位置和姿态控制下进行安装。隧洞钢管安装施工环境严重受限,隧洞内运输空间狭窄,钢管与两侧洞壁的最小间距约 28 cm,且存在多处转弯段,最小转弯半径只有 400 m,钢管运输和安装难度极大。国内没有成熟的钢管运输台车适应这种工况,需要根据实际工况研制专用的钢管运输台车,制定相应的运输方案。

71.2　措施

针对隧洞狭窄、运输距离长、钢管安装工作量大、运输安装精度高的因素,对安装台车的选用十分重要,市场上没有定型和成熟的设备生产厂家,只有根据现场实际情况找厂家协商定制。由于工作面距离长,决定采用 2 种运输形式的钢管台车,一种是较为常见的轮胎式钢管运输台车,一种是比较罕见的轨道式钢管运输台车。

71.2.1　钢管运输台车选型

钢管运输设备应达到以下技术指标:

(1)多种操控方式。钢管运输设备至少应具备驾驶室操作、远程遥控操作两种操控方式,以便于在狭小空间内操控的便捷性与安全性。

(2)负载达到 35 t 及以上。内衬钢管标准长度为 12.0 m,重约 30 t。考虑到负载的安全性及安全系数,钢管运输设备的承重应达到 35 t 及以上。

(3)驱动轮调向功能。钢管运输设备前、后轮均应具备驱动性能,且前、后驱动轮均应具备调向功能,便于在转弯段及钢管运输完成返回时进行调向。

(4)雷达测距及转向功能的自动化。钢管运输设备前后均应具备雷达测距功能,根据雷达测距数值,实时响应,自动对钢管运输台车进行微调以实现转向功能,并通过算法智能纠偏钢管,实现钢管运输过程中的智能化、自动化,提高运输效率。

(5)钢管对接顶正校形功能。钢管运输设备应实现顶正校形、钢管对接一体化、智能化,以便于钢管运输至安装位置后进行管口对接、管体顶正校形,提高钢管安装效率。

(6)电力驱动。因隧洞内空间有限、空气流动性较差,采用燃油动力有较大的安全隐患。钢管运输设备应采用蓄电池作为动力来源,考虑到续航及使用周期,宜采用锂电池。

根据钢管运输和安装特点及要求,联合设计两套运输、安装解决方案,分为轮胎式和轨道式两类。

(1)轨道式钢管运输台车(见图3-45)。轨道式钢管运输台车适用于区间长、弯段多的区间使用。优点是运输过程中有轨道固定间距约束,不产生行走偏移现象,运输速度较快,施工安全保障率高。缺点是铺设轨道需要占用一定时间,钢管安装后轨道及时拆除。

(2)轮胎式钢管运输台车(见图3-46)。在长距离隧洞区间运输安装钢管使用。优点是无须铺设轨道,行走移动方便灵活,转序时间短。缺点是相较于轨道式台车,运输速度较慢,安全隐患较大。

图3-45　轨道式钢管运输台车

图3-46　轮胎式钢管运输台车

71.2.2　钢管台车洞内运输控制

轮胎式台车运输速度慢,安全隐患较大,选择配置专业水平高的驾驶人员,以专业水平来提高运输速度,确保运输安全;同时加装了红外线定位仪和自动调整装置,使得台车中心在行驶过程导向在隧洞中心位置,避免钢管运输过程中碰撞洞壁。轨道式台车运输速度快、铺轨时间长,施工前就准备了轨道材料,安装时增加作业人员实现连续作业,最大限度地减少铺轨时间;轨道式台车采用车载充电式蓄电池供电,行走采用电机驱动八字轮行走,各机构的调节采用液压驱动钢支撑驮起钢管,台车和钢管固定为一体。

71.2.3　钢管台车安装对接操作

钢管就位安装精度非常高,也是选用专用钢管台车的重要因素,台车到达对装区后,利用交替提升行走轮与辅助轮,使部分台车进入前端组对钢管内,直至两节钢管之间空间达到合适距离,通过顶升装置调节竖直支撑油缸,纵横移动油缸,将组对钢管准确定位,调整钢管尾部位置,将调整好的定位卡具安放在钢管管口水平位置,并将加固好的钢管支座安放在钢管底部后快速进行钢管固定焊接(见图3-47),然后松开顶升装置,收回两组可调定位辅助支臂,台车反向驶出对装区。

71.3　成效

(1)专用钢管运输台车有效保障运输安全。通过对轨道式台车轨道测量安装精度控制和及时维护等措施,运输过程中没有发生剐蹭排水板、硅芯管和通信光缆现象。通过对轮胎式台车加装红外线定位仪和严格选用操作手并加强业务培训等措施,过程中仅发生过2次隧洞排水板轻微剐蹭现象。专用钢管运输台车的使用极大地提高了施工安全保障,保证了洞内设施和施工作业人员的安全。

(2)钢管运输安装效率提升。专业钢管台车的应用提升了深埋大直径钢管小转弯半径洞内运输钢管的施工生产效率,达到540 m/月,比预期施工效率提高了35.2%,比传统

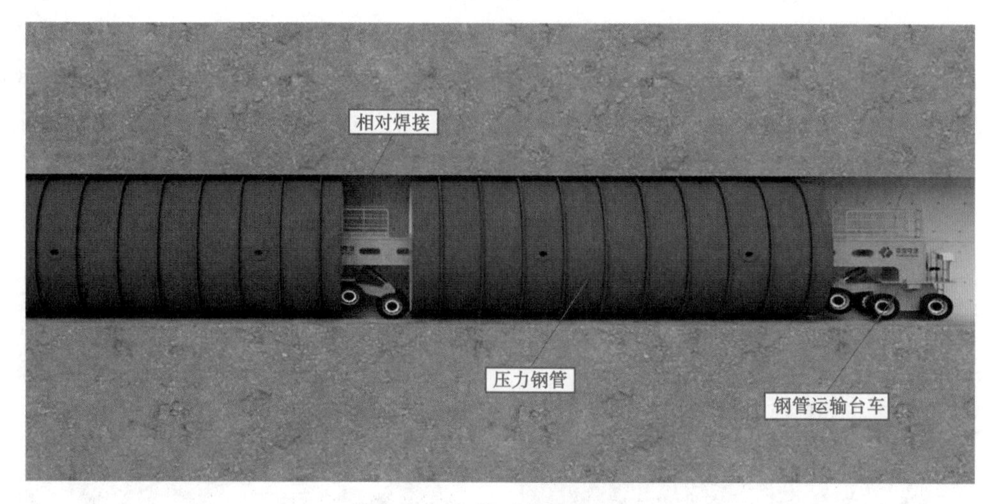

图 3-47　钢管对装固定焊接

设备运输安装提高了约 63%。

(3)工程质量提高。采用专用台车钢管运输安装方式,因精准定位和良好的稳定性控制,使得钢管对接和固定质量得到有效提升,为承压隧洞安全运行提供了重要保障。

72. 隧洞自密实混凝土内衬工效改进措施

72.1 背景

珠江三角洲水资源配置工程双线盾构输水隧洞全长 41 km,盾构开挖直径 6.0 m,隧洞采用自密实混凝土衬砌形式,衬砌厚度 30 cm,自密实混凝设计强度等级为 C35。

长距离隧洞内衬施工,混凝土从拌和站运输到工作井地面最长距离 25 km,用垂直封闭溜筒到工作井底(最深约 70 m),再用专用混凝土罐车运输到混凝土地泵处,泵送至仓面。隧洞自密实混凝土施工工序多、条件复杂、难度大,安全和质量控制标准高,施工进度的影响因素众多;施工过程中又受新冠疫情影响,人员和资源调度难度加大,严重影响了施工进度。项目法人及参建单位积极研究措施,提高工效,保质保量完成计划目标。

72.2 措施

72.2.1 实现洞内行车道和自密实混凝土流水作业

输水隧洞设计有供运行期使用的行车道,为合理安排洞内多道工序施工,确保按期通水,自密实混凝土浇筑需使用行车道。管理团队和参建单位经过反复论证,行车道施工和自密实混凝土浇筑实行平行作业(见图 3-48),设置合理的行车道施工和自密实混凝土浇筑流水节拍,行车道施工流水节拍在前、自密实混凝土浇筑流水节拍紧后的流水作业。这种流水施工由于只有一个工作面,所有行车道的钢筋、模板等材料均从一个进洞口运输。为最大限度地减少施工干扰,加快施工进度,提高施工作业效率,现场采取在上一仓自密实混凝土浇筑完成后的转序期间,集中将事先加工好的钢筋运至前方的行车道工作面,增加作业人员,缩短材料运输时间,基本实现 8 小时内完成一仓的钢筋、模板材料转运工作。

图 3-48 洞内自密实混凝土施工

72.2.2　优化施工工艺，实现 2 仓连续浇筑

按照单元工程项目划分要求，每一仓(24 m)为一个浇筑单元，即一个单元转换一次工序，经监理部与施工单位共同分析研究，提出在保证混凝土浇筑质量的同时实行 2 仓(48 m)一次性连续浇筑的方案，论证后经过设计单位同意。该方案实施后，每浇筑一次节省转序时间约 8 小时，有效提高了施工工效。

72.2.3　使用创新型免拆模板，减少端头封堵时间

每个自密实浇筑单元中设置有免拆模板封堵，单元与单元之间为施工缝，采用免拆模板可以实现良好的连接效果，传统的免拆模板为多层、密孔不锈钢网状，安装、固定比较费时，有时会出现堵塞现象。为提高施工作业效率，项目法人及参建单位经过充分论证，在保证工程安全和质量的基础上，采用不锈钢板(1.5 mm)作为免拆模板进行现场试验，试验效果良好，最终确定采用这种创新型免拆模板(见图 3-49)，减少了 1/3 的安装、固定时间，提高了施工效率。

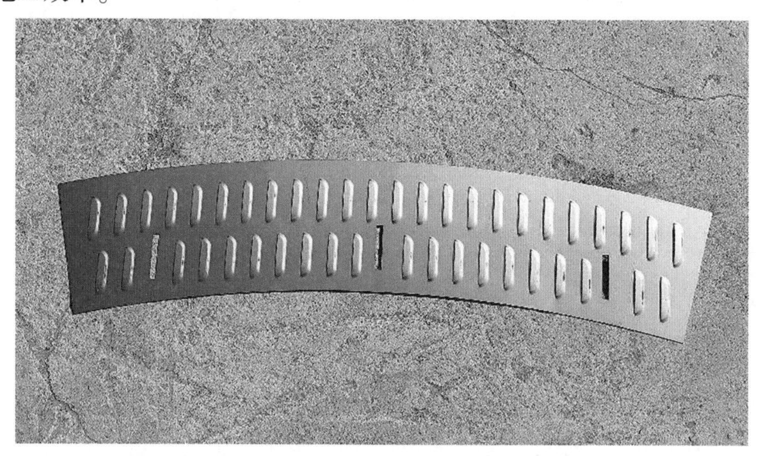

图 3-49　自制新型免拆模板

72.2.4　洞内采用双向行驶专用混凝土运输车，缩短运输时间

由于钢管安装后隧洞内径只有 4.8 m，混凝土运输车没有掉头和错车空间，只有靠倒进、正出方式进行混凝土运输，长达约 3 km 的隧洞靠倒车运输混凝土效率极低，同时存在较大安全隐患。为解决此问题，洞内混凝土运输决定使用双向运输车。对于此非标设备，经过多方了解市场并与厂家协商，最终选择了一种前后配置驾驶室的洞内双向行驶混凝土运输车(见图 3-50)，进洞时正向开行，出洞时反向开行，相比普通运输车每行驶一趟节约 1/4 时间，同时保证了安全，大大提高了施工效率。

72.3　成效

优化前每月浇筑混凝土 13~15 个单元，合计 312~360 m。通过应用行车道和自密实浇筑的流水作业、连续仓面浇筑，采用新型免拆模板和使用双向行驶专用混凝土运输车等措施，极大地提高了施工生产工效，最终实现自密实混凝土月浇筑 29~31 个单元，合计 696~744 m，施工工效提高了 1 倍，为珠江三角洲水资源配置工程提前通水奠定了牢固基础。

图 3-50　洞内双向行驶混凝土运输车

73. 输水隧洞自密实混凝土内衬温控防裂措施

73.1　背景

本项目自密实混凝土浇筑为隐蔽性施工环境，是在压力钢管内侧浇筑自密实混凝土，压力钢管起到了模板支撑作用。本项目自密实混凝土虽然不是大体积混凝土，但其结构形式单薄，混凝土内没有钢筋，当受到内侧钢管和外侧混凝土管片的约束时容易产生收缩裂缝，也会受温差影响产生温度裂缝。

温度裂缝是混凝土浇筑后，由于水泥水化热的作用，混凝土温度迅速升高，在1~3天内达到最高值，由于混凝土内部散热较慢而形成混凝土内外温差，混凝土表面温降收缩受到混凝土内部的约束力，导致混凝土表面容易开裂。常规混凝土内外温差达到20 ℃时极易产生温度裂缝，项目施工正处于当年10月至翌年7月之间，过程中会遇到本地区的低温季节、炎热天气和雨季，再加上远距离混凝土运输因素等，研究自密实混凝土温控措施是非常必要的。

73.2　措施

73.2.1　对原材料性能进行检验检测

混凝土原材料是温度控制重要源头，如水泥的水化热、外加剂专属性能、骨料的环境温度等，都是控制混凝土浇筑温度的重要环节。本项目采用了中热普通硅酸盐水泥，外加剂包括膨胀剂、高效减水剂和引气剂等，为保证原材料质量，进场后及时对其进行检验检测，保证进场质量合格。

73.2.2　严格控制混凝土坍落扩展度和V形漏斗通过时间

自密实混凝土坍落扩展度和V形漏斗通过时间对混凝土温控起着重要作用，当扩展度增大时，虽在一定程度上增加混凝土流动性，但混凝土本身会产生大量的水化热，后期混凝土体积收缩明显，容易产生温度裂缝和仓内脱空问题。

实际施工中SD10#工作井运输距离最长约25 km，正常一车混凝土送到仓面内大约需要60 min。混凝土运至工作井地面后通过垂直封闭式钢管溜筒到工作井底，再由专用混凝土运输车洞内运输至混凝土泵处，泵送到仓号内完成浇筑工作。

为合理控制混凝土坍落扩展度和V形漏洞通过时间，参建单位在每个工作井的自密实混凝土浇筑前都要做多次试验，其中包括水平时间运输距离扩展度差值、低温季节和夏季炎热天气的扩展度差值等（见图3-51）。原则上在满足混凝土仓内能够流动到位的情况下，尽量减小混凝土坍落扩展度，本项目入仓工作面的扩展度控制在640~670 mm（设计值630~700 mm），有效降低了自密实混凝土水化热。

73.2.3　增加混凝土流动性

在减小混凝土坍落扩展度的同时也会减小混凝土的流动性，为达到良好的混凝土温控效果，科学使用减水剂，在保证水灰比的基础上，降低水泥用量，保证混凝土拌和物有较

图 3-51 混凝土坍落扩展度检测

好的流动性。

73.2.4 自密实混凝土浇筑前、后温控措施

自密实混凝土浇筑前,除使用中热水泥外,夏季炎热天气分别对骨料和拌和水进行温控,对骨料采用了防晒棚和喷雾降温,对拌和水进行了加冰(见图 3-52)和机械制备冷水方法,同时对运输过程中的混凝土罐车进行了隔热处理。在混凝土浇筑后对钢管表面进行温度测量,当混凝土表面温度达到 40 ℃时进行钢管表面喷雾洒水养护,当钢管表面温度达到 45 ℃以上时,在浇筑面范围内进行通风降温。在 12 月至翌年 2 月的低温时段,为减少混凝土温差影响,对混凝土运输车使用了棉被防护(见图 3-53),在隧洞口处安装了活动门帘。

图 3-52 混凝土拌和水加冰

图 3-53 混凝土运输车保温

73.3 成效

通过采取以上多种措施,大大减少了混凝土温度裂缝的产生,利用浇筑过程中埋设的测温探头测温,及时了解混凝土内外温差并采取合理的养护措施。回填灌浆前,在对 53 处入仓封堵板位置检查时,未发现明显裂缝。

74. 隧洞预应力混凝土内衬施工工艺

74.1　背景

珠江三角洲水资源配置工程输水干线高新沙水库至沙溪高位水池，线路自西向东布置，从南侧穿过庆盛自贸区，在广深港客运专线狮子洋隧道以北、南沙大桥南侧穿过莲花山水道和狮子洋，在东莞市沙田镇虎门港北侧进入东莞市沙田镇。

输水隧洞采用标准盾构隧洞尺寸，外衬为预制钢筋混凝土管片，内衬为无黏结预应力混凝土。预应力混凝土内衬标准分段长度为 11.84 m，伸缩缝宽 30 mm，缝内设止水带。每段左右交错布置锚具槽，预应力锚索间距 0.5 m。采用高强度低松弛单丝涂覆环氧涂层预应力钢绞线，均为双层双圈布置，HM15-8 环锚体系锚固，张拉控制应力为 1 395 MPa，张拉千斤顶和偏转器摩擦损失不大于 9%。每个锚具槽钢绞线共 8 根，分两层（内层、外层）布置，每层 4 根，每根环绕两圈。锚具槽采用无收缩微膨胀 C50 混凝土，为确保回填混凝土浇筑质量，需对回填混凝土进行单独配合比试验。

输水隧洞预应力混凝土内衬标准分段及衬砌断面如图 3-54 所示。

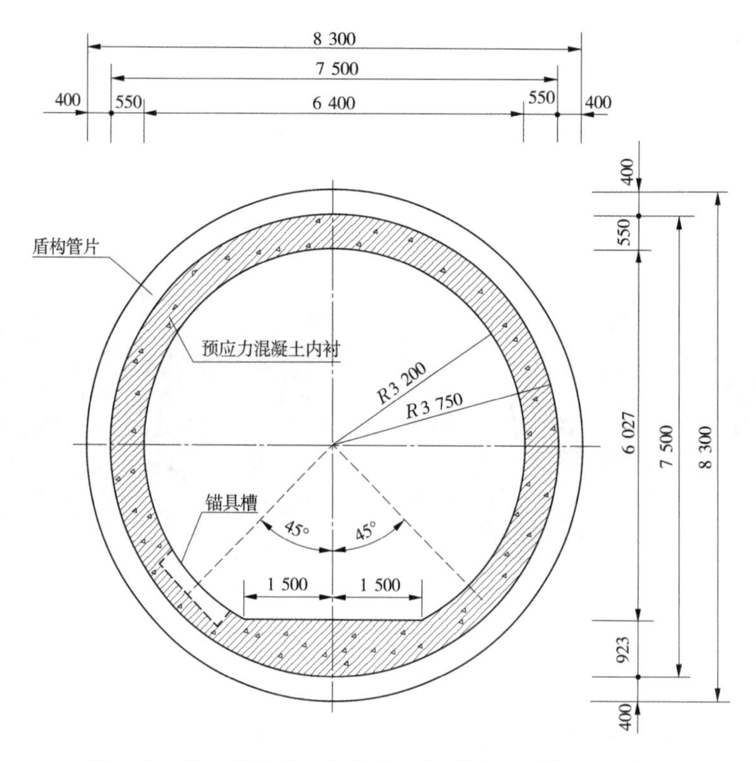

图 3-54　输水隧洞预应力混凝土内衬标准分段及衬砌断面

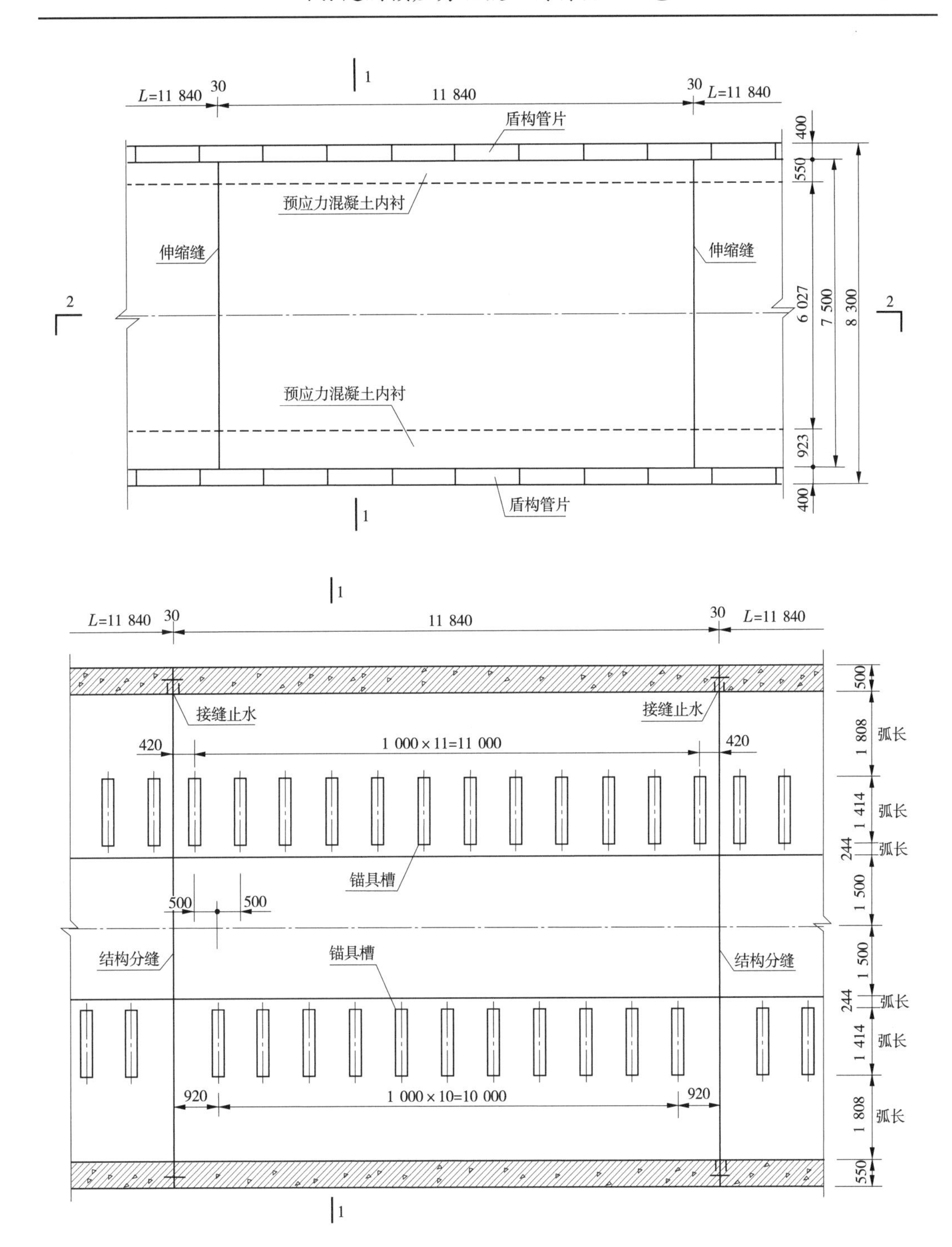

续图 3-54

74.2 措施及成效

74.2.1 施工工艺流程

施工工艺流程如图 3-55 所示。

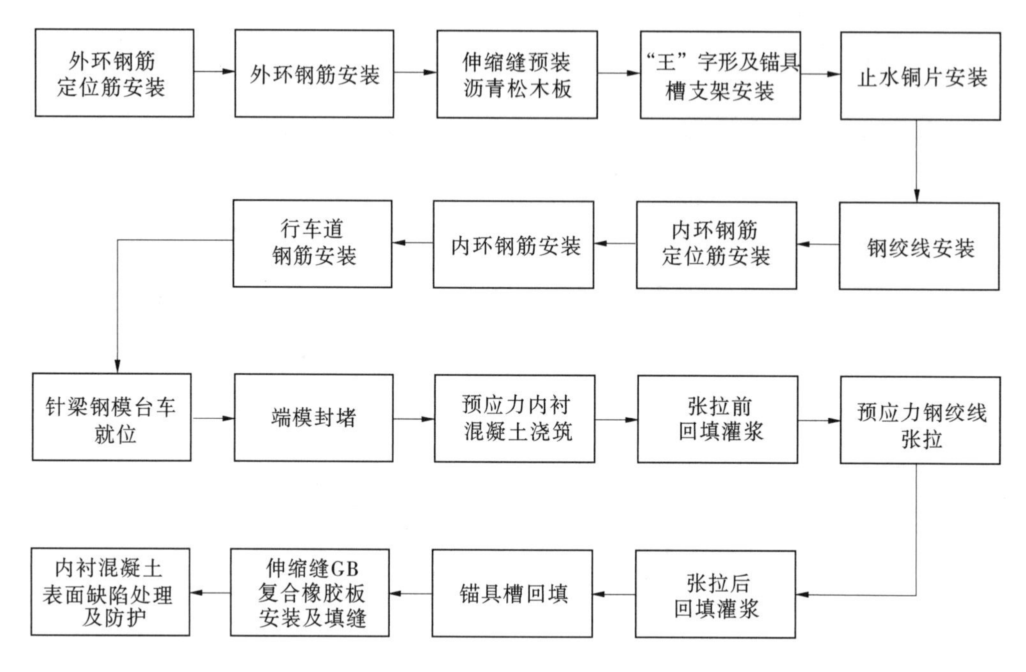

图 3-55　施工工艺流程

74.2.2　钢筋施工定位

成品钢筋由龙门吊从成品堆放区吊装至井底轨道式平板车，通过平板车运输至仓面。外层和定位钢筋由平板车直接运送到仓面，人工搬运仓面安装，内层钢筋平板车运输至管片表面的定位支架进行存放，按施工工序安装。环向钢筋接头主要采用直螺纹机械连接（正反丝）和单面搭接焊，考虑方便焊接操作，搭接焊位置布置在下圆弧段侧墙位置，具体接头分布情况如图 3-56 所示。

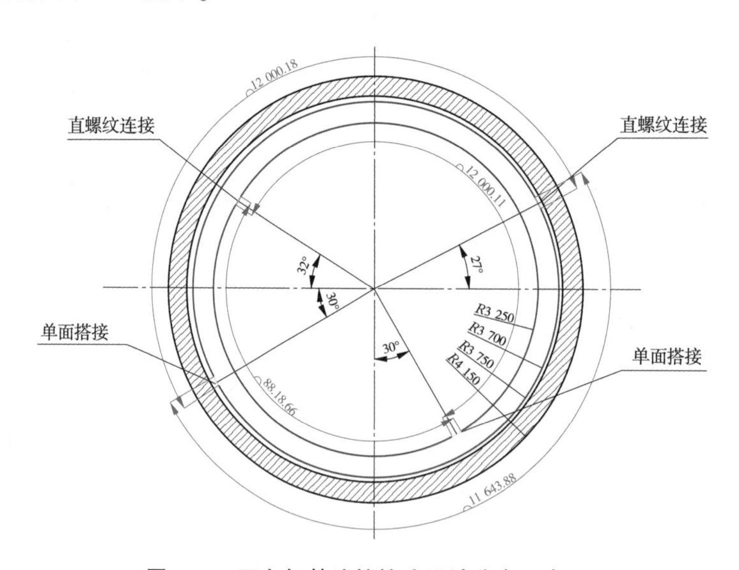

图 3-56　环向钢筋连接接头设计分布示意图

74.2.3 钢绞线定位安装方案

本工程钢绞线采用双层双圈布置,环锚锚板锚固端和张拉端各设8个锚孔,内层4根无黏结钢绞线从锚固端起始沿内层圆周环绕2圈后进入内层张拉端,外层4根无黏结钢绞线从锚固端起始沿外层圆周环绕2圈后进入外层张拉端,无黏结钢绞线锚固端与张拉端的包角为2×360°。锚具槽中心间距为500 mm,90°交替。

钢绞线与定位支架钢筋之间用轧带绑扎牢固,同时绑扎不能破坏钢绞线PE护套。常规无黏结钢绞线是单一黑色的PE外套,一个槽内8根双层双圈布置,钢绞线安装定位不易区分,穿引错误时,很难发现及纠正。采用"定尺下料、PE保护皮颜色区分"方式,由外到内分别为红黑(外层)、蓝黄(内层)四种颜色(见图3-57),其中外层下料长度47.15 m,内层46.15 m,单根采用棉布独立包装成盘,到场直接使用,减少中途转运及下料环节。对不同颜色钢绞线进行重新分组,避免施工过程中出现混乱和错误。

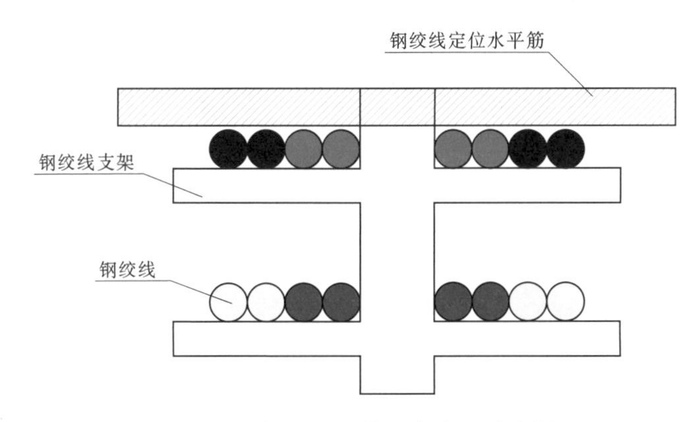

图3-57 钢绞线PE保护皮颜色区分大样图

钢绞线定位支架采用定制"王"字形支架,工厂化加工标准件,整体定位安装,避免在仓面支架逐个安装;使用放线盘、橡胶滑轮作为钢绞线临时挂点,辅助进行穿束(见图3-58),有效解决双层双圈形钢绞线穿束固定难的问题,不仅提高了穿索工效,而且极大地避免了穿索过程中钢绞线PE护套破损概率。

图3-58 钢绞线放线盘及现场安装效果

74.2.4　锚具槽不同模板方案

传统锚具槽模板安装拆卸不适应本工程，锚具槽模板采用韧性纤维混凝土（UHTCC）预制免拆模板成形，模板尺寸为：长×宽×高＝（1 365～1 500）mm×（230～252）mm×（237～313）mm，锚具槽为斜长方体形式，锚具槽两侧面倾斜，张拉端、锚固端和底面呈一定倾斜角；模板板厚 20 mm。内侧采用毛面模板成型，外侧面处理为深 3 mm、宽 20 mm、间距 20 mm 的键槽，进而增强新旧混凝土的黏结。模板免拆除，避免了后期凿毛等表面处理工艺，施工效率高；模板各板块采用卡口方式组装而成，如图 3-59、图 3-60 所示。

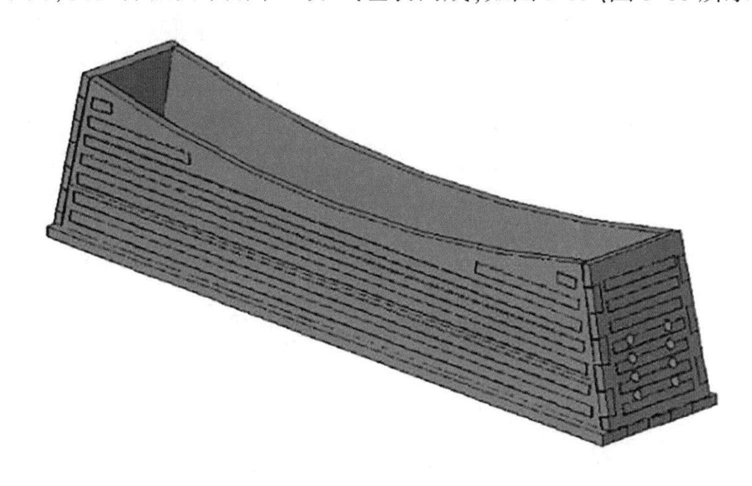

图 3-59　免拆锚具槽三维示意图

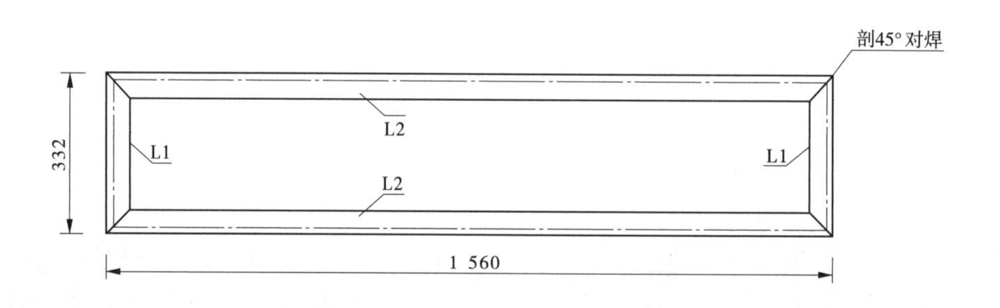

图 3-60　锚具槽定位支架大样图

74.2.5　混凝土浇筑

74.2.5.1　端头模板封堵方案

端头模板封堵施工作业面狭小且难施工，该工序为预应力衬砌流水施工关键线路中用时最长的工序。相邻仓面位置钢筋先不进行安装，给模板安装预留空间，通过优化改进端头模板，内侧加装一圈可径向伸缩调节间距的钢制模板替代弧形开合钢模板，靠内衬端头封堵模板采用沥青松木板替代嵌缝板，台车就位前预装。初期单环作业时长约需 30 h（12 人），采用可伸缩预装堵头（见图 3-61）封堵，单环封堵仅需 20 h（6 人），大大提高了工效。

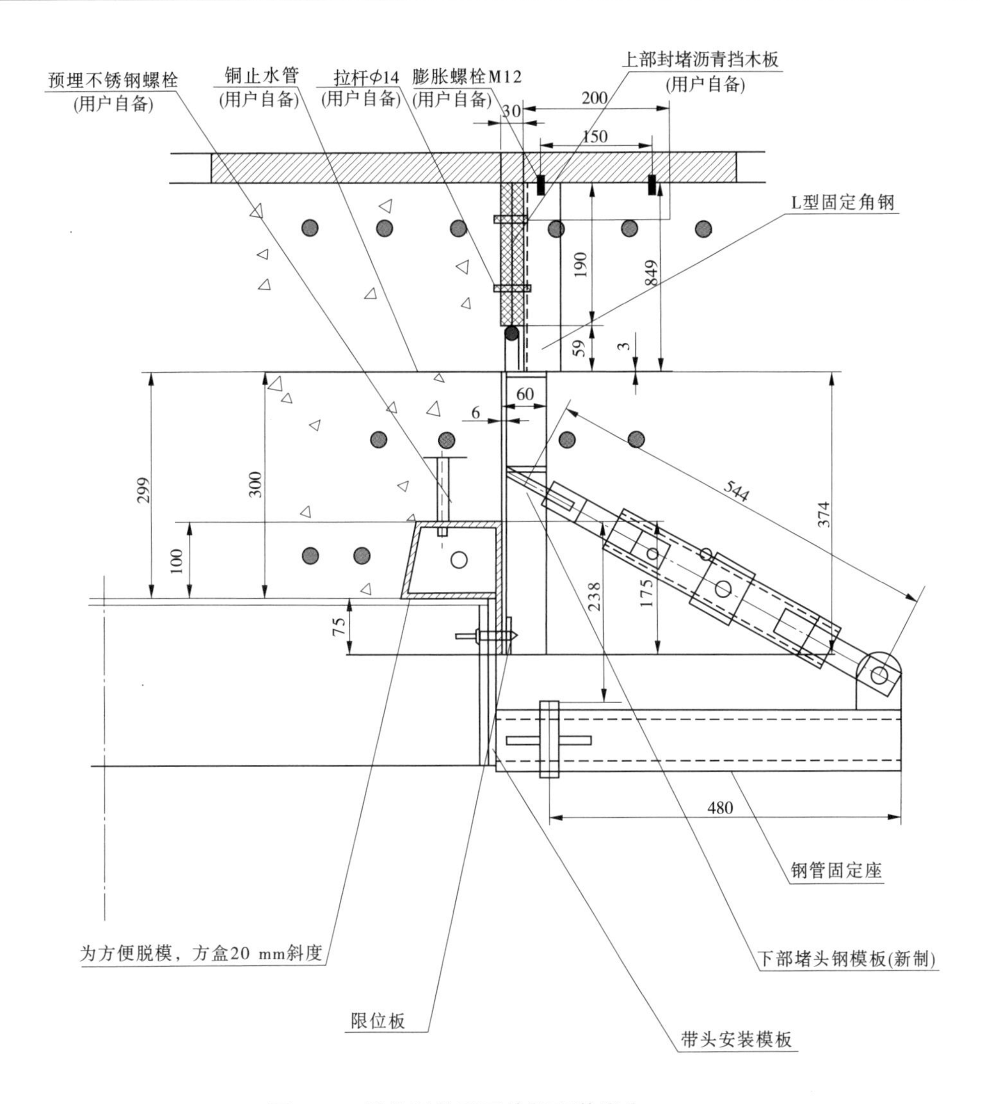

图 3-61 优化调整后可伸缩预装堵头

74.2.5.2 混凝土运输

混凝土运输需要保证在高落差运输后不发生离析,研究制定了专门的运输方案。对混凝土工作井内垂直输送采用抗分离缓降溜管,沿工作井内衬混凝土壁面垂直布置(见图 3-62、图 3-63),每间隔 10 m 左右布置一套抗分离缓降装置,避免因垂直落差过大而导致混凝土发生离析,上、下部均设集中接料斗,混凝土经垂直溜筒送下井,现场最快浇筑速度 0.34 m^3/min。工作井底部采用两辆双头轮式混凝土搅拌车接料进行二次搅拌,并运送至仓面。

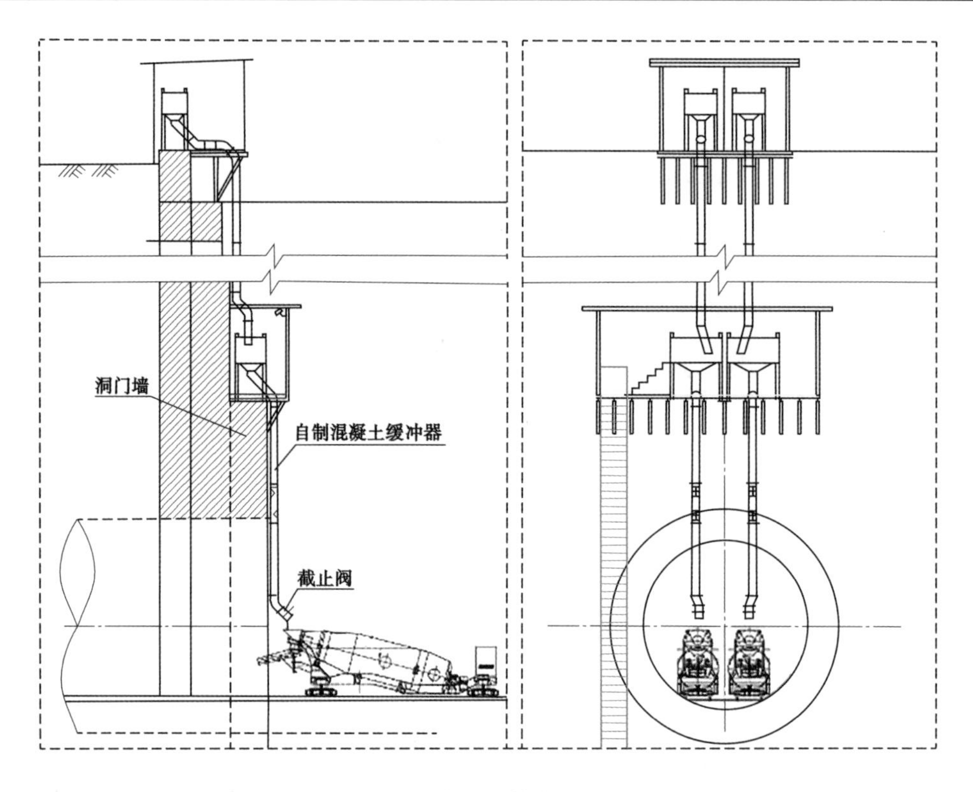

图 3-62　混凝土溜管布置示意图

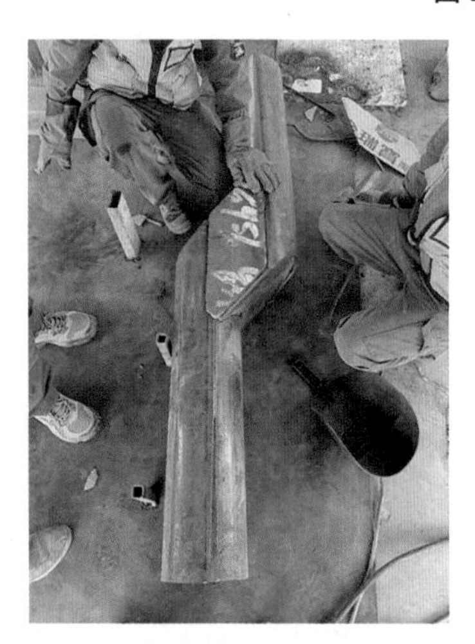

图 3-63　混凝土溜管布置实景

74.2.5.3　混凝土浇筑

钢模台车(见图 3-64)全车共布置 80 个浇筑窗口和 64 台气动式附着振捣器,共分 5 层,每层 8 个窗口,底部开窗,拱腰以下采用插入式振捣为主,附着式振捣为辅,拱腰以上采用附着式气动振捣,泵管采用主管+Y 形三通管+分料斗、溜筒和溜槽实现两侧拱腰以下侧窗对称布料(见图 3-65)。

图 3-64 钢模台车

图 3-65 台车附着式气动振捣分布及溜筒、溜槽下料

浇筑拱顶时,根据混凝土浇筑速度、方量及高度,经过经验调整,依次开启振捣器,间隔约 2 min 开启一次气动振捣,每次振捣 5~10 s。

75. 隧洞预应力混凝土内衬锚具槽应用免拆模板

75.1 背景

我国已有多个引调水工程输水隧洞采用环形预应力混凝土衬砌结构，但在预应力内衬锚具槽模板材质方面未形成统一标准。传统模板主要用钢模板、木模板或泡沫板。

锚具槽成型后，采用木模板或泡沫板的则需要进行模板拆除、槽壁凿毛和残渣清理等工序。由于锚具槽内已安放有钢绞线，槽内作业空间狭小，人工操作极其困难，而凿毛极易破坏钢绞线护套，也产生粉尘污染环境和造成模板资源浪费；采用钢模板则造价高，同时要解决与锚具槽回填混凝土的黏结问题。

75.2 措施

本工程研发了一套超高韧性纤维混凝土（UHTCC）的预制装配式免拆锚具槽模板，锚具槽为内大外小的倒置漏斗形，即“口窄底宽”形式；倒置漏斗形为锚具槽两侧面倾斜，张拉端、锚固端和底面成直角；模板板厚 20 mm。内侧采用毛面模板成型，外侧面处理为深 3 mm、宽 20 mm、间距 20 mm 的键槽，进而增强新旧混凝土的黏结性，如图 3-66 所示。

图 3-66　超高韧性纤维混凝土预制装配式免拆锚具槽模板

75.3 成效

采用超高韧性纤维混凝土（UHTCC）的预制装配式免拆锚具槽模板，避免了后期凿毛等表面处理工艺（见图 3-67），每一个槽可节省拆模+凿毛时间半小时（每仓 23 个槽可节省时间 11.5 小时），极大提高施工效率。

图 3-67 内衬混凝土浇筑后效果

76. 合理规划隧洞预应力混凝土内衬工作面

76.1　背景

珠江三角洲水资源配置工程土建 B4 标线路全长 8 774 m，包括 3 个工作井，3 段直径 8 300 mm 盾构区间，预应力内衬施工长度总计 8 414 m，共划分 707 段，预应力衬砌内径 6.4 m，采用 C50W12F50 预应力混凝土，厚度 55 cm，标准仓段长度 11.84 m，标准段间 3 cm 伸缩缝。如何合理规划施工组织，按时、保质完成长距离深埋隧洞预应力混凝土内衬施工是施工单位面临的难点之一。

76.2　措施

76.2.1　工作面合理划分

预应力内衬施工期间标段共划分 7 个工作面同时施工，共计投入 20 台钢筋台车、15 台模板台车。如图 3-68 所示，DG23#～DG24#内衬区间、DG24#～DG25#内衬区间各设置 2 个工作面，施工起点分别为各工作井端头至区间中部同时施工；DG25#～DG25-1#内衬区间设置 3 个工作面，在区间里程 GS26+584.0705 处增设竖井作为中间工作面物料运输通道，可满足现场混凝土浇筑及各材料运输施工要求。

工作面 1 投入 3 台钢筋台车、2 台模板台车；工作面 2 投入 3 台钢筋台车、3 台模板台车；工作面 3、4 两处分别投入 3 台钢筋台车、2 台模板台车；工作面 5、6、7 三处分别投入 2 台钢筋台车、2 台模板台车（见图 3-68）。

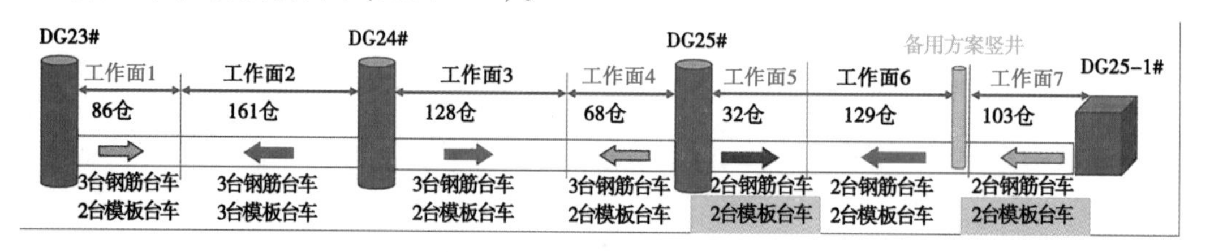

图 3-68　工作面整体划分示意图

76.2.2　混凝土浇筑顺序合理安排

混凝土浇筑物料运输分别通过 DG23#、DG24#、DG25#、新增物料竖井、DG25-1#工作井从地面通过井壁溜管+缓冲器转运至井内混凝土罐车，再水平运输至各个浇筑面通过泵送至混凝土仓号（见图 3-69）。

预应力内衬施工时考虑 DG24#工作井为两条内衬区间始发起点因素，工作面 2 为标段首开工点，待工作面 2 模板台车全部拼装进洞后开始工作面 3 模板台车井内拼装（钢筋台车在地面拼装完成后整体吊运至洞内工作面）。工作面 2、工作面 3 分别形成后，从反方向工作井分别向洞内运输各仓段匹配型号钢筋、铜止水、钢绞线、免拆模板等物资材料，待所有仓段材料运输齐全后，分别在 DG23#、DG25#工作井拼装台车就位形成工作面 1、工作面 4，至此两条内衬区间所有工作面全面形成，可满足同时施工要求。

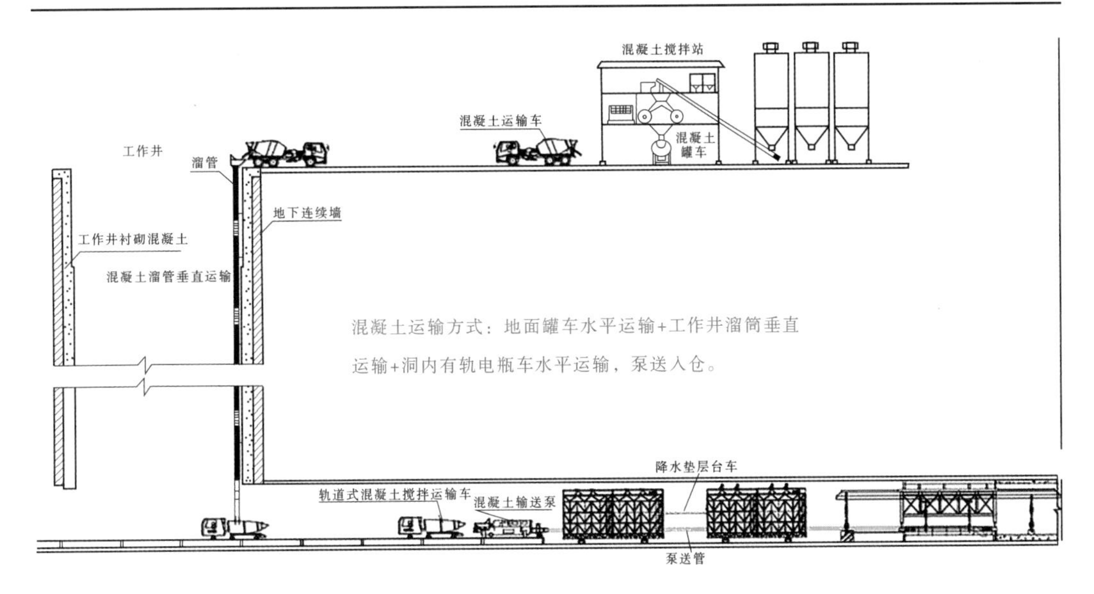

图 3-69 混凝土浇筑路线示意图

DG25#~DG25-1#内衬区间工作面 6 为该区间首开工点,该工作面钢筋台车、模板台车在 DG25-1#工作井井内拼装完成后行走至新增备用竖井处,开始该工作面作业施工。然后从 DG25-1#工作井向新增备用竖井运输工作面 7 范围内所有仓段钢筋、钢绞线、铜止水、免拆模板等物资材料,待所有仓段材料运输完成后开始工作面 7 钢筋台车、模板台车拼装、就位、施工。该区间工作面 5 受工作面 4 模板台车拼装及备料运输影响只划分 32 仓段,在工作面 4 的台车拼装前需将工作面 5 的所有材料运输到位备仓完成,待工作面 4 的模板台车拼装完成后开始该工作面台车拼装,然后就位施工(见图 3-70)。

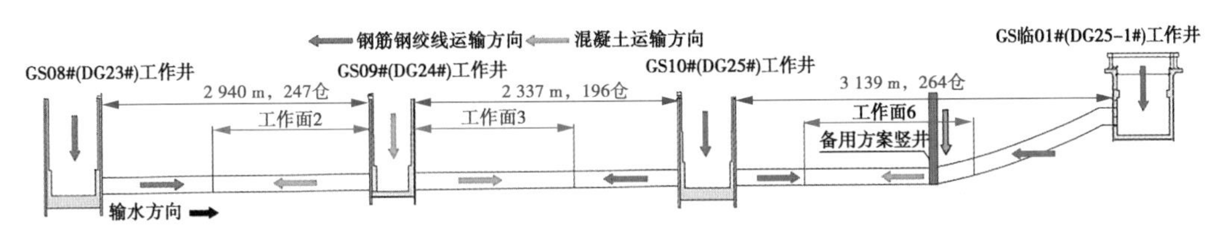

图 3-70 工作面初期划分材料、混凝土运输示意图

76.3 成效

标段内衬区间所有工作面全面形成,内衬单区间单月最高完成 67 仓 804 m;标段单月最高完成 168 仓 2 016 m;2023 年 4 月、5 月、6 月连续 3 个月打破巅峰榜纪录。

77. 隧洞预应力混凝土内衬张拉增效措施

77.1 背景

高新沙水库至沙溪高位水池盾构输水隧洞全长 11.359 km,隧洞采用预应力钢筋混凝土内衬,预应力为后张法无黏结预应力。混凝土衬砌厚度 55 cm,设计强度 50 MPa。预应力钢绞线采用高强度低松弛无黏结钢绞线 1×7-15.2-1860-GB,均为双层双圈布置,HM15-8 环锚体系锚固,张拉控制应力 σ_{con}=1 395 MPa,张拉千斤顶和偏转器摩擦损失不大于 9%σ_{con}。

钢绞线双层双圈布置结构复杂,安装精度高;环锚张拉分为 6 级匀速加压,张拉数据实时上传,施工过程中需要确保张拉质量,提高张拉效率。核心问题是采取各种措施提高预应力施工工效,按期完成计划目标。

77.2 措施

77.2.1 提高钢绞线定位支架安装效率

预应力混凝土内衬标准分段长度为 11.84 m,每段钢绞线定位支架 276 个。施工过程中,每个钢绞线定位支架安装都需要测量、放点、拉线才能确定位置进行焊接,安装工效低,精度控制难。现场采用定制“王”字形支架,工厂化加工、标准化生产(见图 3-71),将支架提前按固定间距焊接到同一根钢筋上(见图 3-72),仅控制钢筋端头对齐就可以确保定位支架安装精度,并且有效减少隧洞焊接作业量,基本实现支架安装“零”耗时、“零”误差,完美解决了钢绞线安装精度问题,大大提高了钢绞线安装工效。

图 3-71 钢绞线定位支架加工

图 3-72 钢绞线定位支架定位安装

77.2.2 钢绞线穿束增效措施

预应力混凝土内衬每仓 23 个锚具槽,左右交错布置,每个锚具槽 8 根钢绞线双层双圈布置,穿束工艺复杂,穿束工作量大,常规无黏结钢绞线是单一黑色的 PE 外套,钢绞线安装定位不易区分,同时穿引错误时,也很难发现及纠正。现场采用“定尺下料、PE 保护皮颜色区分”方式,单根采用棉布独立包装成盘(见图 3-73),到现场后直接使用(见图 3-74、图 3-75),减少中途转运及下料环节。

图 3-73 钢绞线护套颜色区分

图 3-74　钢绞线安装固定

图 3-75　双层双圈钢绞线布置效果

77.2.3　智慧控制钢绞线张拉

采用自动化智能张拉设备(见图 3-76),现场洞内布设 4G 通信远端机网络信号装置,

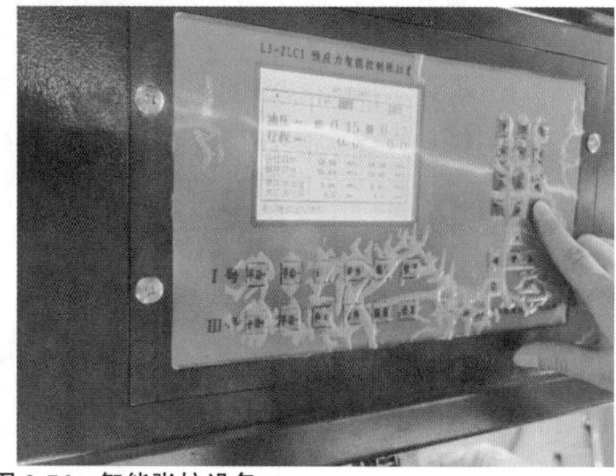

图 3-76　智能张拉设备

利用光纤及移动网络和手机热点信号实现数据传输。张拉前通过在设备预设张拉参数，实现自动张拉持荷，通过手机热点和网络信号将数据实时上传智慧监管系统平台；超张拉至设计张拉控制应力 103%锁定后，实际伸长值与理论伸长值偏差均在±6%以内，且通过连续观察隧洞预应力衬砌混凝土表面无开裂，达到预期目的和效果。

为提升张拉工效，优化锚具槽张拉顺序，现场采取 1 机 2 顶（1 台油泵+1 台控制面板+2 台千斤顶）多作业面流水施工顺序，两相邻锚具槽所受拉力值不大于 50%原则，分 6 级均匀张拉（见图 3-77），保证质量同时提高工效。

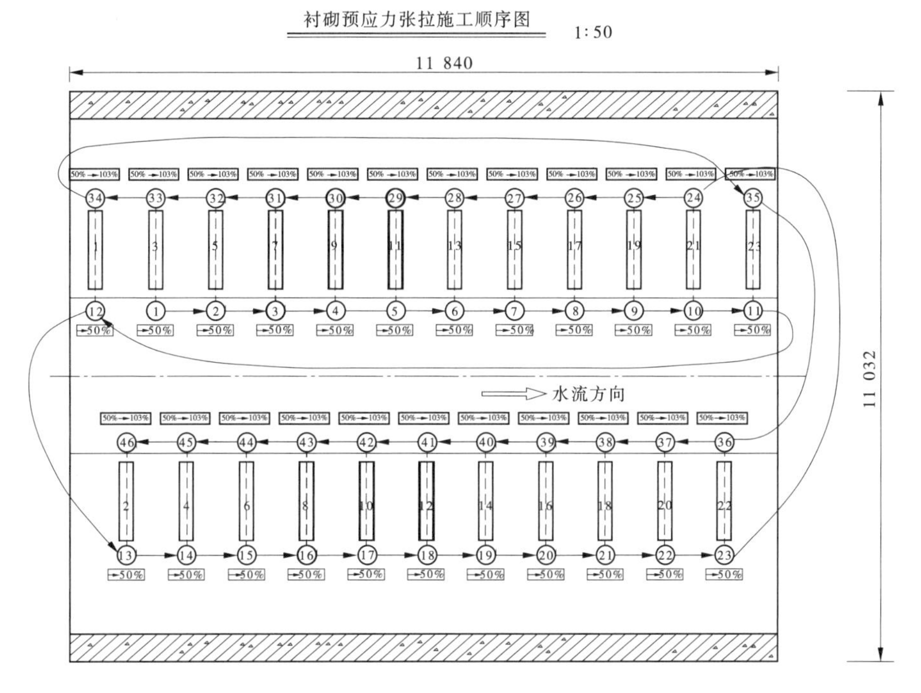

图 3-77 现场张拉

77.3 成效

通过提前进行定位支架整体加工定位和钢绞线高效穿束、采用智能张拉设备和优化张拉顺序等措施,极大地提高了施工生产工效,实现预应力仓备钢绞线穿束 55~60 仓/月,单套设备(1 机 2 顶)正常张拉工效达到 21 仓/月,为珠江三角洲水资源配置工程提前通水奠定了牢固基础。

78. 实时网上监管预应力张拉施工

78.1 背景

传统预应力张拉工艺高度依赖施工作业人员和技术人员的经验，张拉质量按照应力和伸长量双指标控制，应力和伸长量数据的量测精度不统一，易形成量测误差。为确保数据真实性和准确性，加强张拉过程的监管，珠江三角洲水资源配置工程决定采用先进的智能张拉感知设备，预应力智能控制张拉系统内置嵌入式微电脑，利用计算机技术，提高预应力张拉质量监控水平。

78.2 措施

(1)运用计算机技术精确施加应力及时校验伸长量。预应力智能控制张拉系统精确控制施工过程中所施加的预应力值，将误差范围由传统张拉的±15%缩小到±1%；智能张拉设备具有自动补张拉功能，弥补了人工张拉的不足，当张拉力下降 1%时，锚固前自动补张拉到设计规定值。张拉过程中能自动测量，及时校核，实现张拉力的同步控制。智能张拉系统能实现多顶对称同步张拉，同步精度可达到 2%。稳荷时间能控制在规范规定的 5 min 以上，而人工张拉稳荷时间较短，受人为因素影响随意性较大，不利于施工张拉质量控制。卸荷过程可实现缓慢分级分段卸荷，可减少对夹片、夹具的损伤，减少回缩量。智能张拉系统能准确测定回缩量，施工时操作人员只需待在安全区域内，不用进入非安全区，可以让操作人员的人身安全得到保障。智能张拉系统只需 2 人就能操作，操作十分方便，人员培训上手容易。通过软件自动生成记录表，可最大限度地保证数据真实、完整。通过实时记录，实现资料的可追溯，为后期质量追溯提供重要的数据支撑。

(2)监管系统设计。将现场监测设备接入监管系统，实现施工过程中数据的采集、分析及预警。通过设备系统采集张拉相关参数，并实时上传预应力监管系统。直接显示当前所施加的张拉力值和钢绞线的实时伸长量(见图 3-78、图 3-79)，解决了油表读数误差大及钢绞线伸长量测量人为误差的问题，给施工人员及现场的监理、技术人员等提供更直接、更精确的实时施加力值及钢绞线实时伸长量，并对相关数据进行分析，避免工作人员通过现场采集数据，再进行计算来判定施加力及伸长量的情况，可以更直观准确地做出判断。

78.3 成效

(1)具有自动补张拉功能，自动测量，及时校核，能实现多顶对称同步张拉控制。卸荷过程可实现缓慢分级分段卸荷，可减少对夹片、夹具的损伤，减少回缩量。

(2)有助于内业资料整理，提高施工管理人员的工作效率。实时记录数据，保证数据的真实性，提高了施工质量监管的有效性。通过软件自动生成记录表，最大限度地保证数据真实、完整。

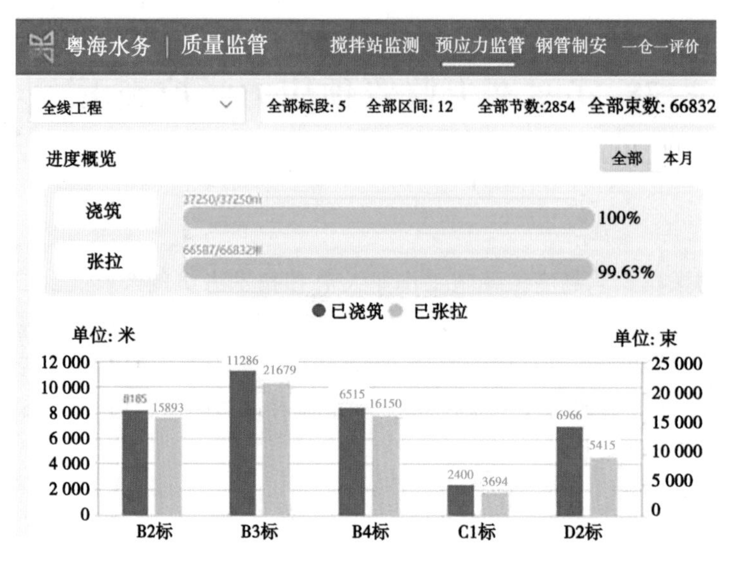

图 3-78　张拉系统主页面

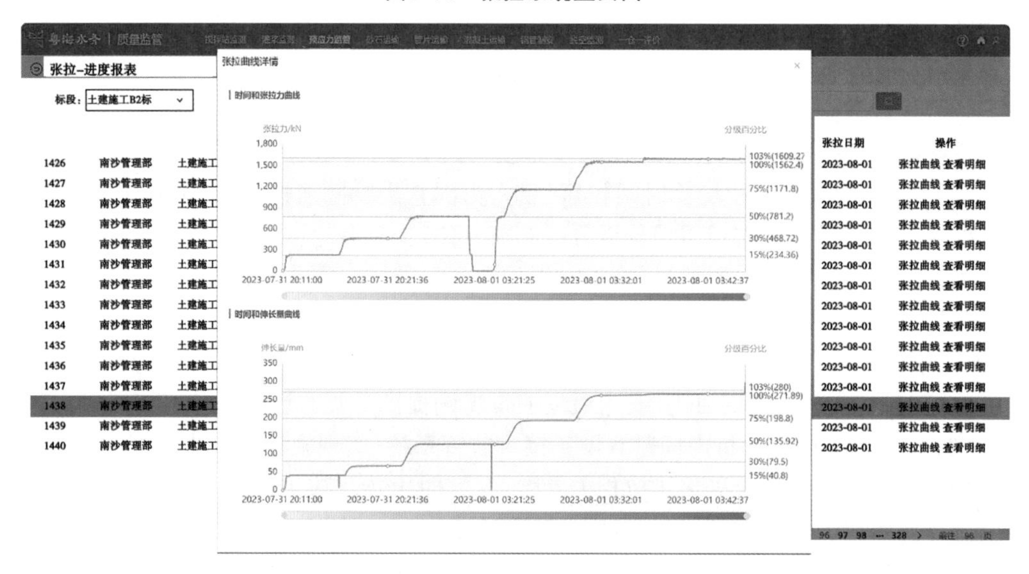

图 3-79　分级张拉显示

(3)提高施工安全性。施工时操作人员只需待在安全区域内,不用进入非安全区,可以让操作人员的人身安全得到保障。

79. 世界首例输水盾构隧洞缓黏结预应力混凝土内衬

79.1　背景

珠江三角洲水资源配置工程沙溪高位水池至罗田水库输水干线盾构隧洞全长约 2 400 m,线路最小曲线半径 500 m,隧洞最大坡度为 0.05%,洞顶埋深平均 30~66 m,隧洞沿线两边密布建筑物群。

盾构隧洞位于两个圆形竖井之间,两个圆形竖井分别为始发井(埋深 46 m)、接收井(埋深 55 m),隧洞与圆形竖井呈倒虹吸形式,隧洞内水压力 0.4 MPa。盾构隧洞缓黏结预应力混凝土衬砌长约 1 900 m,普通混凝土衬砌长约 500 m。预应力混凝土衬砌采用现浇后张缓黏结结构,采用 C50W12F50 预应力混凝土,厚度 0.55 m;缓黏结预应力钢绞线采用公称直径 15.2 mm,单束钢绞线双层双圈每层 2 根环形布置,锚具槽中心间距为 500 mm,左、右两侧 45°位置交替布置,标准仓有 23 个锚具槽,锚具采用 HM15-4 环锚体系,钢绞线采用高强低松弛缓黏结 1 860 MPa,抗拉强度标准值为 1 860 N/mm^2,钢绞线张拉控制应力 $\sigma_{con}=0.75f_{ptk}$。

针对国内首条缓黏结预应力盾构隧洞,全断面复合衬砌的高质量快速施工是重点。

79.2　措施

79.2.1　浅埋复合地层中艰难掘进

盾构掘进地层主要为软质黏土、强风化及中风化地层,大量穿越上软下硬复合地层,上软下硬占掘进全程 30%,掘进过程由于刀具切割岩体和土体阻力不同,导致刀具磨损严重、局部崩裂等。自盾构始发开始共掘进 1 904 m,隧洞接收端通过设计优化采用钻爆法施工 496 m,盾构设备采取空推出洞措施,累计带压换刀 12 次,更换刀具 938 把,换刀用时 173 天,约占总掘进工期的 26.5%。

79.2.2　科学组织,超前策划

盾构隧洞自 2022 年 9 月 23 日贯通后,为顺利完成提前通水目标,科学配置资源,缩短转序施工时间,制定各工序节点时间。为确保隧洞衬砌施工无间隙衔接,合理规划施工顺序,优先清理始发井方向 500 m 工作面,提前将衬砌备仓各工序所需材料转运进洞并有序摆放,启动钢筋、钢绞线等备仓工序施工,同步进行接收井盾构机拆除,待盾构机拆除后,利用接收井通道,实现了接收井倒运钢筋、钢绞线等材料(见图 3-80、图 3-81)。始发井作为浇筑混凝土通道,根据工序需要布置 2 台针梁钢模台车、采用架空轨道布置 6 台钢筋及钢绞线台车,确保隧洞衬砌各施工工序流水作业顺利进行。最终 47 天成功转序,创珠江三角洲水资源配置工程预应力衬砌最快转序纪录。

79.2.3　缓黏结钢绞线施工创新

根据隧洞埋深及地质和内压条件,本隧洞为工程全线唯一采用缓黏结钢绞线施工隧洞。通过缓黏结剂的固化实现预应力筋与混凝土之间从无黏结逐渐过渡到有黏结的一种

图 3-80　钢筋、钢绞线绑扎

图 3-81　转序期间材料提前布置

预应力形式。施工阶段预应力筋可伸缩自由变形、不与周围缓凝黏合剂产生黏结,而在施工完成后的预定时期 240 天内,预应力筋通过固化的缓凝黏结剂与周围混凝土产生黏结作用,预应力筋与周围混凝土形成一体,共同工作,达到有黏结效果。

传统的双圈双层环锚钢绞线编束方案存在人工手动拆解钢绞线盘卷,投入拆解钢绞线盘卷的人力资源较多,原本预应力内衬施工洞内空间受限,导致占用施工空间较大,且极易造成缓黏结钢绞线 PE 护套(树脂类)损坏,不符合施工组织和成本控制的要求。施工研发一种能够在缓黏结钢绞线编束阶段提供钢绞线盘卷临时存放、抽拉的装置(见图 3-82),制作成自转、公转一体化的旋转平台。从施工组织和成本控制方面,使人力资源调配合理化,简化了施工程序,主要做到单束钢绞线编束时随抽随用,钢绞线盘卷置于槽钢支座内外钢管立杆之间;找到钢绞线盘卷接头人工手动抽拉,使其槽钢支座通过底部滚轮绕着中立柱旋转;同时中立杆与槽钢支座为一整体,通过轴承组自转。该装置功能多用,既作为储存平台,也能对编束阶段的钢绞线盘卷起到防护作用,简化了施工程序,避免了人工手动拆束、解束,提高了施工效率。

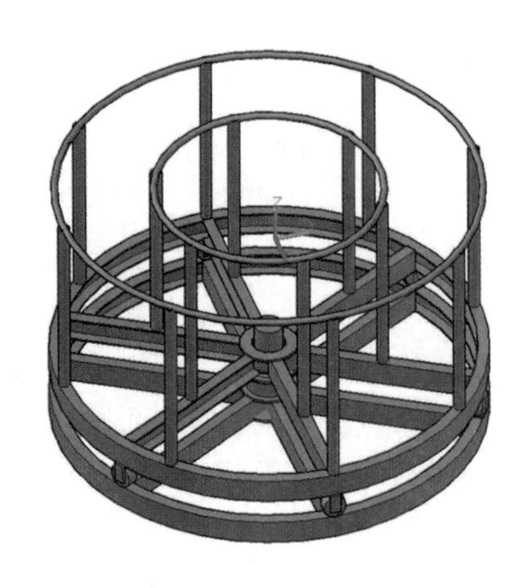

图 3-82　环锚缓黏结预应力钢绞线抽拉存放装置

79.2.4 拓通道保浇筑

隧洞衬砌呈圆形结构,衬砌后内径6.4 m,底板行车道宽度3 m,仅能满足一台混凝土罐车通行,随着隧洞衬砌施工长度增加,混凝土罐车来回运输混凝土的时间将增加,无法满足隧洞混凝土连续浇筑允许间隔时间,易出现混凝土冷缝质量缺陷。施工单位自制洞内钢结构错车平台约35 m长(见图3-83),在洞外将错车平台分块预制,采用随车吊装进洞进行拼装加固,满足两台宽约2.5 m、高约3.8 m的混凝土罐车会车通行,缩短混凝土浇筑时长,确保了隧洞混凝土衬砌质量。

图3-83 洞内布置错车道

结合现场实际施工情况,在盾构混凝土施工期间同步启动接收井内井筒衬砌结构施工,采用旋挖钻布置临时井,满足隧洞衬砌混凝土下料运输通道,避免接收井内井筒与盾构混凝土衬砌有限空间交叉施工干扰。

79.2.5 针梁钢模台车(滑模)保质量

预应力混凝土衬砌结构一次浇筑成型,常规的针梁钢模台车使用于结构简单的衬砌,缓黏结预应力衬砌结构需预留锚具槽、结构缝等,要求振捣密实减少反弧面气泡。根据缓黏结预应力衬砌结构特殊性,施工单位自主创新采用一种平洞底拱环向滑模复合型针梁钢模台车(见图3-84),可同时实现纵向边顶拱模板和环向底拱模板的收缩及移动,利用底拱滑模(见图3-85)完成其底拱范围内(底部120°~130°范围,底部可为水平段或圆弧段)的衬砌混凝土施工,底拱模板范围内的混凝土浇筑完成后,向两侧环向移动后,对已浇筑的混凝土能够充分振捣,表面根据强度要求进行人工抹面处理,满足结构复杂的衬砌结构能够连续进行混凝土浇筑。采用平洞底拱环向滑模复合型针梁钢模台车克服了现有技术中的缺点,解决了衬砌预留槽模板处理问题,能够及时处理底拱混凝土表面缺陷,保证混凝土施工质量,混凝土衬砌达到2天1仓施工工效,同时在混凝土养护期间及时取出锚具槽模板,保证预留槽外观质量及提高锚具槽模板的周转使用率;一定程度上减少了底拱模板的用量,有效降低了施工成本。

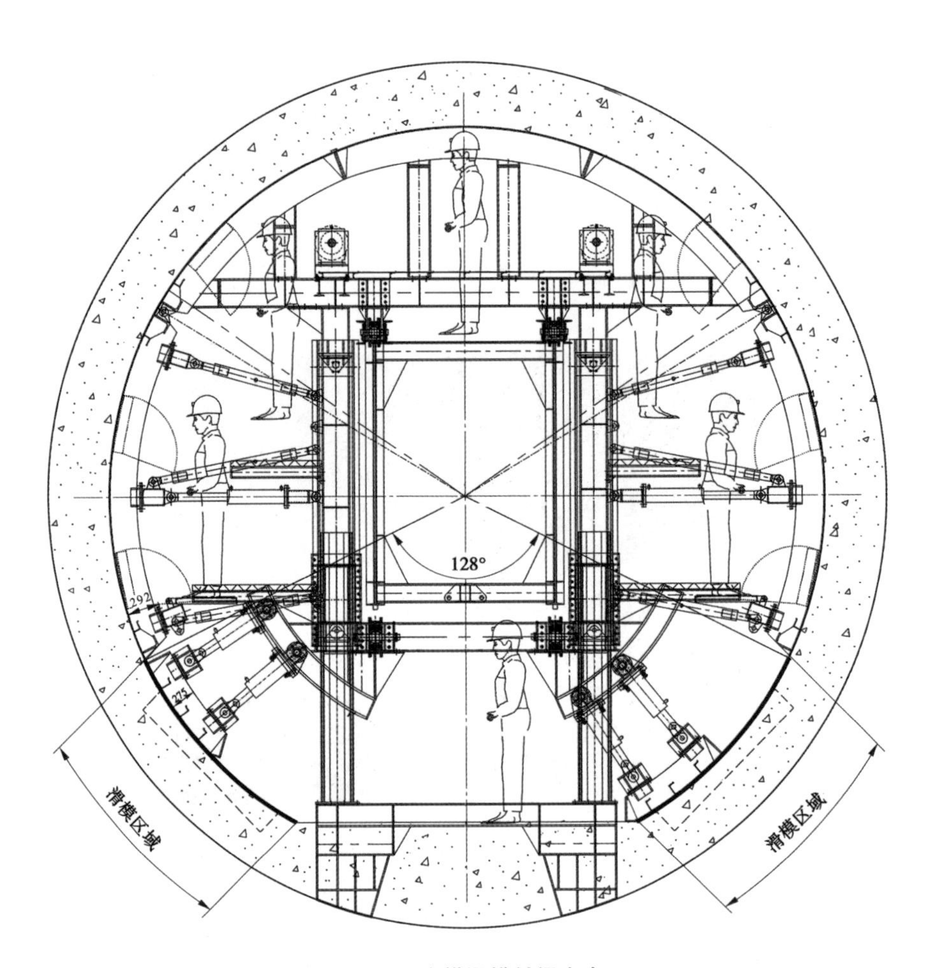

图 3-84　底拱滑模针梁台车

图 3-85　底拱滑模

79.3 成效

盾构掘进中通过连续上软下硬地层,累计带压换刀12次,更换刀具938把,将盾构接收端496 m硬岩段优化为钻爆施工,盾构精准贯通,为工程全线首台洞内接收盾构机,同时确保了地面建筑物沉降控制在设计允许范围内,实现了全线穿越地面建筑物最多、零投诉施工记录。盾构预应力缓黏结衬砌方面,实现了47天成功转序,创珠江三角洲水资源配置工程预应力衬砌最快转序纪录。积极探索预应力钢绞线施工方法,采用3台针梁滑模台车,达到了1天1仓混凝土衬砌浇筑施工记录,高质量完成了盾构隧洞预应力衬砌施工(见图3-86)。

缓黏结钢绞线预应力混凝土衬砌的成功应用,为类似工程建设提供了宝贵的经验和参考。

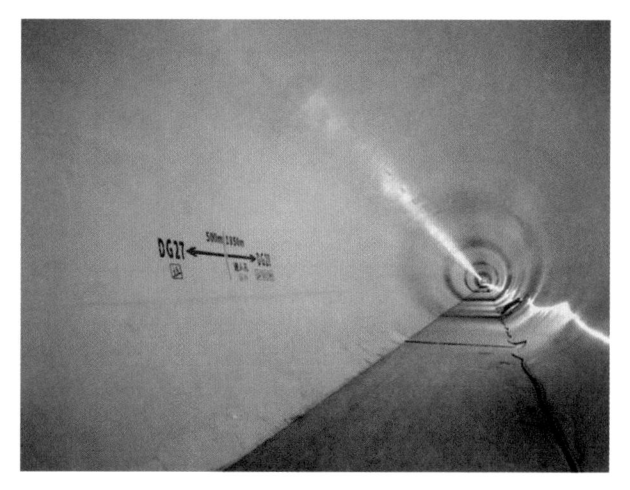

图3-86 隧洞衬砌效果

80. 超高垂直井壁结构内防护涂料施工方法

80.1 背景

鲤鱼洲高位水池为钢筋混凝土结构,圆形井壁构造(见图 3-87),内壁设防护涂层,防

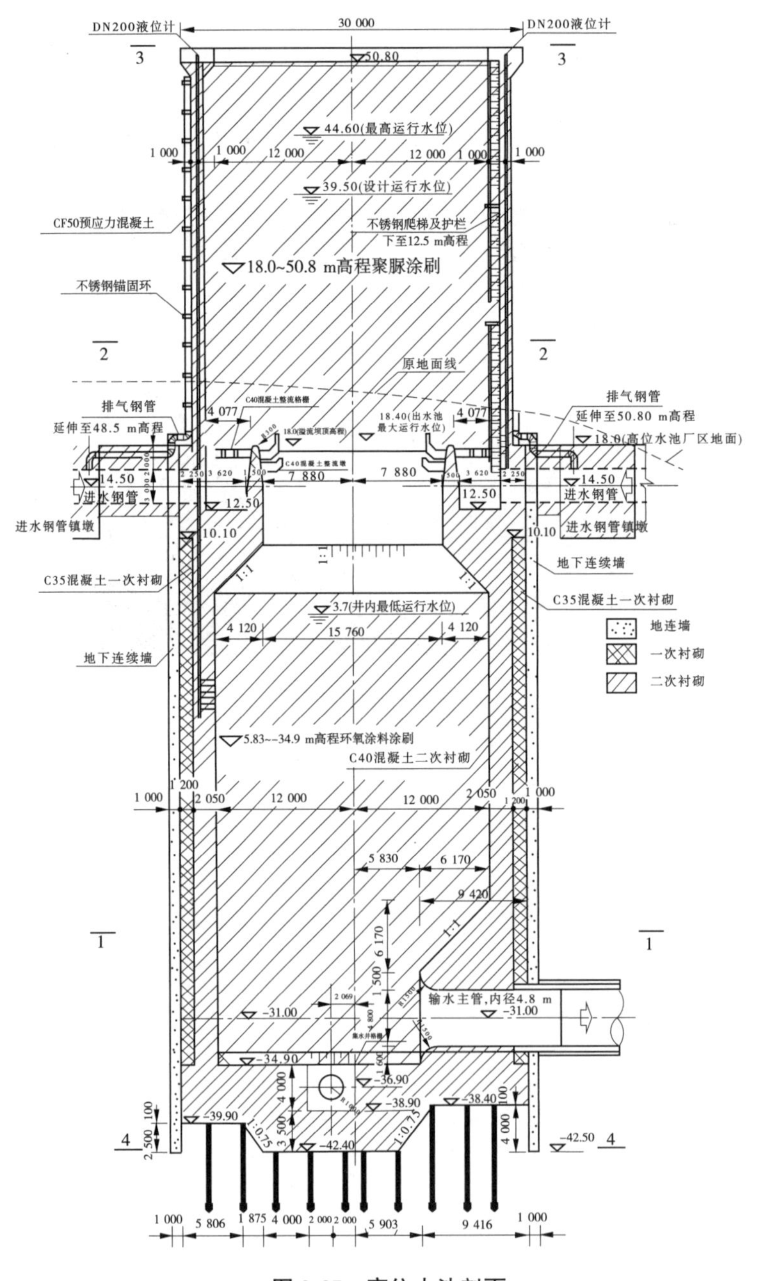

图 3-87　高位水池剖面

护涂层施工地面以下采用底层高渗透环氧底漆 100 μm+面层无溶剂环氧液体涂料 400 μm,地面以上采用 1 mm 厚单组分聚脲涂层。地面以下环氧涂层涂刷垂直高度约 41 m,地面以上涂刷垂直高度 32. 8 m,涂层面为圆形井壁结构,总涂刷高度高(85. 7 m),施工平台难以设置,安全风险高,作业难度大,施工工期紧,涂刷面积大。

80. 2 措施

80. 2. 1 方案比选

方案一:考虑盘扣式脚手架搭设方案,但存在工期问题,无法满足通水节点要求;排架搭设高度高,存在较多施工安全风险,施工管理难度大。

方案二:考虑装配式无人机、挂壁机器人喷涂,存在井内卫星信号接收范围小、信号弱,挂壁机器人涂刷存在外观平整度不平,易留下行驶痕迹,后期难处理等问题。

方案三:地面以下考虑蜘蛛车施工,蜘蛛式升降车是一款非常实用的升降设备,它的重量相对较轻,非常适合高位水池井壁防腐层施工。它采用了独特的“蜘蛛腿”设计,具有稳定性,可以在不平整的地面上安全作业。而且它还具有 360°旋转的功能,可以让操作者在狭窄的场地内灵活自如地工作。在施工中,蜘蛛式升降车的体积比较小,可以十分方便地进入工作现场,并且可以快速升降访问不同的高度,大大提高了工作效率。

方案四:考虑高位水池地面以上内壁检修平台为悬挑牛腿结构,利用检修平台施工前预留吊篮起升穿孔位置,采用吊篮同时作业,可以解决检修平台阴角无法涂刷问题,多台吊篮同时作业,可有效提高施工工效。

经过初步分析,决定在“盘扣式多排脚手架施工”和“蜘蛛车+吊篮施工”中进行详细比选(见表 3-2)。

表 3-2 “盘扣式多排脚手架施工”和“蜘蛛车+吊篮施工”

施工方法	盘扣式多排脚手架施工	蜘蛛车+吊篮施工
工期	地面以下搭设高度约 41 m,地面以上搭设高度约 33 m,搭设工效 3 m/d,排架搭设工期约 25 天,考虑材料准备、地面以上防护漆平台搭设,施工总工期约 50 天	地面以下采用蜘蛛式升降车涂刷,面积约 2 530 m²,涂刷工效约 300 m²/d,工期 9 天;地面以上采用吊篮施工,面积约 3 100 m²,涂刷工效约 300 m²/d,工期约 11 天。井上、井下平行施工,考虑施工准备阶段投入工期,总工期约为 20 天
投资对比	42. 25 万元	35 万元
主要安全风险	排架坍塌、高坠	高坠
优缺点	优点:有操作平台,可多人同时作业,利于施工; 缺点:时间成本高,业主考核节点	优点:施工准备较快,工期短; 缺点:机械运作单循环耗费时间长,单日施工工效有限
结论	综合考虑,为满足业主通水节点、施工安全及成本等问题,选用蜘蛛车+吊篮施工	

考虑施工成本、工期及安全管理方面等因素，经过研究决定现场施工采用蜘蛛车+吊篮施工。

80.2.2　施工方案

80.2.2.1　地面高程以下环氧涂层施工方法

地面高程以下井壁内径 24 m，涂刷高程范围−34.9～5.83 m，采用 FS420 蜘蛛车作为施工平台进行施工（见图 3-88、图 3-89），车身尺寸 8.25 m×1 m×2.1 m，重 8.2 t，水平伸长度 16.5 m，最高伸长 42 m（见表 3-3）。单次操作人员 2 人，操作人员配备五点式安全带并设安全母绳，采用涂刷杆人工涂刷面积 300 m^2/d，有效解决了井内高垂直井壁涂刷作业难题。

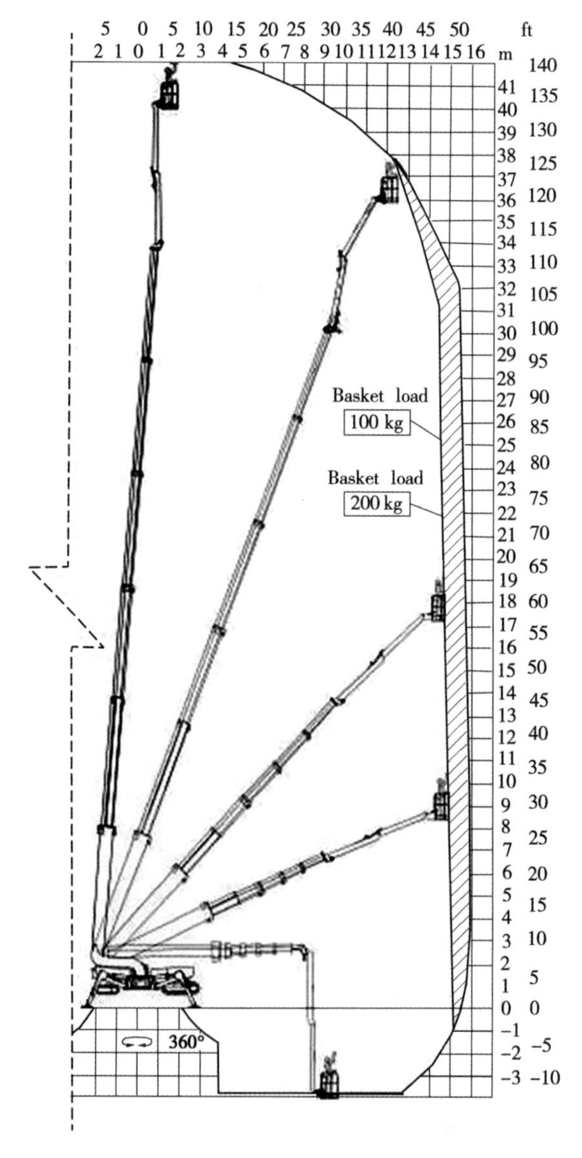

图 3-88　FS420 蜘蛛车施工示意图

图 3-89 蜘蛛车作业现场施工

表 3-3 FS420 蜘蛛车参数

项目	参数
臂架形式	曲臂式
工作高度	42 m
平台高度	40 m
水平延伸长度	16. 5 m
小臂(飞臂)长度	7. 6 m
小臂(飞臂)垂直旋转角度	
跨越高度	
水平地面以下延伸	4 m
平台最大承载质量	200 kg
延伸平台承载质量	120 kg
爬坡能力	30%(16. 7°)
塔台旋转角度	360°
平台尺寸	1. 8 m×0. 7 m×1. 1 m(必要时可拆卸)
平台旋转	180°(左右各 90°)
整机收藏尺寸	8. 25 m×1. 0 m×2. 1 m
可扩展宽度	1. 2 m
支腿范围	6. 54 m×4. 31 m 或 5. 59 m×5. 59 m(可调)
动力源	发动机+220 V 交流电
抗风能力	12. 5 m/s(六级)
遥控控制距离	
控制方式	全液压比例渐变控制
控制电源	24 V
管线	全内置于臂架
整机重量	8. 2 t

80. 2. 2. 2　地面高程以上聚脲涂层施工措施方案

地面高程以上井壁内径 26 m,涂刷高程范围 18. 0~50. 8 m,采用吊篮进行施工。吊篮预埋件需在高位水池顶部高程 50. 8 m 平台浇筑混凝土前进行预埋,材料采用 ϕ 75 mm PVC 管,孔洞位置离墙壁 600 mm;内径周长 81. 64 m,1 台吊篮宽度为 3 m,总占位 21 台吊篮(见图 3-90、图 3-91),共计需预埋孔洞 42 个。

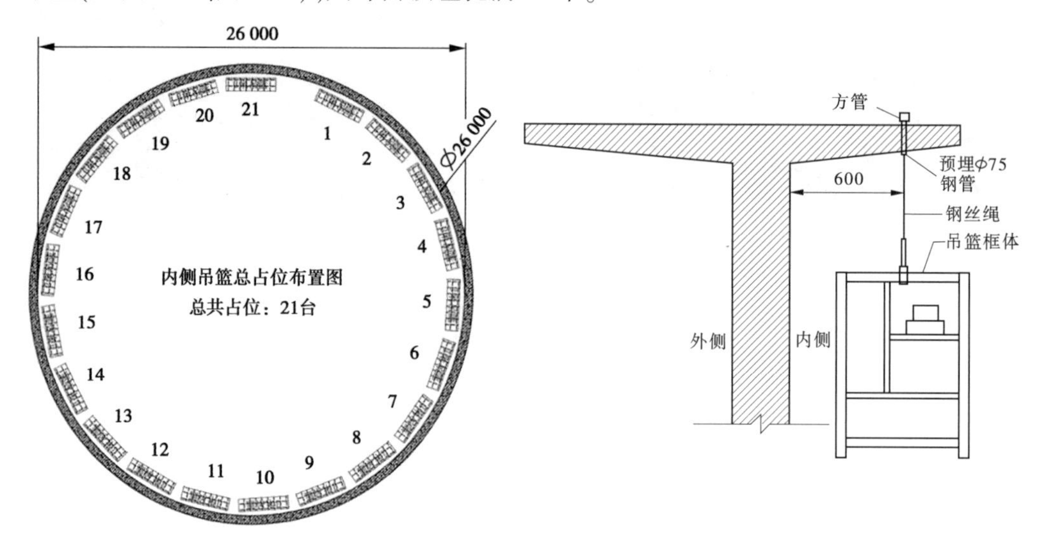

图 3-90　吊篮平面布置　　　　图 3-91　吊篮剖面布置　(单位:mm)

钢丝绳穿过 80 mm×80 mm×4 mm 方管,方管长度 1 m ,每个预留孔各设置 1 条,将方管放置在孔洞正上方,两端固定,钢丝绳通过孔洞,穿过方管固定,钢丝绳离墙 600 mm。吊篮宽度 3 000 mm,离墙最远 315 mm,离墙最近 225 mm。

吊篮施工单次操作人员 2 人,操作人员配备五点式安全带并设安全母绳,每台吊篮每日可完成涂刷 50 m^2,采用预埋穿线管利用吊篮施工(见图 3-92),有效解决了高空涂刷作业的施工难题。

图 3-92　吊篮现场施工

80.3 成效

高位水池超高垂直井壁的作业施工，常规施工方法采取搭设操作排架，排架的安拆与使用既存在较高的安全风险，又会对混凝土表面造成二次损坏。通过方案比选，采用方便轻巧的特种举升车结合吊篮施工，既降低了安全风险，又节省了投资成本，非常值得推广。

81. 超高性能混凝土(UHPC)在水利工程中的运用

81.1 背景

工作井是隧洞工程施工、设备安装及检修的重要通道,工作井内竖向设置有楼梯,地面标高附近设置有用于设备安放及操作的操作层,地上建筑设置有桥式吊机和屋面,传统工作井操作层楼板一般采用模板现浇,工作井屋面结构一般也采用支架现浇施工。珠江三角洲水资源配置工程采用圆形工作井,跨度较大,井深度较深,操作层板等关键结构存在一定的技术和施工难度,采用传统混凝土结构或者钢结构,现浇混凝土支架与模板工程量大,施工风险高、速度慢、工期长,普通钢筋混凝土结构重量过大,易开裂;另外,钢结构虽然施工方便、速度快、工期短,但是耐腐蚀性差,耐火方面也需要特殊处理,运营管养工作量大。为解决本工程中上述技术问题,项目法人组建了由国内专业机构及国内著名高校组成的科研团队,联合开展专项研究,采用新材料、新技术、新工艺系统解决工作井相关结构的技术问题,保证工程质量和工期要求。

81.2 措施

81.2.1 超高性能混凝土(UHPC)运用于工作井操作层

工作井深达 40~60 m,很难搭设支架,一般只能采用吊模施工,而吊模施工工艺繁杂,且拆模困难,工作井操作层面板浇筑完成后,只能通过预留开孔进行模板拆除,下面无操作平台,难以拆模。因此,在兼顾经济性基础上,工作井操作层采用了预制 C50 预应力混凝土梁+UHPC 板+现浇楼板结构(见图 3-93、图 3-94)。

图 3-93 操作层预制梁

图 3-94 UHPC 板铺设完成,操作层楼板浇筑

为评估 UHPC 板作为免拆模板的承载能力,科研团队在华南理工大学开展 UHPC 免拆模板的试验研究。通过 UHPC 板抗弯性能试验,分析不同厚度的素 UHPC 板和 UHPC 加筋板抗弯破坏形态和力学性能,得到相关研究成果及结论,开发了适用于工作井的 UHPC 预制板。

81.2.2 型钢-UHPC 组合梁运用于工作井屋面

工作井屋面为跨度较大的屋面,大跨度屋面结构体系可采用预应力混凝土、钢桁架、钢网架、网壳、悬索结构和索膜结构等结构体系。而工作井设计为超深、圆形大跨度的超常规、异形结构,如何施工和提高耐久性,设计团队联合科研团队研发出一种新型屋面结构体系——型钢-UHPC 组合结构屋面,成功解决了结构施工、受力、耐久性等多方面的问题。

型钢-UHPC 组合结构屋面采用等梁高设计,梁高 150 cm,上、下翼缘宽 60 cm,内置焊接工字钢,外包 UHPC 层(采用 UC130 等级),厚 5~7.5 cm。为深度掌握该组合梁力学性能、验证该结构的可靠性并为后续设计优化提供数据支撑,2023 年 6 月技术团队在华南理工大学结构实验室进行了组合梁足尺破坏试验,同时组织试验现场观摩和试验直播,组合梁试验直播在业界同仁中引起了广泛关注。试验结果表明,型钢-UHPC 组合梁强度、刚度、抗裂性能均满足设计要求,并有充裕的安全储备。

81.3 效果

UHPC 免拆模板在避免高支模施工的基础上,实现了快速建造、快速安装、经济耐久的良好工程应用效果。珠江三角洲水资源配置工程工作井操作层密配筋 UHPC 免拆模板体系是国内最大规模的应用。操作层预制梁+UHPC 板铺设+面层钢筋绑扎+楼板浇筑施工工期共 10 天,较传统支模体系节约 110 天。

工作井屋面型钢外包 UHPC 薄层组合结构体系属于国内外首次提出并采用。型钢-UHPC 组合梁强度、刚度、抗裂性能均满足设计要求,并有充裕的安全储备。型钢-UHPC 组合结构屋面体系(见图 3-95)成功解决了结构施工、受力、耐久性等多方面的问题,其在珠江三角洲水资源配置工程中的成功应用为水利工程未来建设提供了理论和应用支撑。

图 3-95　型钢-UHPC 组合梁屋面架设完成

82. 长距离管道光缆敷设技术

82.1 背景

常规的通信光缆工程通常为架空敷设或在地面浅埋敷设，珠江三角洲水资源配置工程因地处佛山、广州、东莞、深圳四地，皆为经济发达地区，难以进行永久征地，因此不具备常规的光缆敷设条件，要建设通信光缆就只能利用深埋地下的输水隧洞。本工程为百年工程，而光纤使用寿命一般为 20~30 年，所以必须考虑到将来更换光缆的可能性，因而也无法采用光缆直埋的敷设方式，只能采用管道光缆敷设方式。

根据本工程信息传输可靠性的需要，骨干光缆敷设进行了双路由设计。管理团队和设计单位经过研究论证，全线光缆敷设分为输水隧洞内、输水隧洞外两条路由。输水隧洞内敷设水下管道光缆，为工程三大泵站提供直连通信通道；输水隧洞外敷设不涉水的管道光缆，连接相邻的工作井，满足工作井通信需求的同时，通过跳线、熔纤作为三大泵站备用通信通道。

82.2 措施

本工程输水隧洞内设置了行车道，输水隧洞内光缆采用 GYTA53+33 型号，满足水下环境要求，在行车道下预埋硅芯塑料管（内壁光滑），作为输水隧洞内光缆敷设通道，同时每隔 150 m 在行车道居中设置光缆手井，硅芯塑料管在手井内断开，手井作为光缆牵引点，采用常规的机械牵引法敷设 GYTA53+33 光缆，光缆到达泵站附近的输水隧洞引出，光缆敷设较为简单。在盾构管片与隧洞内衬的“夹缝”中敷设输水隧洞外光缆，该方案要解决的最大难题，是盾构管片与隧洞内衬的“夹缝”需浇筑混凝土，无法在相邻两个工作井中间进行牵引光缆施工，两个工作井之间的管道光缆必须一次性敷设完成，而工作井之间的距离多为数公里长，且临时工作井没有通信需求，光缆敷设时需跳过临时工作井，其中全线距离最长的区间约 5.6 km，位于 GZ13#~GZ14#工作井区间。输水隧洞外敷设不涉水的管道光缆，敷设管道长，无法采用机械牵引和气吹法敷设光缆。

为解决长距离管道光缆一次敷设完成的难题，开展了光缆敷设科研，尝试了机械牵引敷设、气吹法敷设、水浮敷设多种光缆敷设方法。其中，机械牵引敷设最长距离为 1.7 km，气吹法敷设最长距离为 2.1 km，水浮敷设 GYFY 光缆成功进行了 6.5 km 的一次性敷设。水浮敷设法的主要原理是采用密度比水小的 GYFY 光缆和硅芯塑料管（内螺旋）（见图 3-96），利用水流的浮力和管道内硅的润滑作用，最大程度减小光缆敷设的阻力，利用水流、水压的作用带动光缆向前敷设，硅芯塑料管的内螺旋设计也有助于此。光缆水浮敷设过程中用到的主要工机具包括光缆气吹机、空气压缩机、水压机、水箱系统、送缆设备等（见图 3-97）。

硅芯塑料管（内螺旋）预埋在隧洞“夹缝”里面，无法进行二次修复、更换，因此本工程光缆水浮敷设法最主要的条件就是硅芯管的畅通及气密性，硅芯管畅通才能保证光缆顺利通过,气密性完好才能保证水压满足敷设要求,气密性具体要求是管内充气 0. 1 MPa, 24 小时后压力降低应不大于 0. 01 MPa。

82. 3　成效

光缆水浮敷设法最终在工程中采用,作为隧洞外管道光缆敷设方法。其中,最大亮点位于 GZ13#~GZ14#工作井的 5. 6 km 区间,采用水浮敷设法一次性敷设成功,长距离管道光缆敷设的难题得到了解决。

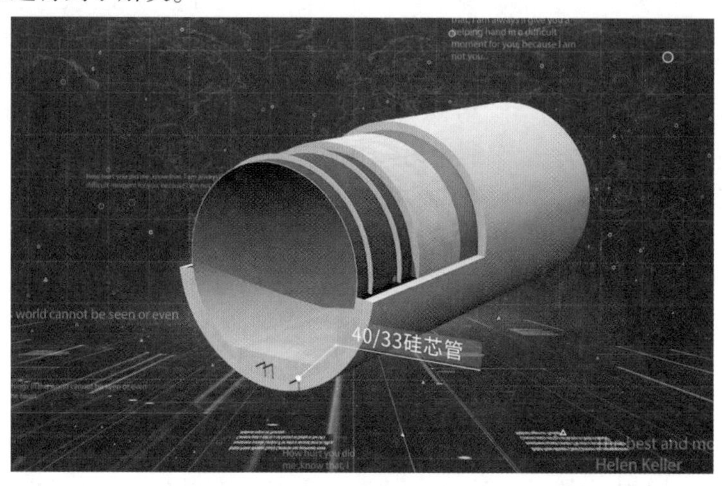

图 3-96　输水隧洞外预埋的硅芯塑料管(内螺旋)

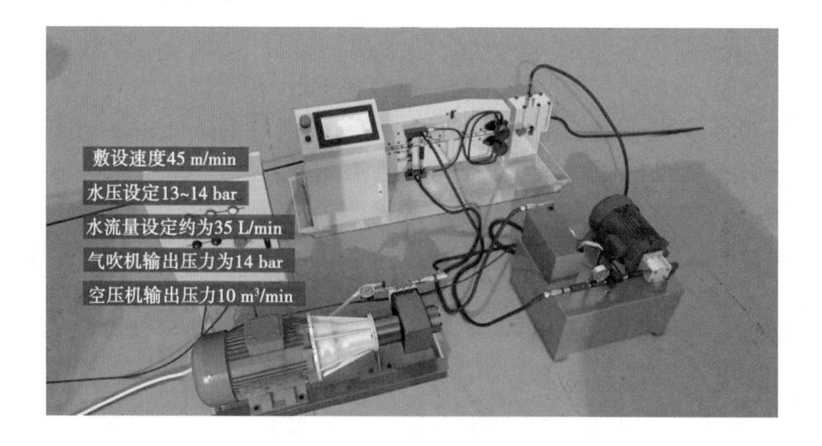

图 3-97　主要工机具

83. 提高监测仪器安装成活率的措施

83.1 背景

珠江三角洲水资源配置工程采用长距离深埋地下隧洞输水，隧洞施工主要采用盾构机掘进和管片支护，过水断面采用钢管内衬和预应力混凝土内衬两种衬砌方式，建筑物还有泵站、工作井、检修排水措施等。为了得到工程施工期和运行期的建筑物安全性态，设计布置了大量的各类安全监测仪器，仪器的完好情况直接影响到安全监测信息的全面准确。因此，监测仪器的埋设成活率是质量控制的重要内容。监测仪器的成活率要在施工期控制好，一方面，在施工期及早识别和判断建筑物安全性态，可提前采取预防、处理措施，保证工程质量与安全；另一方面，在运行期，高成活率可以更全面地提供工程运行的监测信息，实时掌握建筑物安全性态。

然而，水利工程施工受地质、地形、天气等自然条件影响，还面临工程基础、建筑物、施工技术、监测技术等条件的挑战，监测仪器安装成活率一直要求不高，一般情况下，可更换设备安装完好率需达到100%，不可更换设备安装完好率需达到85%。

珠江三角洲水资源配置工程涉及的安全监测项目包括环境监测、表面（内部）变形监测、渗流监测、应力应变监测 4 大类近 30 个小类的监测项目。工作井（基坑）和隧洞内各类监测仪（测点）5 131 支（点），每条隧道顶部和腰部部署有两条全线感知光缆，地面建筑物监测点一共 21 647 个。建筑物内部的重要观测设备多为不可更换设备，管理团队建设伊始就提出了高于规范要求的监测仪器安装成活率。

83.2 措施

83.2.1 人员培训及管理

高素质的人员才能造就高品质的工程。首先从人员的培训和管理方面做好基础保障，开展岗前培训、考核、技能学习、事业心和责任心教育等，让现场实施人员，尤其是一线生产人员，熟练掌握和运用各类监测仪器的安装埋设方法、观测方法、保护方法，认真执行仪器安装埋设的工艺要求及其质量标准，并建立检查制度。同时，制定对仪器安装埋设和管理人员的相应奖惩措施。

83.2.2 仪器采购、检验、率定管理

安全监测仪器品牌众多，质量良莠不齐。对重要的仪器设备的选购，项目法人、监理单位和施工单位按照合同择优选购，并与制造厂商开展充分技术交流，源头上控制仪器设备的质量和技术适应性。

承建单位根据设计文件、合同约定、施工进度及仪器供货周期等要求，编制仪器及辅助安置设备的采购计划报告，报送监理单位审批。所有仪器的检验、率定应按照招标文件及合同要求的方法、流程等进行，率定成果及时归档保存。

83.2.3　仪器的埋设安装方案制定

制定监测仪器的埋设安装专项方案,方案需包括仪器的安装埋设方法、沟槽开挖方式及仪器电缆保护方案。具体的仪器埋设安装方案包括:①安装质量控制目标及保证措施;②仪器安装的标准及参考图例、安装示意图;③外观测点安装所采用的标准、等级及允许误差;④内观仪器的详细安装方法及步骤;⑤仪器的配件及预埋件的制作方法,需要土建单位配合安装的需指出安装时间节点和要求;⑥安装辅材的选择;⑦部分需要外接电源的仪器需指明接入的电压等级及负载要求;⑧仪器电缆的保护方案,包括混凝土内部及混凝土外露部分电缆的保护。

83.2.4　仪器安装与监测方法创新

结合珠江三角洲水资源配置工程安全监测仪器埋设安装的特点,对部分仪器的安装与监测方法进行优化。深基坑无线采集自动化监测系统可实现现地操作和远程管理无缝切换的自动化监测系统,适应深基坑工程监测点分散、施工环境复杂的特点;地下工程外水压力监测快速安装装置及应用方法、智能化水利工程结构安全监测系统及监测方法能够全方位对河堤内部进行监测,获得精准的数据,方便提前预警;基于三维激光点云几何特征的建筑物变形监测方法,能及时有效地为建筑物的施工和管理提供安全监测数据;地下工程外水压力监测快速安装装置及应用方法使安装快速、方便、安全,同时增加了外水压力监测装置的重复利用率,经济效益显著。

83.2.5　仪器埋设施工质量控制

监测设备仪器的安装以审核批准的施工措施计划书为依据,做好现场图片与数据文字收集,内容应包括:①仪器埋设位置;②仪器的型号规格和设计编号; ③埋设安装的配件和预埋件; ④埋设安装过程和仪器埋设前后的观测读数; ⑤电缆的牵引保护;⑥仪器埋设时的现场环境记录; ⑦仪器埋设位置和电缆走向的现场埋设草图。安装埋设工作的完成实际上是对单元工程的总结,包括监测设备准备、人员投入、检验率定、室内组装、现场埋设等多个质量考核环节,它汇集各监测施工阶段表格与资料成册存档备查。

83.2.6　监测线缆与光缆的保护

埋入式监测电缆具备一般电缆共性的同时,还应具备双耐性:既耐压力又耐腐蚀,符合监测设计和监测技术规范要求。现场电缆的施工牵引根据建筑物特点、地质条件,充分考虑跨缝、沉降、抬升、拉裂等工程变形可能性。现场电缆的牵引过程中,应与埋设的设备一一对应并逐一编号,特别当电缆群发生突发事件后,修复工作中必须结合以往数据、监测设备电性特征和编号逐一排查与确认,以保证仪器数据的连续性。及时做好现场电缆的保护与安全放置,避免监测电缆被损坏情况的发生。

83.2.7　监测仪器设备的保护

已安装仪器设备的损坏主要有两类:有意识破坏和无意识破坏。有意识的破坏主要为盗、割,观测站被撬等,无意识的破坏主要由交叉施工引起。隧洞的盾构施工、锚索张拉、基坑的土方开挖、混凝土浇筑、施工机械行走等都有可能对仪器、电缆(光缆)造成损坏。减少仪器设备损坏的主要预防措施有:在仪器及电缆部位要有醒目标志(如果可能的话),电缆钢管涂上颜色,以与脚手架相区别,避免无意被破坏;可能受到施工碰撞的监测仪器设备应加工制作专用保护装置(根据受损风险来源和碰撞程度,相应选择木质或铁质保护装置)，并将装置用红白油漆涂刷成警戒色，悬挂仪器设备保护警示标牌；经常性对现场进行巡视检查，了解土建施工进度，并与相关各方进行协调，加强对已安装仪器设备的保护；容易遭受夜间施工干扰的监测仪器设备，安装闪烁警示灯和反光标志，提醒施工机械和施工作业人员注意保护。仪器设备的保护需要参建各方以及管理、监理、设计等相关各方的重视、协作，才能保证仪器的正常运行，各参建单位对监测仪器保护职责见图 3-98。

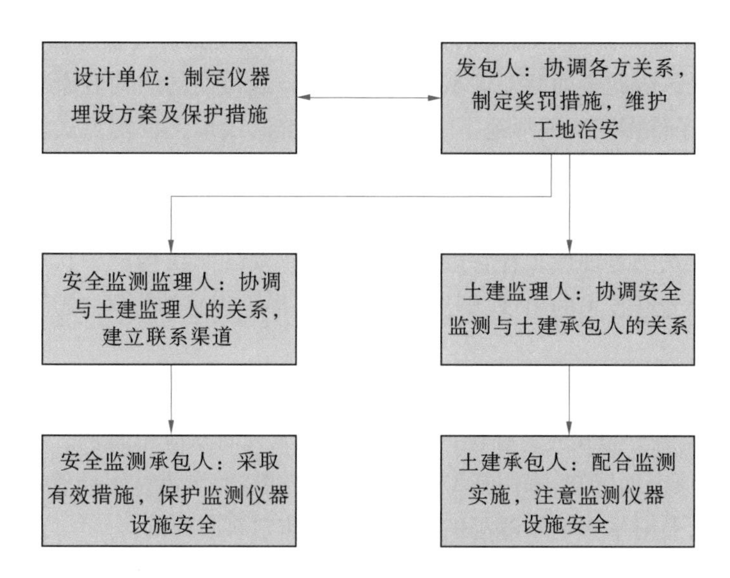

图 3-98　安全监测设施保护职责

83.2.8　巡视与外部协调

工程施工阶段，巡视检查工作对提高监测仪器埋设完好率有很好的帮助作用，充分利用巡视检查工作，发现问题及时采取措施并处理，尽最大能力想方设法提高仪器安装埋设完好率，充分发挥安全监测工作的耳目作用。

积极主动与主体工程参建方沟通，了解土建施工进度情况，及时保护相应工作面上的安全监测仪器设备设施。参建单位的共同努力与配合协同，是提高安全监测仪器设备设施安装成活率的重要保证。

83.3　成效

历经 4 年半的努力，珠江三角洲水资源配置工程在 2023 年 12 月顺利通水。安全监测实施中，研发和优化多类地下工程监测传感器安装装置及应用方法，严格落实仪器成活率措施，使得监测仪器的存活率达到 97.6%。同时，采用优化后的自动化采集方法，确保了输水隧洞、泵站等水工建筑监测数据的全面性、及时性，为隧洞通水后水工结构的安全评价奠定坚实基础。

84. 分布式传感光纤在输水隧洞安全监测中的应用

84.1 背景

珠江三角洲水资源配置工程输水线路长、埋设深、地质条件复杂、内外水压高，承担长期高压输水的重任，因此全面感知输水隧洞施工期和运行期的结构健康对保障供水至关重要。对于地质条件多变的线形地下输水工程，传统的线形工程定点式监测方法存在覆盖面不足的问题，变形或应力超过限值等结构损伤部位往往没有发生在典型监测断面位置，这就导致监测数据无法全面真实反映结构健康状态，影响了对隧洞结构变形规律、损伤机理的掌握，无法满足现代工程管理需要。全面感知隧洞结构健康状态是亟待解决的问题，分布式传感光纤技术的出现，解决了长距离线形工程感知盲区、响应滞后、信号传输难等问题。

分布式传感光纤与传统传感器相比，具有长距离、全覆盖（最小量测间距可高达 10 cm）的优势。定点式分布式光纤在国内水利工程尚无大面积应用案例。为了实现本工程输水隧洞结构健康全面感知，采用新型分布式传感光缆，监测沿线纵向管片变形和环向钢管应力分布情况，及时掌握输水隧洞的健康状态是非常有必要的。

84.2 措施

在盾构隧洞管片内弧面的顶部及一侧腰部沿纵向共布设 254.65 km 定点式应变感测光缆（见图 3-99～图 3-101），监测隧洞纵向盾构管片变形情况；在盾构隧洞钢管内衬 24 个综合监测断面的钢管外弧面沿环向共布设 4.1 km 碳纤维复合基应变感测光缆（见图 3-102），监测钢管环向应力情况。利用通信光缆作为温度补偿光缆，通信光缆中的一根纤芯定制为高散射纤芯。

84.3 成效

分布式传感光纤监测成果（见图 3-103）显示空间分辨率为 0.5 m，监测间隔为 0.05 m，应变测试精度不大于 2 με，温度测试精度为 0.1 ℃，不仅监测精度高，而且监测覆盖范围广。通过分布式传感光纤监测，可以感知隧洞管片纵向变形和环向钢管应力分布情况，及时掌握隧洞结构健康状态，为输水隧洞运行管理提供技术支撑。

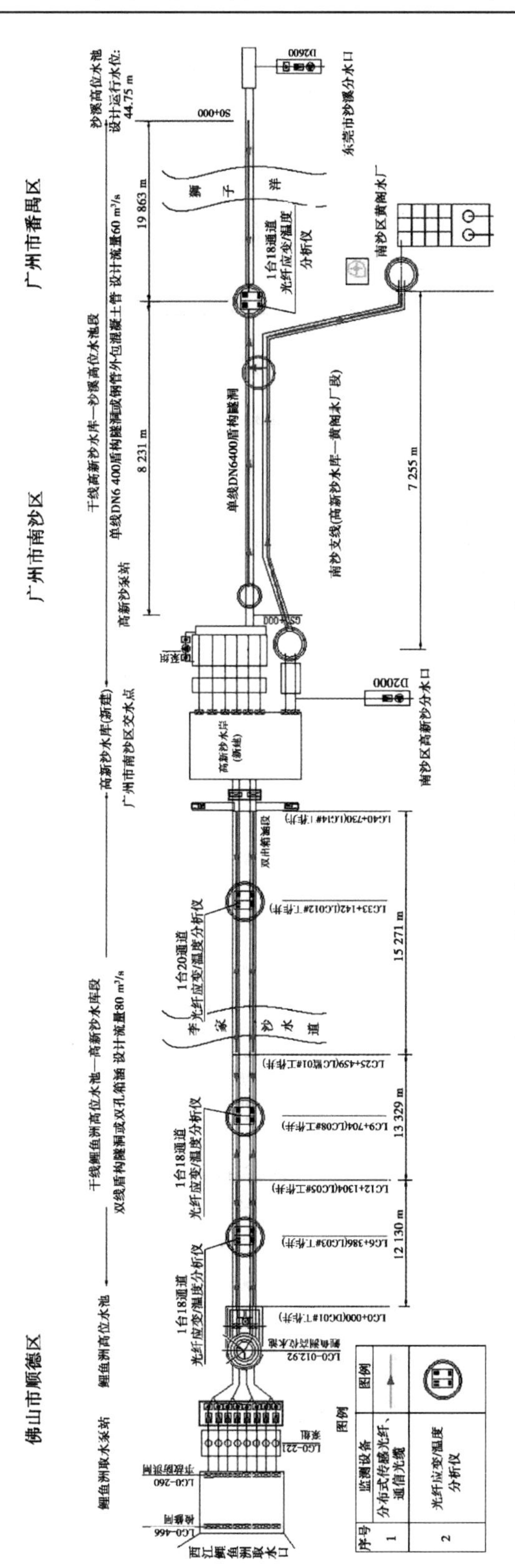

图 3-99 定点式应变感测光缆布置平面示意图

图 3-100　管片内弧面定点式应变感测光缆

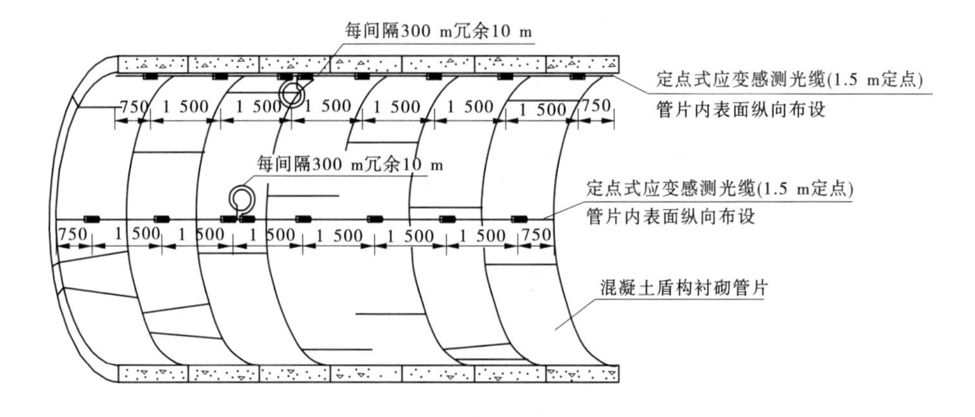

图 3-101　管片内弧面定点式应变感测光缆布置纵剖面示意图

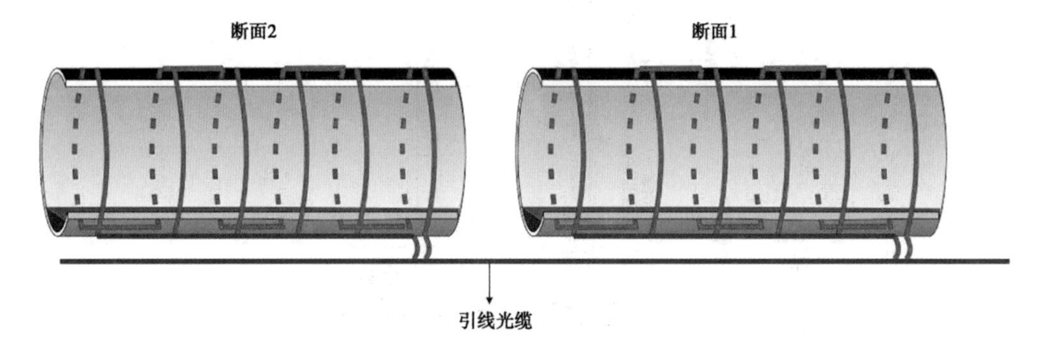

图 3-102　钢管外弧面碳纤维复合基应变感测光缆布置示意图

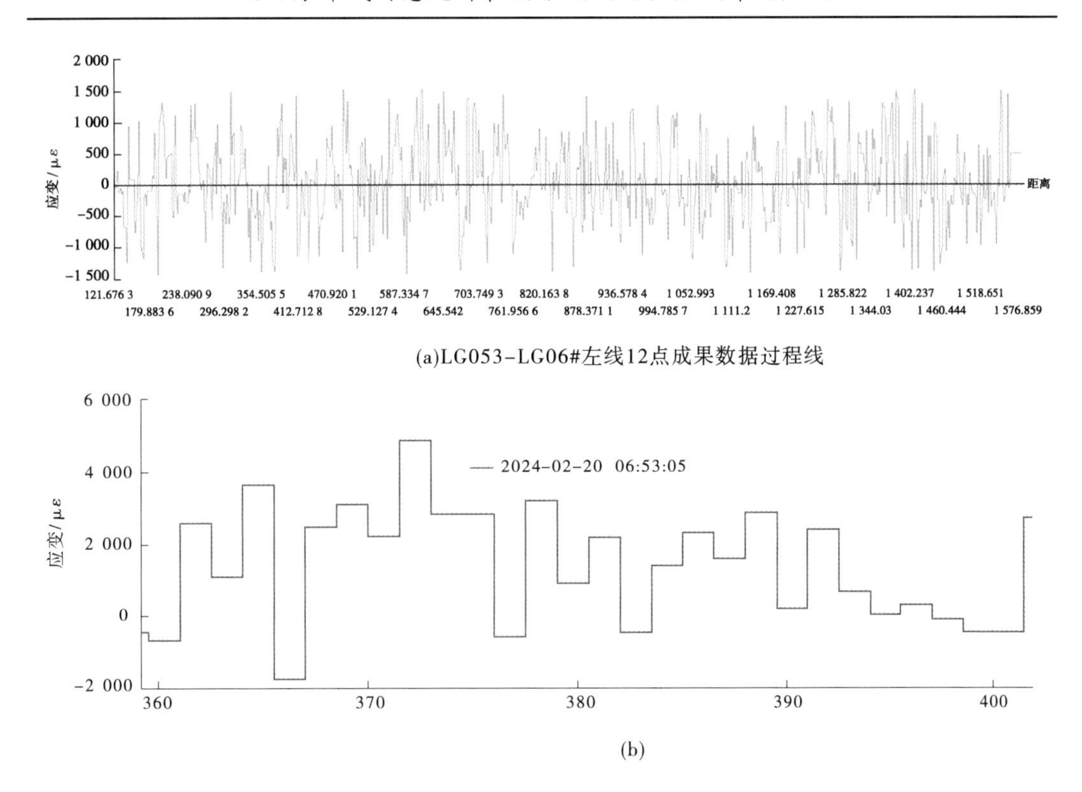

(a)LG053-LG06#左线12点成果数据过程线

(b)

图 3-103 管片内弧面定点式应变感测光缆监测过程线

四、经验借鉴篇

积极应对风险，在经验教训中谋求高质量发展

本书经验借鉴篇以易发风险问题为导向，以择善而从为原则，以经验库构建为目标。内容涵盖旧堤加固、地下涌水、渗压计冒水、堤岸滑坡、电容器故障、地连墙断桩、基础沉降、结构变形、法兰漏水、工序干涉等风险问题及解决措施，在经验教训中谋求工程高质量发展。

85. 解决高新沙旧堤加固异常的措施

85.1 背景

高新沙旧堤是珠江三角洲水资源配置工程新建水库所在地既有四级堤防,保护围内耕地及民居,20 年一遇防洪标准。前期勘探揭示,旧堤基础主要为淤泥质黏土。旧堤在高沙河侧临水面有近 500 m 直立挡墙,其余为 1∶2植草砖护坡,背水侧为 1∶2土坡,部分区段间有混凝土路面、民房基础等。堤身从上到下为 20 cm 混凝土、0. 4~1. 0 m 厚度不等的人工回填土、淤泥质黏土、粉质黏土等(见图 4-1)。根据设计要求,需对高新沙旧堤进行加固。

图 4-1　高新沙旧堤原状

高新沙旧堤是当地持续多年围垦建成的,基础未见系统性处理,堤防加固施工扰动存在“液化”可能,相当于将设备架在“嫩豆腐”上作业。桩基施工扰动易造成土体强度降低;强降雨与潮汐变化易导致滑塌。2023 年 6 月 29 日至 7 月 12 日,监测数据显示,2+708、2+675 断面在地下 6 m 出现超警戒值的位移,最多达 8. 8 cm,且指向河岸。同时,外部观测数也显示堤肩向临河侧位移,达 3. 5 cm,现场堤顶挡墙、堤肩花槽等出现裂缝,且变形与桩基施工时间、空间上呈相关性,发生在成桩 1~4 小时。

结合现场实际,专家组分析认为该段旧堤滑塌直接原因是旧堤土质强度降低。间接原因:一是旧堤后堆土在持续降雨后,本身强度降低不能自稳,对堤身造成向河侧的土压力;二是先行施工的堤顶以下 6 m 水泥搅拌桩在地表形成一个相对密封的盖重,使后施工的高压旋喷桩压力释放不完全,形成额外压力;三是堤身在高压喷桩施工扰动下有液化可能,桩身在短时间内强度低,无法承受施工荷载;四是适逢天文大潮,潮水位差达 2. 0 m,临河侧水压力短时间内减少,增加滑移可能。滑塌面在堤顶以下 5~7 m,滑塌时间在 20:57(滑塌时设备没有运转),正处在低潮位向高潮位转变,间接验证了潮位影响。

各方会商认为 2+675 断面监测异常是堤身在高压旋喷桩桩胶凝物注入,加上设备重量超过了堤身承载。

85.2　措施

(1)采用 CFG 桩加固方案。在人工回填土并可能伴有杂树、抛石的区域,与水泥搅拌桩相比,CFG 桩施工扰动小,施工效率高,强度上升,风险较小。

(2)河床护脚、直墙段压重。高沙河侧河岸,特别是在水流冲刷段进行水下抛石,形成 1∶3稳定边坡。在直墙段设置衡重式挡墙(见图 4-2),增加河堤自身安全。

图 4-2　完工后的高新沙围堤防

(3)综合分析运用安全监测。在施工扰动段,增设了连续深层位移安全监测。利用太阳能与储能供电,实时监测施工段的堤身及基础变形,结合外部观测数据,准确快速探查变形情况。

85.3　成效

后期施工监测数据显示,采用 CFG 桩对堤身的扰动明显变小,临河增加重力式混凝土挡墙,堤身变形减小,未再出现超过预警值的状况;连续深层位移安全监测能精准实时反映深层位移,多次反馈堤身变形,及时发出预警,通过采取可行措施,保证了安全。

86. 盾构始发涌水治理及预防措施

86.1 背景

珠江三角洲水资源配置工程输水隧洞大多采用盾构法实施,区间隧洞埋深大、地下水丰富且压力大,盾构机在工作井内始发时安全风险较高。粤海 10 号盾构机在始发时发生涌水险情,及时采取了有效措施消除盾构始发风险。

86.2 措施

(1)始发前在洞门墙进行水平探孔施工,水平探孔长度进入岩层(土层)9 m 以上,根据水平探孔的渗水量再次进行洞门注浆加固,注浆采用纯水泥浆,开灌配比为 1.0,终灌配比为 0.5,灌浆压力不超过 1.0 MPa。经过再次灌浆加固,利用水平探孔检查洞门渗水情况,确保渗水量小于设计要求。

(2)传统洞门密封采用的帘布橡胶板+折页式压板,属于柔性密封结构。在 5~6 bar 的水压力作用下,此结构形式自身强度不能有效抵抗水压力,易导致地下水将密封向外挤压变形从而发生涌水。改进后的方案为在洞门钢环内加入一道钢丝刷和一道止浆板,并对折叶压板用钢筋进行拉紧,形成一个整体。

采用焊接钢板对洞门密封止水装置进行加固,加固完成后在洞门密封装置位置预留注浆点位,当盾构始发期间有地下水从洞门密封位置涌出时,立即进行注浆封堵。注浆前开展浆液配比试验,配置的双液浆凝结时间不超过 30 s,注浆压力应超过地下水压力,确保在洞门密封结构内形成的封堵加固体能有效阻隔地层涌水。

(3)提前布置好工作井内的应急抽排设备。工作井底部安装 8 台 45 kW 水泵,预留 2 套 DN100 应急抽水管路,始发前完成 8 台水泵(3 台卧式和 5 台立式)全部安装到位,3 台卧式水泵采用上下可移动措施与立式水泵共用管路,并在现场新增加两台 400 kW 发电机作为备用电源,在盾构始发前将所有抽水设备调试完成。在各趟抽水管路上安装水表,定期进行读数,便于统计抽水量。

(4)盾构始发前对整个始发场地采用地质雷达扫描地层空洞状况,结合施工监测沉降、水位监测等综合判断场地内脱空层具体分布位置、面积、深度,针对不同地层脱空、沉降程度优先对场地基础做出针对性注浆处理。

(5)提前布置好监测点位并采集初始值。建立完善的监测预警体系,当出现监测数据超限或发生险情时,立即对周边建(构)筑物、地表沉降等增加相应的监测点位并加密监测,及时反馈监测数据并根据监测成果拟定下一步应对措施。

(6)制定完善的盾构始发应急处置预案并开展应急演练,确保在应急情况发生时各小组成员能迅速进入工作状态。同时,做好应急物资的储备工作。

（7）建立盾构始发条件验收制度，盾构始发条件经项目法人和设计、监理、施工单位现场验收通过后，才能进行盾构始发工作。

86.3　成效

按照上述措施执行后，顺利实现珠江三角洲水资源配置工程土建施工 A4 标剩余 5 台盾构机的安全快速始发，同时也为本工程其他标段的盾构始发安全提供较好的借鉴经验。

87. 穿海隧洞外侧渗压计冒水及改进措施

87.1 背景

2023 年 2 月 12 日上午 11 时,安全监测施工班组在把仪器尾缆接入底部主干光缆中时,施工人员使用扳手直接松开渗压计顶部螺栓用于尾缆接长工作,由于外水压力过大,在松开顶部螺栓约 2 cm 长度后,直接把顶部螺栓冲开,导致外部地下水通过预埋套筒喷进该隧洞区间,如图 4-3 所示。

87.2 措施

2 月 12 日 15 时 40 分,根据渗压计埋设套筒尺寸,首先用直径 5~6 cm 木楔子锤入孔内,冒水点完成封堵,如图 4-4 所示。

然后用圆柱形不锈钢管节套在漏水点处,不锈钢管节带底座且有两个阀门。底座用膨胀螺栓固定在管片上,通过调节两个阀门的闭合将环氧注入管节内,待环氧固结后完成封堵点处理,如图 4-5 所示。

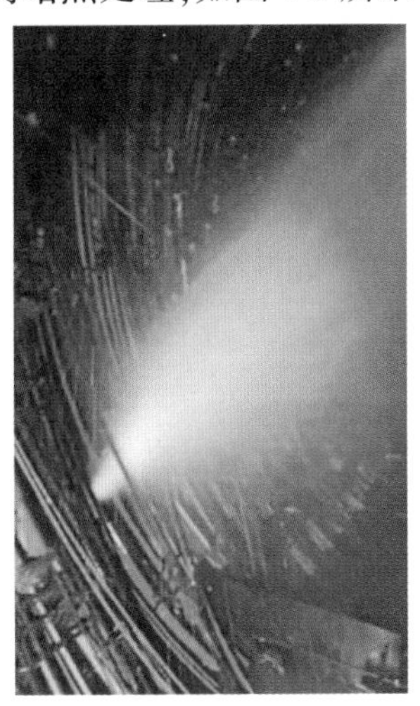

图 4-3 渗压计安装孔冒水

图 4-4 木楔子堵住渗压计安装孔

图 4-5 金属管节封堵

最后,对漏水点附近的管片外侧通过管片上的灌浆孔进行再次灌浆,避免管片外注浆层因冒水而掏空。

87.3 原因分析

隧洞外侧渗压计安装,在管片预制时,在相应的管片位置处,根据渗压计尺寸将外套筒预埋至管片混凝土中,其长度与管片厚度相同,使管片形成内外通道,管片外弧面出口处用塑料片临时封盖,如图 4-6 所示。

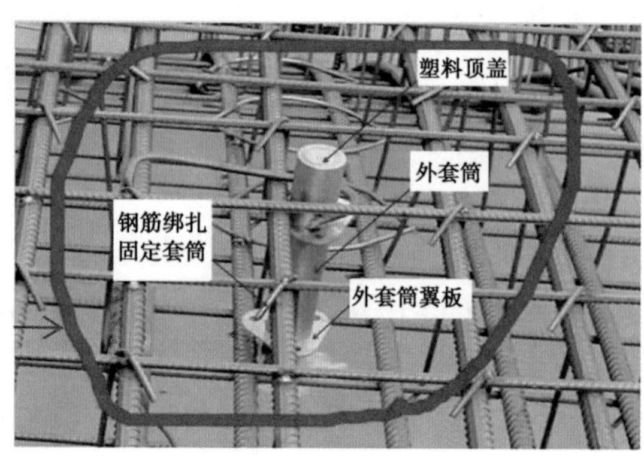

图 4-6　管片内预埋渗压计套筒

管片拼装完成后,找到预埋的渗压计套筒盖,将已接好传感器及透水顶管的内牙套旋入预埋好的外牙套中,使透水顶管的顶部略低于管片外弧面。旋转内牙套,使透水顶管刺破临时封盖的薄塑料片。

渗压计安装在预埋的套筒内,承受约 50 m 水头压力,依靠渗压计安装内套筒的外螺纹与外套筒的内螺纹连接,防止渗压计被强大的水压顶出安装孔。当安装人员旋松渗压计的安装螺纹,渗压计的内、外套筒间的连接逐步松开,隧洞外水压力通过渗压计传递到洞内,将渗压计内套筒及渗压计冲出安装孔,导致冒水。

87.4　经验总结

(1)用来监测管片外水压力的渗压计,存在管片内外水压力连通的风险,对已安装完成的渗压计,若渗压计失效,不建议拆下更换,避免带来进一步的冒水风险。为避免发生上述冒水现象,安装套件应带有逆止阀结构,逆止阀能在渗压计取出时自动关闭,抵抗住外水压力,避免内外水连通引发冒水。

(2)按照土压力计的埋设方法,在预制场管片预制时,将渗压计用土工布包裹后固定在管片外侧,用木板盖住,引出电缆沿钢筋绑扎到管片内侧,端部用木盒保护。待管片预制完毕,去除木板,露出土工布,使渗压计能感受水压力。这种方式安装,有可能在管片外的壁后注浆时,浆液将渗压计透水石堵死,引起渗压计无法感受水压力。

88. 解决堆土期间堤岸发生滑坡的措施

88.1 背景

推土车在鲤鱼洲岛东南侧的 1 号临时堆渣场(见图 4-7)向施工营地方向进行渣土堆填作业时,堤岸发生坍塌。

图 4-7 红色区域为一期围堰,蓝色区域为 1 号临时堆渣场

此次坍塌位于岸坡中部,形成的坍塌体长 60~80 m、宽 100~110 m、厚 2~7 m,产生的坍塌体体积约 21 000 m^3,参照滑坡规模划分标准,该坍塌规模属中型;坍塌体物质主要为素填土,由碎石土、砂土、粉质黏土组成。坡面裂缝发育(见图 4-8、图 4-9),整体呈环状,岸坡下部为第四纪全新世桂洲组(Q_{hg})砂土、粉土、粉质黏土、淤泥质土等;上部为人工填土,岩性为碎石土、砂土、粉质黏土,厚 5~8 m。下部淤泥质土在河水长期浸泡下,抗压强度和抗剪强度降低,力学性质差,由于渣土超高超量堆放,在上部人工填土荷载下,容易产生坍塌变形;另外砂土、碎石土处于松散状态,从而形成滑动、坍塌。

88.2 措施

(1)卸载 1 号临时堆渣场顶高程至 9.6 m。

(2)在 2.5 m 高程平台以下的临水侧为抛石体结构,抛石体坡面为 1:4,抛石体分二级:一级抛石体从平台高程 2.5 m 接至抛石护脚河床面高程,护面结构为厚 200 mm 的 C25 模袋混凝土护坡,碎石垫层 500 mm,下铺土工布一层,利用泵站、工作井、高位水池开挖石渣料回填;临水坡脚设置二级抛石体固脚,高约 5 m,顶宽 15 m。

图 4-8　坍塌体北西侧后缘横向裂缝及易坍塌土体

图 4-9　坍塌体北东侧岸坡上部存在易坍塌土体

(3)在 2.5 m 高程采用 CFG 桩进行堤防基础加固,桩径 500 mm,间距 1.5 m,矩形布置,平均桩长 16~20 m。

(4)将堤身回填至 9.6 m 高程,采用斜坡式断面,在 20 年一遇防洪水位 7.20 m 高程设置一级平台,宽 5.7 m,运行期作为泵站枢纽厂区的亲水平台;在多年平均水位以上 2.5 m 高程(高于施工期水位约 0.5 m)设置二级平台,宽 10 m;一级平台与泵站永久厂区的连接、二级平台与一级平台连接均采用工程措施与植物措施相结合的生态、环保生态混凝土护坡形式,坡比 1∶2。

修复后的堤岸见图 4-10。

图 4-10 修复后的堤岸俯瞰图

88.3 经验总结

(1)临时堆渣场作为工程渣土的中转场使用,在施工过程中存在动态变化的情况,主要包括堆填料来源、堆高、堆存容量、堆存位置等变化,以上因素易造成临时堆渣场发生边坡失稳的潜在风险,需重点关注。

(2)在编制渣土堆填的专项施工方案中,应明确临时堆渣场的堆填料来源、堆填顺序、堆高、堆存容量、堆存位置等具体要求,便于施工过程管控;若实际情况与施工方案中的设计条件不符,应及时反馈,做到动态设计、信息化施工。

(3)应强化渣土堆填专项施工方案的评审,确保施工方案安全可靠。

(4)对软基上的堆土、边坡,需引起特别重视,并重点关注施工过程中的安全性。

89. 工作井围封地连墙发生断桩处理措施

89.1　背景

地连墙浇筑施工中,导管卡顿、混凝土供应异常、停电等情况时有发生,如处理不当,将导致断桩,对工程实体质量造成不利影响。如发生断桩,应及时积极应对、快速处理。

89.2　措施

(1)浇筑异常时,可采取重新安装导气管至浇筑面以下,通过高压空气翻动底部泥浆进行泥浆循环,保证槽壁稳定。再利用两根小管径导管采用同强度细石混凝土进行灌注。待填充面到达目前原导管的可浇筑面时,利用原导管重新开塞浇筑地下连续墙混凝土。细石混凝土现场塌落度、扩散度检测通过后,由泵车从小管径导管浇筑混凝土。细石混凝土浇筑过程中可通过逐步提高导管深度,保持导管口埋入浇筑面 50~80 cm,并保持小流量左右侧交替浇筑的方式进行。

(2)对该槽段进行抽芯检测,确认上下芯样是否完整、密实。随后对处理后的槽段进行压水试验,确认压水试验结果与勘察地质资料是否相吻合,透水率是否存在异常。组织专家评审,根据专家评审意见,明确后期可否进行该区段的基坑开挖施工。开挖过程中,如发现该槽段某结构层出现渗水,可采取外侧高强旋喷桩(MJS)加固+水泥水玻璃双液体注浆堵漏施工。

(3)为及时对渗漏通道进行封堵,可使用钻注一体机对渗漏位置进行注浆处理,在钻进过程中若发现地下空洞,先进行注浆填充,再继续下钻至拟加固深度。

(4)使用高强旋喷桩(MJS)进行最大 360°全方位喷射成桩,喷射压力最大可达 40 MPa。通过调整喷射的角度和压力,控制成桩的形状和直径。成孔完成后,通过安装在钻头侧面的特殊喷嘴,用高压泵等高压发生装置,将硬化材料从喷嘴喷出,并将多孔管抽回。由于高压喷射流具有强大的削切力,将土体与浆液搅拌混合,待浆液凝固后,在土体中形成加固体。

89.3　成效

珠江三角洲水资源配置工程后续地连墙浇筑过程中出现过类似问题,经参建各方多方研究、分析,采用上述方法完成了断桩处理,取得了较好效果,有效保障了施工质量。

90. 鲤鱼洲泵站 7 号泵组试运行电容器故障分析处理

90.1 背景

珠江三角洲水资源配置工程鲤鱼洲段至高新沙段于 2023 年 11 月 1 日试通水成功后,鲤鱼洲泵站首台机组 7 号机组于 2023 年 12 月 6 日完成手动、自动开停机试验。第一次带负荷试运行期后期阶段,7 号泵组定子外部主电缆进线处设置的过电压电容保护器出现电容器谐波振荡造成绝缘降低,引起三相短路爆炸现象。事件发生后,项目法人组织设计单位、监理单位、施工单位及电机厂家专家现场分析原因,统一意见后,各个单位专家建议取消定子外部设置的主电缆过电压电容保护器。取消过电压电容保护器后,第二次开机带负荷连续试运行开始时间为 2023 年 12 月 20 日 10:32,结束时间为 12 月 21 日 10:37,机组在试运行 24 小时期间,泵组运行的电压、电流、变频设备系统、励磁设备系统、辅助设备系统,以及机组各种油温、瓦温、振动、摆度值均满足设计规范及厂家要求。

试运行 7 号机组电容器故障(见图 4-11)发生于 2023 年 12 月 11 日下午,根据现场人员反馈情况,现场在 7 号机组运行时,突然听见爆炸声之后主出线出口处开始冒烟,经过消防灭火后,确认为 7 号机组电容器爆炸引起此次事故。后续调取电流监控数据(见图 4-12),7 号机组在 2023 年 12 月 11 日 15 时 5 分,一次测量电流突然波动归零,可推断电容器就是此时发生爆炸。(注:事故发生前的运行功率为 854.8 kW,频率为 33 Hz,运行时长 21 小时)。

图 4-11　7 号机组主出线处故障后实际情况

从监控曲线得知,在发生事故的同时,A、B 电流突然增大。

90.2 事故原因分析

综合现场事故的情况、电流波动监控情况、电容器的选型情况及其他相关因素,此次事故的原因分析说明如下。

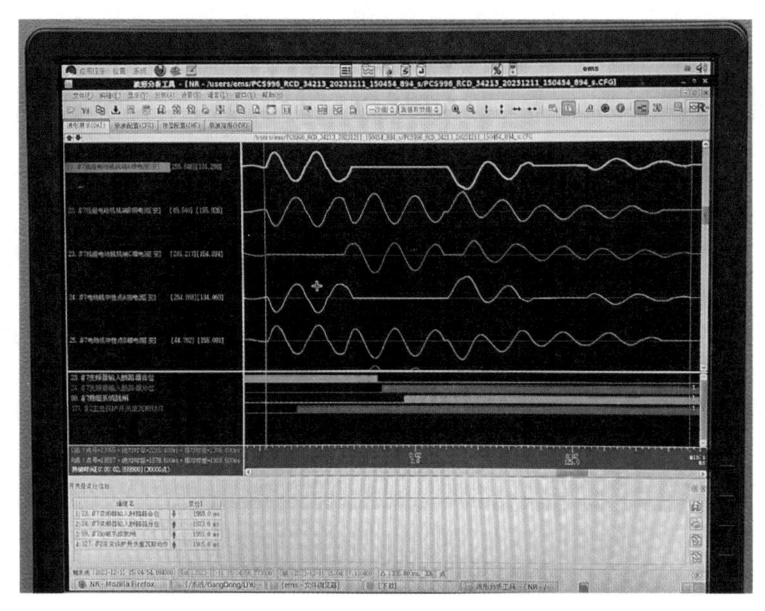

图 4-12　三相电流实时监控数据

90.2.1　本次事故不应是由外界电流波动所致

7 号机组现场运行发生爆炸时，正处于 8 号机组刚刚进行开机调试，电流监控显示，8 号机组启动时会对正在运行的 7 号机组电流造成一定影响。经过对监控电流分析，8 号机组启动造成的电流波动值不大，并且电流监控显示 7 号机组之前也有一次电流波动，其波动值比 8 号机组启动造成的电流波动值更大，可推断其他机组开机不是造成电容器爆炸的原因。

90.2.2　电容器受变频器高次谐波影响是造成爆炸的主要原因

过电压吸收装置常规配置是带有串联电阻（一般为 100 Ω），电容器串接电阻电流计算公式为：

$$I_{串} = \frac{U}{Z} = \frac{U}{R + \frac{1}{wC}J} = \frac{U}{\sqrt{R^2 + \left(\frac{1}{2 \times 3.14fC}\right)^2}} \tag{4-1}$$

电容器不串接电阻电流计算公式为：

$$I_{不串} = \frac{U}{Z} = U \times 2 \times 3.14fC \tag{4-2}$$

式中：f 为变频器输入频率；R 为串接电阻阻值；C 为电容器电容值；U 为电容器电压。

电容器热量计算公式为：

$$Q = IUt \tag{4-3}$$

式中：I 为电容器电流；U 为电容器电压。

通过上述公式，结合 FFM11－0.4－3W 电容器的技术说明可计算电容器的额定容量为：

$$Q_m = C \times 2 \times 3.14fUU = 0.4 \times 0.314 \times 11 \times 11 = 15.197\,6(\text{kVA})$$

电容器额定电流为 $Q_m/(3U) = 15.197\,6/(3 \times 6.35) = 0.797\,8(\text{A})$

电容器极限耐受热量为12倍额定电容电流(涌流电流)(9.48 A)。根据上述公式对现场进行模拟计算,见表4-1。

表4-1

频率/Hz	线电压/V	$I_{串}$/A	$I_{不串}$/A	$Q_{串}$/kW	$Q_{不串}$/kW	说明
33	6 600	0.547 09	0.547 11	1.203 608 6	1.203 649 9	
50	10 000	0.725 094 7	0.725 151 9	4.18	4.186 667	
330	6 600	3.147 964 4	3.158 776 18	11.995 4	12.036 499	假设变频器输出全由高次谐波组成
1 000	6 600	9.283 582 3	9.572 005 6	35.375 2	36.474 24	
4 000	6 600	27.008 8	38.288 022	102.917 43	145.896 96	

通过上述分析计算可以得出以下结论:

(1)频率越高,电容器涌流越大,当频率超过1 000 Hz时电容器电流计算值约为9.572 A,已超过电容器电容的极限耐受电流,如果周边散热条件差的话,可能耐受的频率会更低。

(2)串电阻情况下,频率越高,对电流限制效果越明显,串电阻有利于抑制高频对电容的影响。

综上所述,可以得出电容器受变频器高次谐波影响较大,应为本次爆炸的主要因素,而造成本次爆炸的次要因素是没有串接用以抑制高次谐波的电阻。

90.3 措施

经核实,珠江三角洲水资源配置工程在主引出线处配置了过电压保护装置,布置位置如图4-13所示。

90.3.1 设计及选型依据

该电容器布置基于合同要求和《交流电气装置的过电压保护和绝缘配合设计规范》(GB/T 50064—2014)。

(1)合同中要求。P76(16)主引出线和中性点引出线、电流互感器、过电压保护装置、全部中性点设备及中性点柜(其长度、引出高程、方位及电缆的连接等由投标人根据招标图纸初步提出,最终在设计联络会确定)。

(2)相关规范要求。《交流电气装置的过电压保护和绝缘配合设计规范》(GB/T 50064—2014)中第4.2.9相关规定如下:当采用真空断路器或采用截流值较高的少油断路器开断高压感应电机时,宜在断路器与电动机之间装设旋转电机用MOA或能耗极低的R-C阻容吸收装置。

90.3.2 鲤鱼洲选型说明

基于上述要求,鲤鱼洲泵站在电动机主引出线端设置了过电压保护装置(见图4-13)。

过电压保护装置采用RC阻容吸收装置形式,主要由电阻电容组成,通过电容的充放电和电阻的能量消耗来吸收和消耗电路接通断开时感性负载产生的自感电动势,具体表

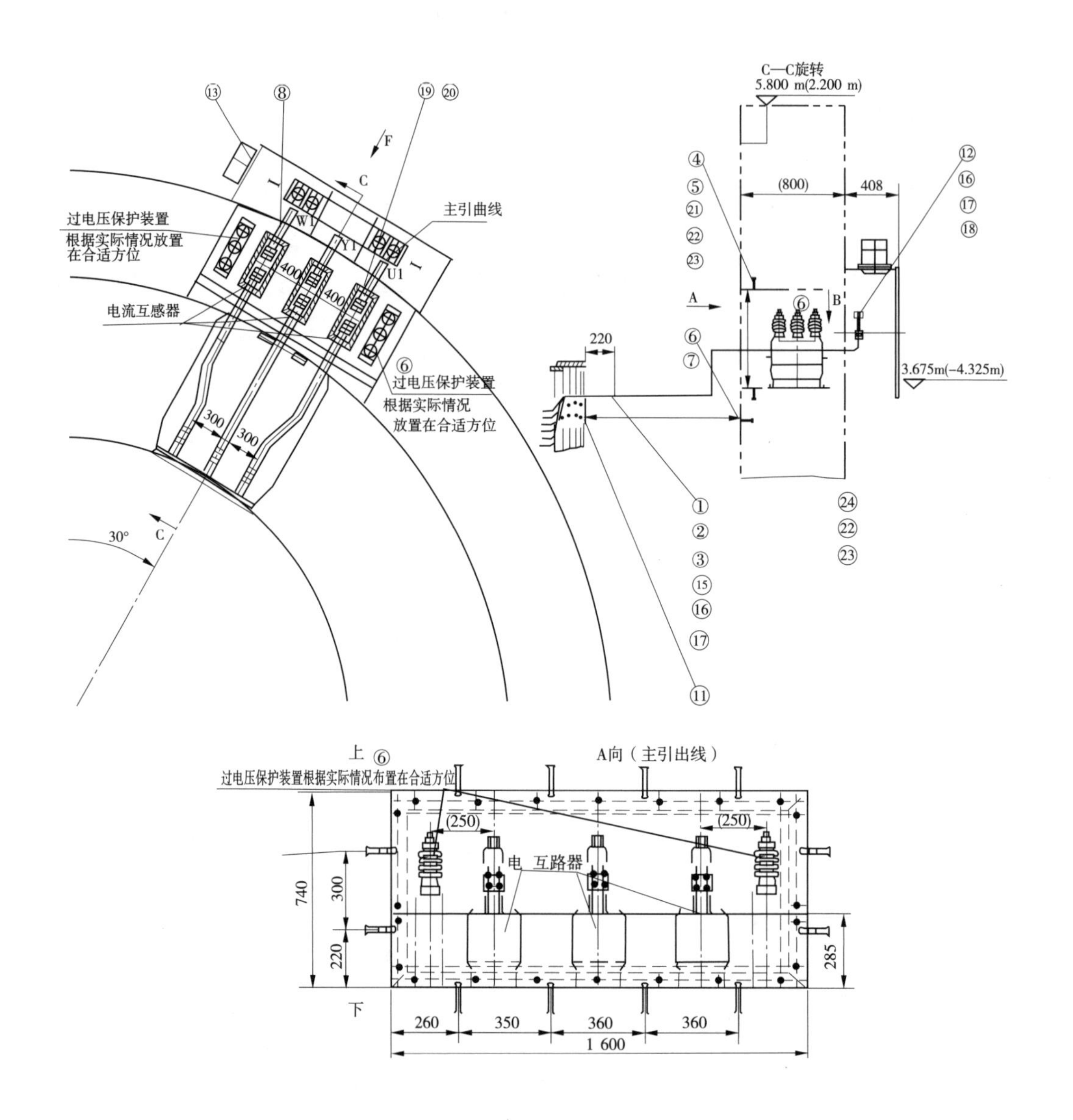

技术说明：1. 现场安装时，导电排连接处绝缘处理方式，先半叠包序号 27 九层，再半叠包序号 28 一层，最后刷胶黏剂一次；

2. 现场安装 CT 时，根据导电排调整 CT 位置后，再固定。

图 4-13　过电压保护装置布置位置

现为电容在一定的交流信号频率下产生的容抗来限制最大工作电流，电阻通过自身的电阻消耗电容存储能量。由于电容具有隔直通交的特性，它可以通过电压变化进行能量的存储和释放，在此过程中产生的容抗就可以起到限流作用，可以有效抑制高压操作瞬间产生的电压振荡和冲击电流，使高频振荡冲击电流迅速衰减，降低对设备的冲击影响，还具有一定的抑制谐振和消除谐波的功能。

90.3.2.1 设计选型

按相关要求,并综合电机的运行情况:最高频率(不大于50 Hz),机端额定电压(10 kV),电机可工频运行,也可以通过变频器运行(运行频率25~55 Hz),上电选择了通用型过电压吸收器GS10,GS10主要性能及参数见表4-2、图4-14。

表4-2 GS10主要性能及参数对比

产品型号	电压/kV	频率/Hz	相电容/μF	相电阻/Ω	相数	接法(星接)	电阻串接方式
GS10-0.4/100	10	50	0.4	100	3	中性点接壳	外串

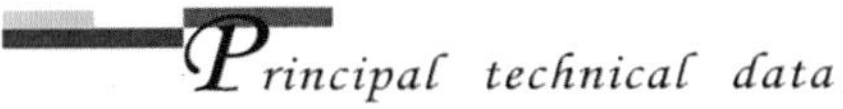

以下尺寸、重量仅供参考,可根据实际需要作相应修改。

The following dimension and weight is just for reference,it may be modified according to your requirements.

型号 Type	额定电压 Rated voltage (kV)	额定电容 Rated capacitance (μF)	尺寸 Dimensions(mm) L	B	h	H	F	h_1	L_1	L_2	重量 Weight(Kg)
GS6-0.15/200	6	0.15	380	110	183	333	140	0	420	450	16.5
GS10-0.4/100	10	0.4	435	120	240	435	160	120	485	519	20.4
GS6-0.1/200N	6	0.1	380	110	183	326	140	0	420	450	12.3
GS6-0.15/200	6	0.15	380	110	173	398	140	0	420	450	12.7

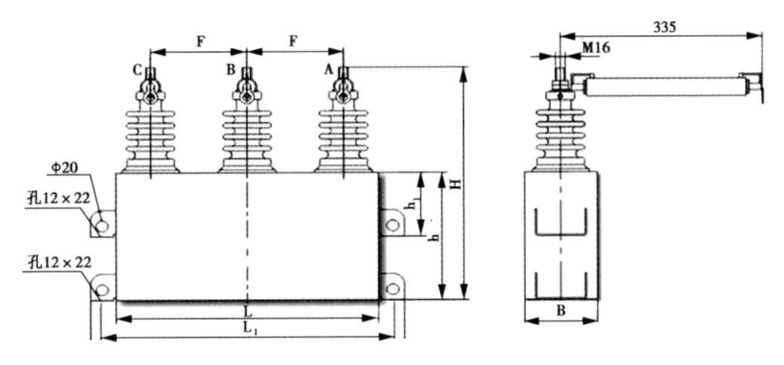

图4-14 GS10主要外参数及外形尺寸

90.3.2.2 实际布置的调整

由于受当时疫情等因素的影响,电容器的供货商发生了变更,型号由GS10变更为FFM11-0.4-3W。

两种电容器主要性能参数对比见表4-3。

表4-3 两种电容器主要性能参数对比

型号	GS10	FFM11-0.4-3W
系统额定电压/kV	10	11
最高工作电压/kV	11	12
额定电流/A	0.73	0.8
额定电容值/μF	0.4	0.4
损耗角正切值	0.001	0.000 2
稳态过电流倍速	1.3	1.3
是否外串电阻	是	否

综上,就电容器本身而言, FFM11-0.4-3W与GS10性能参数基本相同,但FFM11-0.4-3W不附带100 Ω电阻。

90. 3. 2. 3　FFM11-0. 4-3W 型电阻技术及参数说明

鲤鱼洲泵站过电压保护装置由西安青洲电力电容器有限公司提供，其外形及现场布置如图 4-15 所示。

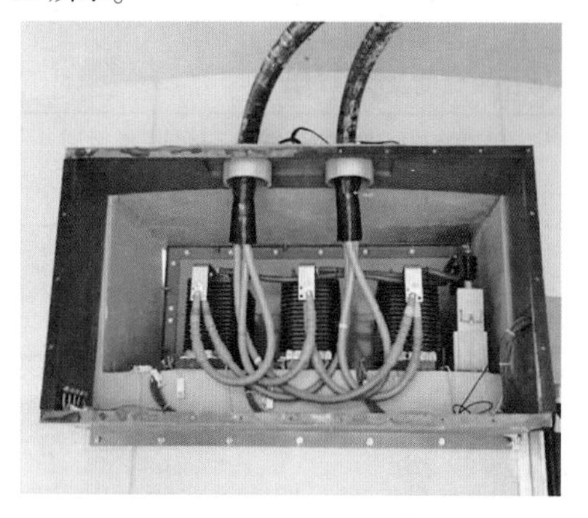

图 4-15　鲤鱼洲泵站过电压保护装置

机组系统如图 4-16 所示。

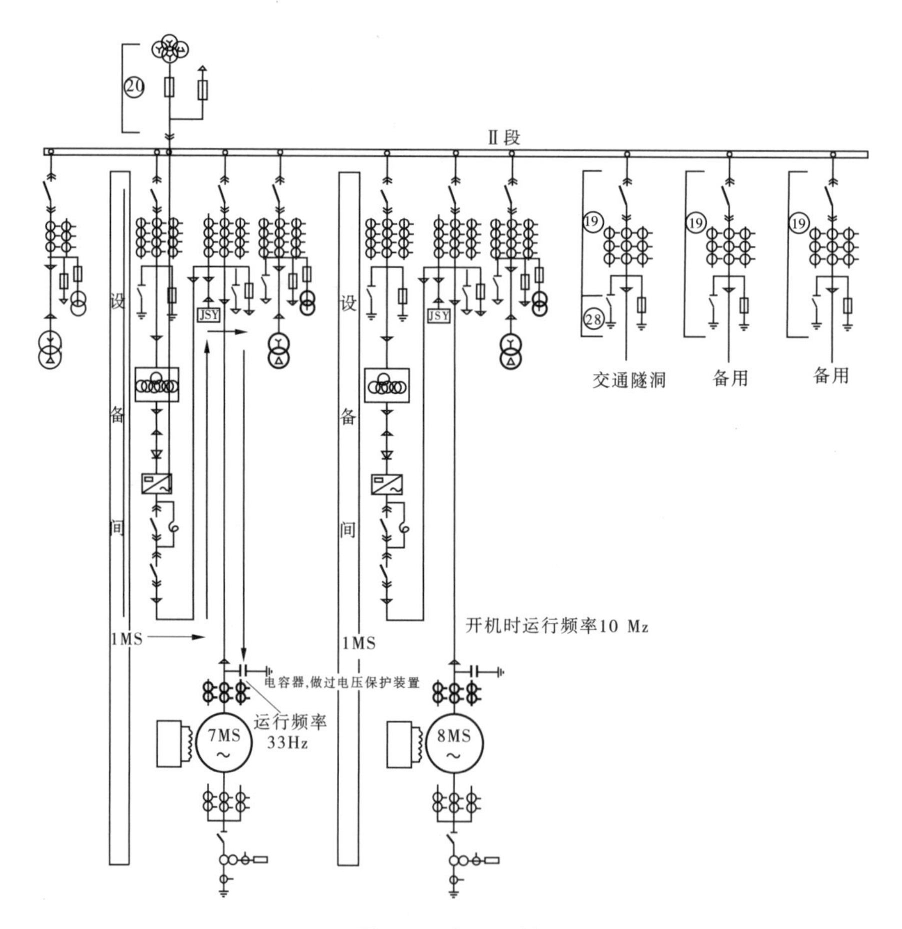

图 4-16　机组系统

90.4 经验总结

（1）一般来说，变频器的保护措施中都包含有过电压保护，电机侧接受变频器的供电，常规运行中不存在过电压的情况，可以将电动机主出线段的过电压保护装置拆除，继续进行现场调试，不影响调试使用。

（2）通过式（4-1）~式（4-3）可以得出，前端带有变频器的电机不宜加设阻容吸收器作为过电压保护措施，考虑到本电机需旁路工频运行，后续建议将阻容吸收器换为避雷器，如果主线路有充足的保护措施，亦可不在电机进线端设置过电压保护装置。

91. 解决电缆廊道基础沉降的措施

91.1 背景

鲤鱼洲泵站厂房与变电站之间布置有地下电缆廊道，廊道总长度 56.35 m，分 4 节，每节之间设置结构缝并设有止水铜片，电缆廊道断面内尺寸 4 m×3 m，顶板、底板及侧墙厚度分别为 0.5 m、0.8 m、0.6 m。靠厂房侧 3 节廊道位于厂房开挖回填基础上，靠变电站侧位于原状土上，回填土为厂房开挖的泥质粉砂岩全强风化料，压实度不小于 0.93，廊道底部增加厚 2 m 掺 6%水泥碎石屑换填。厂房基础位于弱风化基岩，变电站基础采用预应力管桩，廊道上部为厂区，仅有 0.6 m 回填土，厂区道路从上部穿过。廊道内布置有浇筑母线及电缆。

电缆廊道平面布置如图 4-17 所示。

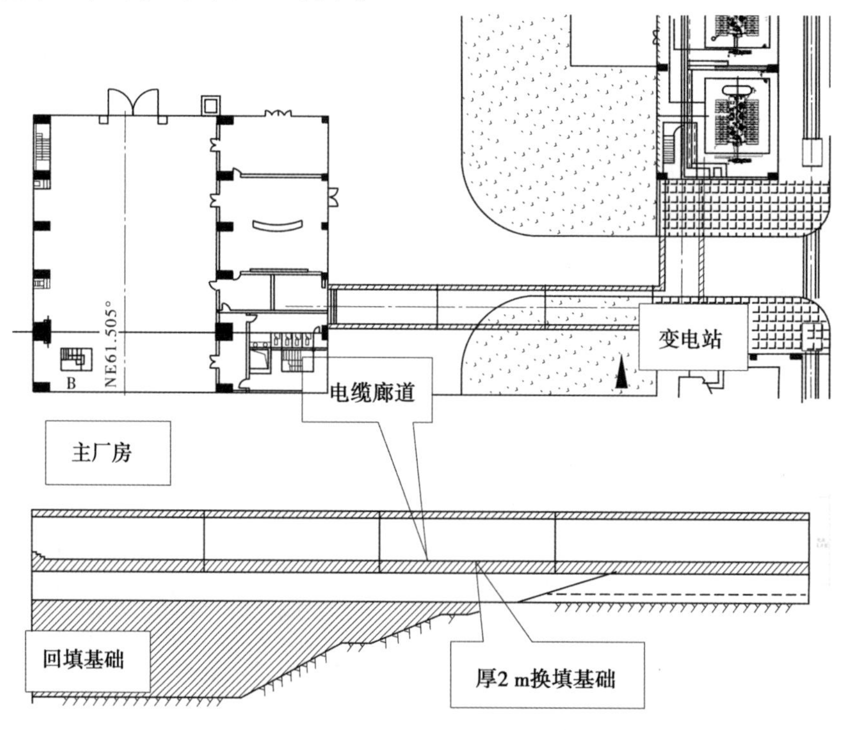

图 4-17　电缆廊道平面布置图

施工后廊道内部情况如图 4-18 所示。

电缆廊道结构施工后，两侧及顶部还未进行土方回填，内部浇筑母线和电缆已安装完成，其间出现廊道基础下沉导致结构缝错开，主要是靠厂房侧结构缝，影响廊道内浇筑母线使用，其间对安装浇筑母线拉杆螺栓进行调整，以适应基础不均匀沉降影响。廊道结构缝沉降如图 4-19 所示。

为了防止地下廊道继续沉降，并保障廊道内浇筑母线及电缆安全，考虑对廊道进行基

图 4-18　施工后廊道内部情况

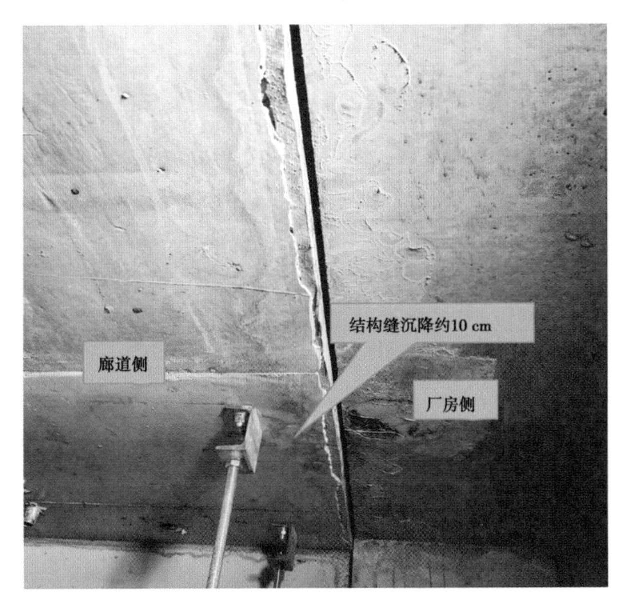

图 4-19　廊道结构缝沉降

础加固处理。

91.2　措施

(1)采用千斤顶对沉降廊道进行顶托恢复至设计高程。

(2)在地下廊道两侧设置灌注桩及梁柱结构,对廊道进行托举,同时箱涵底部脱空部位采用回填灌浆,厚 2 m 换填基础以下采用袖阀管注浆进行基础充填。

廊道加固布置如图 4-20 所示。

91.3　经验总结

加固完成后廊道基础稳固,未出现基础沉降,保证功能正常及安全运行。

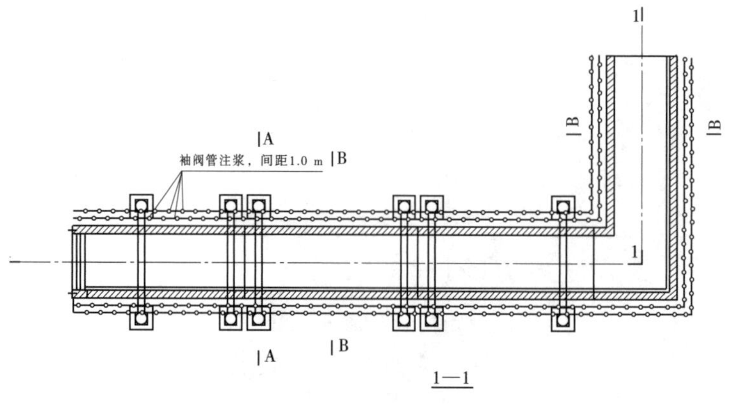

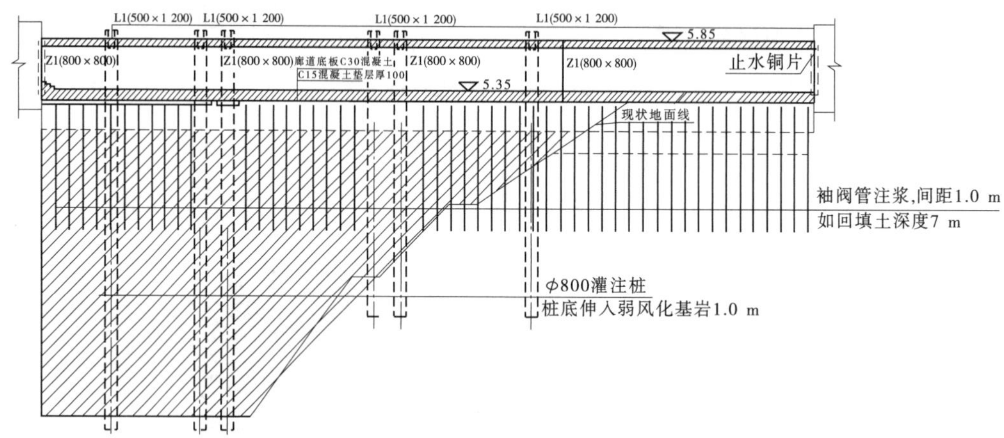

安装部至变电站电缆廊道平面布置图

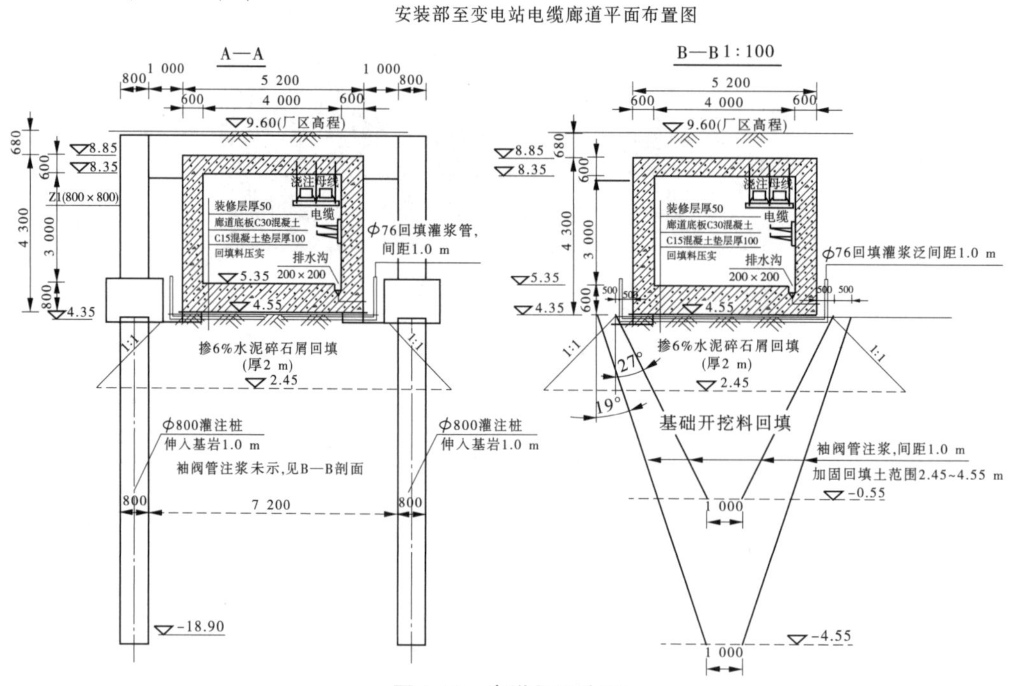

图 4-20　廊道加固布置

92. 防止工作井大跨度预制横梁安装期间滑落

92.1 背景

工作井沿高度方向从下到上包括底板、设备检修、操作层及屋面层等。屋面采用UHPC型钢组合结构结合免拆模板、现浇钢筋混凝土楼板的方案。UHPC130型钢组合梁共14条,简支支撑于立柱顶端的环梁之上。工作井UHPC型钢组合梁吊装就位后,在无任何人为扰动的情况下发生侧翻滑落(见图4-21)。

图4-21 工作井上部结构屋面预制梁侧翻

92.2 措施

92.2.1 梁端增设型钢三角支撑

梁片安装到位后,在梁身两侧安装三角支撑用于固定单片梁,三脚架使用14b型槽钢制成,三脚支撑底脚使用M20螺栓固定(见图4-22)。

92.2.2 增设梁间横向连接

架设完成2片梁后,使用门型架将相邻两片梁相互拉结,形成整体,减小横向倾覆的风险。门型架设计构造:架体均采用14b型槽钢,门架竖直段长度为1.7 m;水平段依据梁外间距进行调整,横向连接主龙骨(见图4-23),采用2根14b型槽钢对焊形成工字钢结构,为便于安装,水平段两端长度各增加10 mm;为提高牢固性,架顶连接节点增设斜撑,斜撑长度约0.4 m。

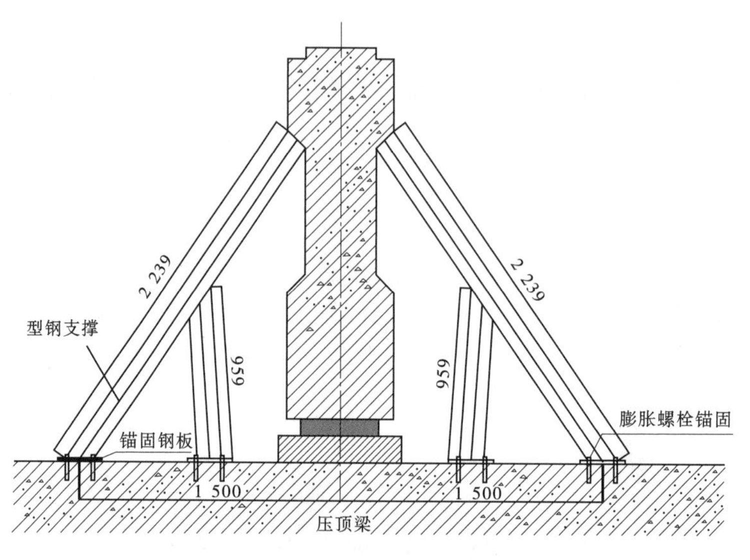

图 4-22　梁端三角支撑

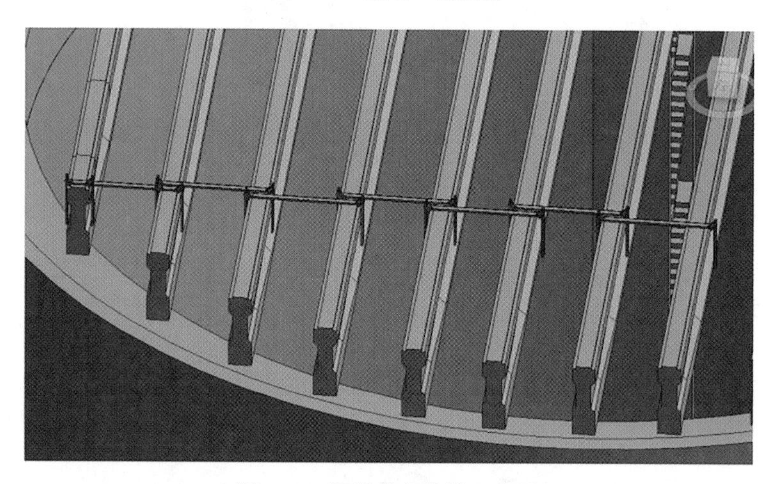

图 4-23　梁间横向连接示意图

92.2.3　工作井井口满挂安全平网

使用规格不低于 6×19(a)类、公称抗拉强度 1 670 MPa 不小于 10 mm 的纤维芯钢丝绳(最小破断拉力为 55.1 kN,单根最大承重约 5.6 t)作为安全平网铺设支承龙骨(见图 4-24),每百米参考质量约为 37.1 kg。采用 300 mm×300 mm×18 mm 钢板四角开孔,安装 M20 膨胀螺栓锚固,钢板上焊接吊耳,钢丝绳穿入吊耳后使用 2 个专用钢丝绳卡扣紧固,钢丝绳安全平网、边绳及系绳均选用阻燃型材质且均由不少于 3 股单绳制成。

92.3　经验总结

在对 UHPC 型钢组合梁加固措施进行优化完善后,单体梁以及梁间稳定性有明显提升,整体牢固可靠,在后续工作井 UHPC 型钢组合梁吊装过程中未发生梁体侧倾滑落等情况。

图 4-24　工作井井口安全平网布置

93. 防止钢管内衬混凝土浇筑发生变形

93.1　背景

盾构隧洞成型后管片内径为 5 400 mm，贯通后洞内安装 DN4800 钢管内衬（Q355C，壁厚 22 mm），钢管外设加劲环，环高 120 mm、宽 24 mm。盾构管片内上部 240°设新型复合排水板，排水板厚 15 mm，排水板与钢管内衬间设 C30 自密实混凝土进行填充（见图 4-25），单节钢管设计长 12 m，在工厂内加工成型，运至现场安装。盾构段隧洞坡度 0.05%。

因浇筑混凝土时瞬时压力过大，浇筑过程中排气不畅或排气量不足易造成钢管变形（见图 4-26）。

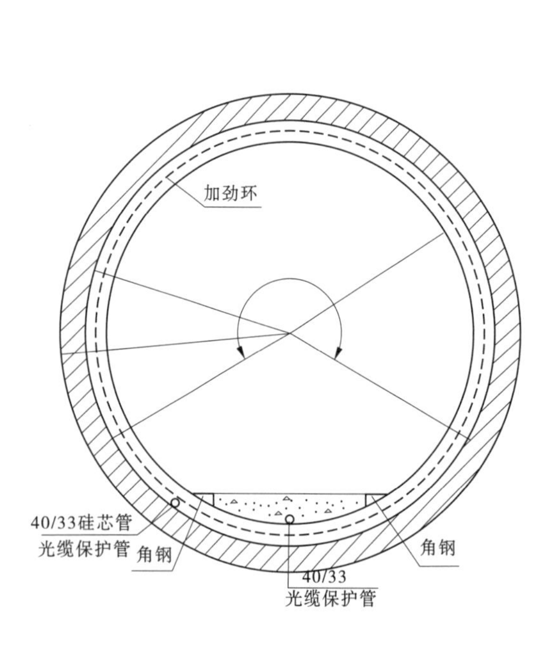

图 4-25　盾构隧洞设计图纸

图 4-26　变形照片

93.2　措施

对原有变形部位进行精准测量割除，补焊原材质钢板。首先对舱内应力进行释放，测量定位后割除变形部位；再对原材质钢板精准测量，在加工厂加工完成，并做防腐处理；最后补焊原材质钢板，对焊接部位做好防腐工作（见图 4-27）。处理完成后经检测应满足设计要求。

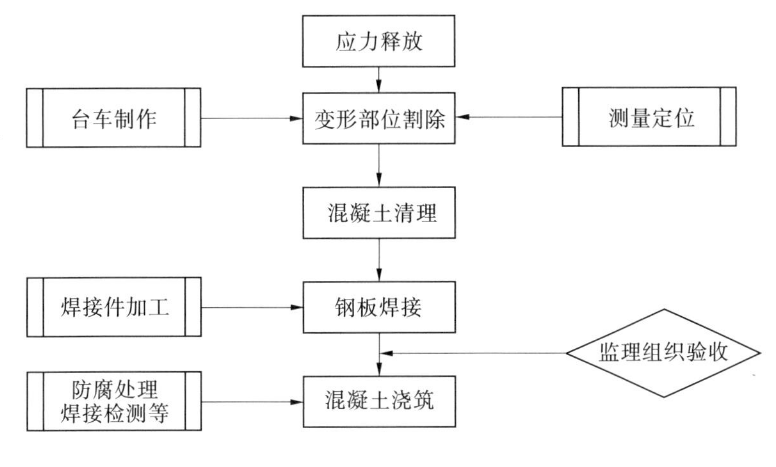

图 4-27 补焊施工工序

93.2.1 应力释放

应力造成压力钢管变形，以释放大部分的应力，为确保安全，先缓慢打开更换部位各浇筑孔，对剩余小部分应力产生的高压进行释放。

93.2.2 变形部位割除

制作简易台车，台车兼有操作平台、钢板运输、切割卸板、焊接压缝等功能；割除部位充分考虑受力要求，避开受力最大部位；结合后续的焊接质量要求，切割时充分考虑纵缝的设置，每块钢板错缝处理；切除工艺采用碳弧气爆，切割时按规范要求预留坡口。

93.2.3 混凝土清理

局部混凝土清理结合切割工序进行。切割完成后进行大面积混凝土清理工作，采用电镐组织实施。四周深入未切割钢管内部 20~30 cm。

93.2.4 钢板焊接

根据原对接缝、纵向分缝等合理规划形状各异的钢板，在加工场制作完成，并做好表面防腐措施；制作过程中充分考虑焊接加强环对弧形构件的受热影响，保证成型构件与现场实际尺寸相匹配；焊接过程中充分考虑升温应力对钢构件的影响，先焊接环向缝，再焊接纵向缝；因增加焊缝，为防止后期渗水及氧化环境对钢管造成影响，焊缝两侧增设牺牲阳极。

93.2.5 混凝土浇筑

为避免混凝土灌注对更换部位钢结构产生影响，焊接之前加设一层 ϕ 10@ 200 mm 的钢筋网，并在加强环上焊接 ϕ 12 的螺纹钢，间距 200 mm；浇筑过程中下部增设支撑体系，防止变形，并在浇筑孔增设排气孔。

93.3 经验总结

(1) 切割及凿除过程中应保护好硅芯管。

(2)碳弧气爆技术满足切割要求,气保焊技术满足焊接要求。

(3)作业人员应进行专门培训,符合工艺要求。

(4)合理组织自密实混凝土浇筑,重点控制入仓压力。

(5)在浇筑孔位置增加排气管引导仓内气体排放,确保浇筑过程中仓内处于常压状态,后期作为灌浆孔使用。

94. 防止电缆桥架变形

94.1 背景

高新沙泵站于 2023 年 7 月进入机电安装高峰期,8 月初施工单位已经完成了大部分电缆夹层的电缆敷设工作。经现场巡查,发现部分电缆桥架出现了明显变形。

94.1.1 支撑托臂强度不足

现场发现部分托臂变形严重(见图 4-28),强度不满足要求。此处桥架为 800 mm 宽,按规范计算,应具备承担 9 根电缆的能力。电缆桥架仅敷设 4 根电缆就出现了严重的变形,托臂发生侧弯。

图 4-28 电缆桥架变形

94.1.2 竖井底部受力密集

高新沙泵站电缆竖井,桥架由 2.00 m 高程延伸至-5.7 m 高程,底部受力比较集中,造成横向电缆桥架较大的形变(见图 4-29)。

图 4-29 竖井底部桥架变形

94.1.3　**拖拽电缆**

现场敷设电缆时常有大力拖拽，不仅造成了电缆护套的损坏，也造成上层电缆桥架托臂形变。

94.1.4　**临时拆除支撑**

现场敷设电缆时，常常拆除电缆桥架的部分支撑结构（见图 4-30），造成临近支撑位置局部受力过大，出现形变。

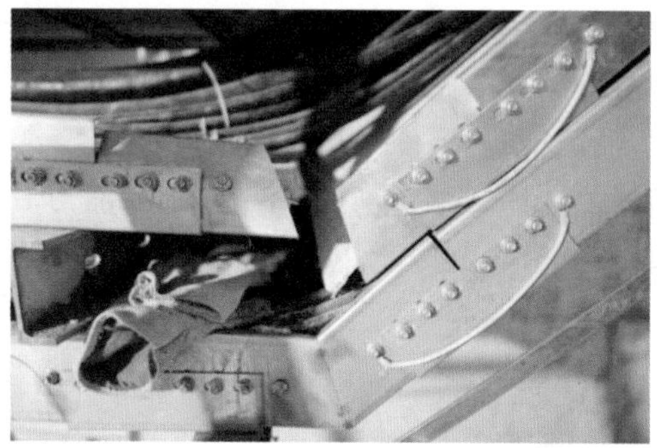

图 4-30　拆除支撑的电缆桥架

94.2　措施

对发生形变的电缆桥架进行了加固处理，处理方案如图 4-31 所示。加固采用的托臂等支撑件钢材厚度由原来的大于 2.5 mm 增加为大于 4.0 mm，新增的加固托臂使用了更牢固的立体结构（见图 4-32），不易弯折。

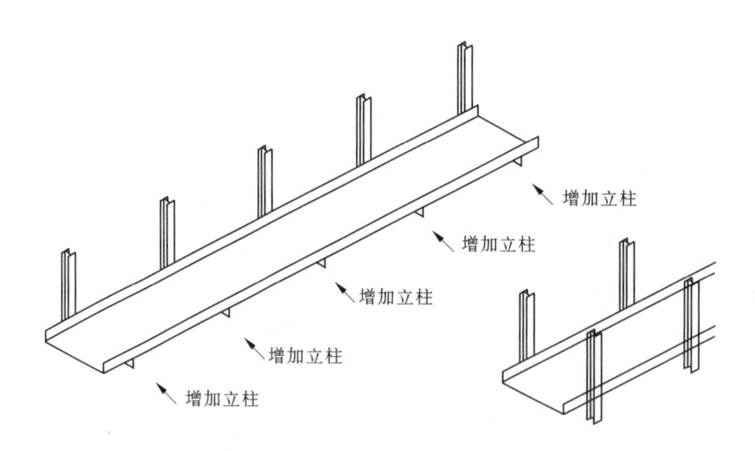

图 4-31　加固措施

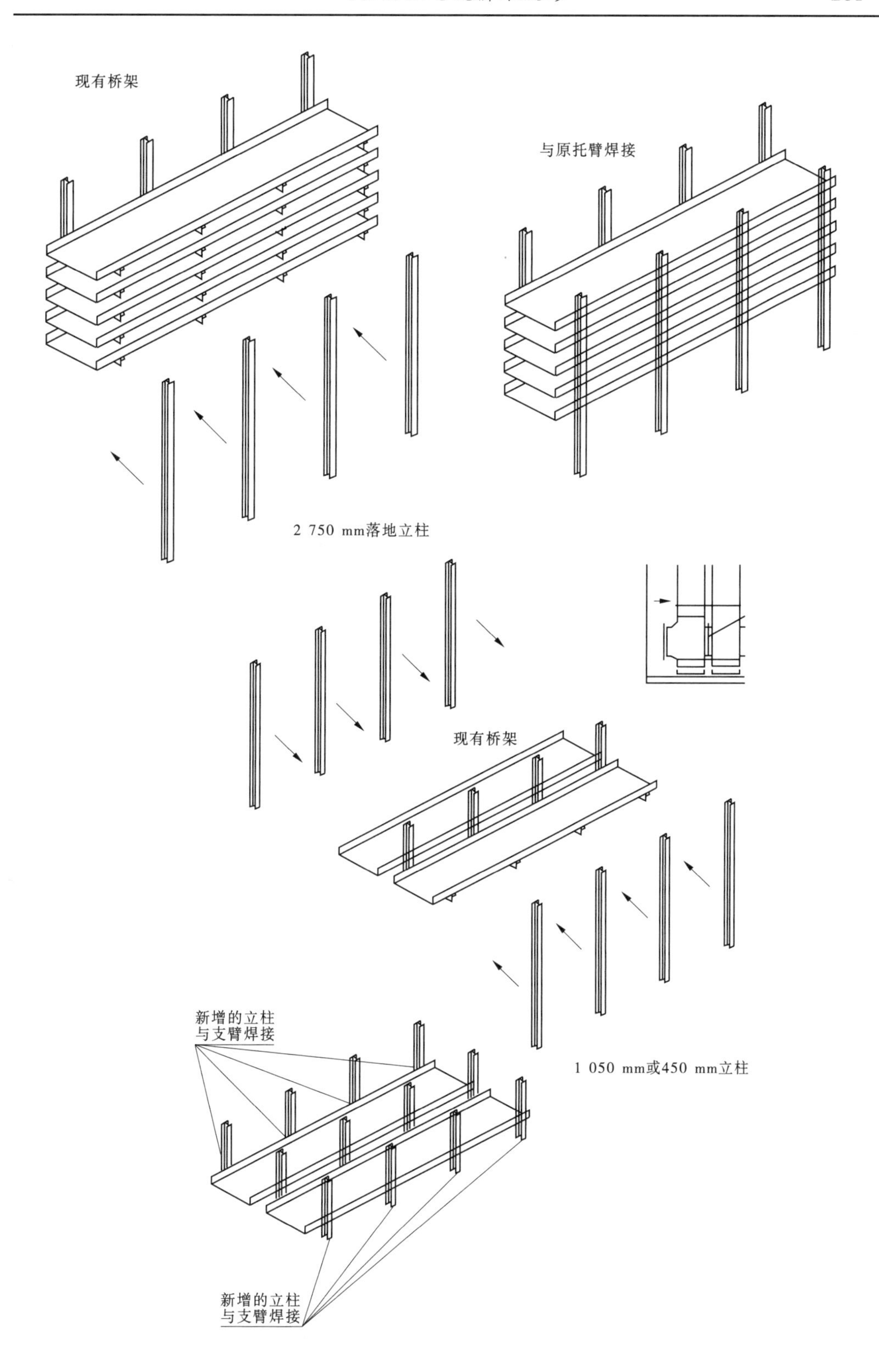

图 4-32 加固桥架新增立柱

(1)单侧支撑改为双侧支撑(见图 4-33)。

图 4-33　双侧支撑加固

(2)竖井段局部加强(见图 4-34)。

图 4-34　竖井段加固

94.3　经验总结

经过电缆桥架加固,电缆桥架压弯的情况得到有效解决。日后工程中应该注意如下事项:

(1)电缆桥架材质。本工程的电缆桥架采用了不锈钢材质,但是不锈钢材质与镀锌钢材相比,相同厚度的不锈钢强度低。设计过程中应根据实际情况适当提高对桥架所用钢材厚度、强度等要求。

(2)采购过程管控。电缆桥架属于乙供材料,3 座泵站所采购的电缆桥架质量参差不齐。应加强桥架材料采购管控,确保材料符合设计要求。

(3)施工过程管控。敷设电缆时有暴力拖拽的情况,电缆保护层和上层电缆桥架的托臂摩擦,出现电缆外皮破损及托臂变形。这种情况除加强现场管理外,考虑增加电缆桥架层间距方便敷设电缆。

95. 防止出水管法兰变形

95.1 背景

珠江三角洲水资源配置工程罗田泵站主水泵安装主要包括电机、电机座、泵盖、基础环、主轴、内外筒体、叶轮、导叶体的连接与安装，主水泵电机在厂内组装，电机的定子、转子和上、下机架轴承等均在制造厂安装定位完成，上导轴承瓦需到工地现场更换安装。

安装过程中吊装可抽部件，发现泵盖与排出弯头上端法兰面螺栓孔无法对接。初步利用手拉葫芦进行水平度调整，调整完成后再次试装，仍然无法对接。重新吊出可抽部件后，对排出弯头上端法兰面进行初步测量，发现其圆度及水平度局部变形。

95.2 措施

3 号、4 号泵组排出弯头拆除返厂返修，按照厂家新出的施工图进行安装及焊接。

步骤 1，安装基础环，排出弯头，点焊米字支撑。

(1)安装基础环和排除弯头至基础孔位置，地脚螺栓不预紧。

(2)将系盖安装在排除弯头内，并锁紧螺栓螺母。

(3)点焊泵出口米字支架。

步骤 2，安装并焊接出口管，焊接顺序为 C—A—B(见图 4-35)。

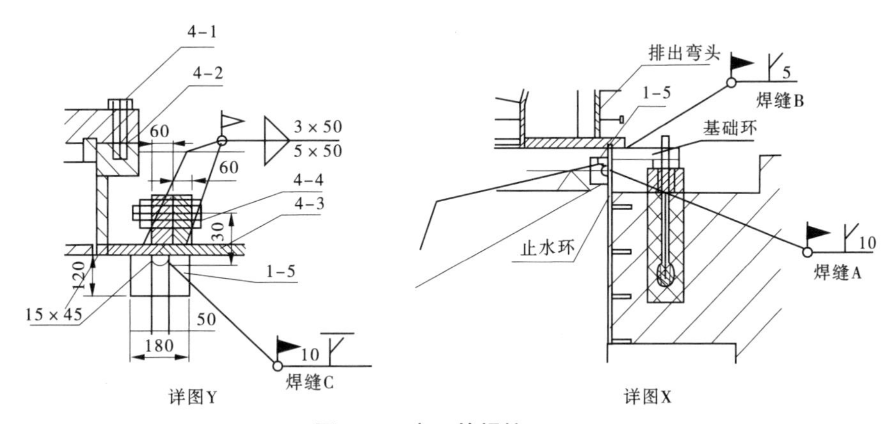

图 4-35　出口管焊接

(1)将出口扩散管与带颈法兰焊接焊缝 D，出口扩微管与 DN2200 直管焊接焊缝 E。

(2)出口管与泵出口法兰对齐，管道增加支架，注意不能将管道重力载荷作用在泵出口。

(3)锁紧出口法兰螺栓螺母，搭焊连接板固定。

(4)安装 4 组千分表分别在垂直方向 Z 和水平径向(X/Y)，千分表安装在基础上。焊接记录数据，焊接过程中监控变形情况。

（5）焊接焊缝 C，采用小电流、分段对称退焊等措施尽量减少热量输入，减小焊接应力。

（6）出口管端内焊接米字支撑 2，防止混凝土浇筑变形。

（7）预紧排出弯头与基础环连接螺栓，通过斜垫铁调平泵盖上基准面，纵横（ * X/±Y）方向水平度最大 0.15 mm/m，点焊斜垫铁，预紧地脚螺栓，搭焊连接板固定。

（8）先焊接止水环焊缝 A，同时监控垂直方向 Z 千分表、泵盖水平度，再焊接基础环焊缝 B。

95.3 经验总结

（1）法兰盘的厚度务必满足规范要求。

（2）设备与管道连接方式需合理优化，焊接过程注重应力释放，同时优化连接加劲板数量，满足实际焊接需求。

（3）确保施工人员焊接技术满足焊接要求。

（4）施工人员、设备应满足工序要求。

（5）严格控制焊接电流，减少焊接应力。

（6）记录好焊接数据，焊接过程中监控变形情况。

96. 防止混凝土中埋设硅芯管堵塞

96.1 背景

隧洞内设置 4 根硅芯管(光缆保护管),2 根 ϕ 50/41 mm 硅芯管沿隧洞线路左右对称设置在底部行车道,中心距 200 mm,距行车道顶部 250 mm,底部行车道硅芯管随内衬混凝土浇筑敷设,每 150 m 设一个手井;2 根 ϕ 40/33 mm 硅芯管沿轴线分别布置在隧洞腰部管片表面(呈 120°左右对称),腰部两根硅芯管需一次性铺设到位(见图 4-36 ~ 图 4-38)。行车道硅芯管在后期检查试通过程中发现很多堵点,导致光缆无法顺利敷设。

图 4-36 行车道硅芯管敷设

图 4-37 边墙硅芯管敷设

96.2 措施

行车道硅芯管敷设在混凝土内,浇筑过程中混凝土自重、热胀冷缩挤压等导致硅芯管弯曲变形,光缆无法顺利穿入。此情形发生后,不得不采用明敷、增设手井等措施,以保证硅芯管整体连通,但增加了防水措施。

边墙位置管线在内衬浇筑过程中采用不锈钢线槽对管线进行保护,避免在浇筑过程中被破坏。

96.3 经验总结

通过上述措施,确保了珠江三角洲水资源配置工程隧洞硅芯管畅通。

本工程硅芯管敷设的经验表明,在混凝土中敷设硅芯管应从设计和施工两个方面考虑,采用相应的措施避免硅芯管变形。

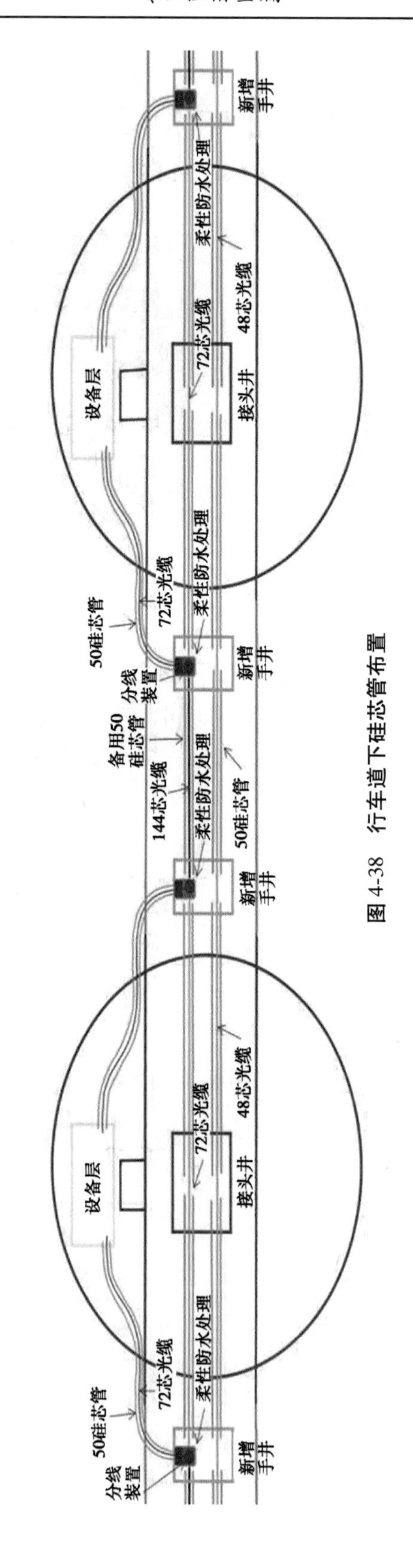

图 4-38　行车道下硅芯管布置

97. 工作井检修排水管法兰密封漏水处理

97.1 背景

2023 年 12 月 17 日高新沙泵站至沙溪高位水池段(干线)首次充水过程中,GZ19#工作井(工作井内壁直径 30 m,井深约 54 m)底部与干线流道出口钢管连接法兰处漏水(与流道出口第一道阀门设备连接,见图 4-39、图 4-40),管路法兰为 DN800 不锈钢钢管,管路中心线安装高程-50. 51 m(地面高程 3. 00 m),此处空间位置有限,采用橡胶密封垫止水,该处法兰组合缝漏水段长约 20 cm,管道内水压约 0. 15 MPa,泵站后干线已充水约 46 万 m^3,此处漏水量 5~10 m^3/h,隧洞水位随持续充水而上升,最终压力将达到 1. 0 MPa 左右,漏水量也将增大,无法满足高新沙泵组启动必要条件,可能发生水淹工作井风险。经综合研判,立即采取措施暂停高新沙泵站后至沙溪高位水池段首次充水,计划采取隧洞排水,更换法兰密封垫方案。

图 4-39 工作井结构布置

图 4-40 设备漏水位置

97.2　措施

现场采取预紧法兰连接螺栓方式处理,效果不佳,漏水量有增大趋势,高新沙泵站干线已充水约 46 万 m^3,要进行排空处理,对水资源浪费大,周期约需要 15 天,不能满足现场需求。根据现场实际情况,提出利用专业人员潜水至钢管内,采用气囊阻断的方式(简称潜水气囊封堵处理方式),将钢管内水流阻断,进行该法兰组合缝密封垫更换。

12 月 18 日,由专业潜水人员(1 名)携带潜水设备、配套水下切割设备等,通过干线 DN1200 通气管道潜水至检修排水钢管内,采用 DN1000 气囊充气方式,气囊压力约 0.15 MPa,对钢管进水侧水流进行阻断,经现场检验,钢管内水流完全阻断,具备更换密封垫条件,在钢管外侧完成法兰密封垫更换后,再进行气囊排气,恢复充水条件,现场处理周期 1 天。

97.3　成效

现场采用潜水气囊封堵处理方式进行该处漏水处理,效果良好,法兰无渗漏,处理周期短,避免引水钢管排水约 46 万 m^3,为高新沙泵站至沙溪高位水池段充水及后续试验节约宝贵时间。

98. 解决高新沙泵站基坑支护结构立柱与机组矛盾的有效措施

98.1 背景

高新沙泵站基坑支护结构外尺寸为92.0 m×48.5 m(长×宽),开挖深度25.5 m,采用地连墙+混凝土支撑支护结构,地连墙厚度1.0 m。支撑体系布置:基坑4个转角各设置3榀混凝土角支撑,中部设置6榀混凝土对撑,混凝土支撑共设6层。立柱采用钢管混凝土结构,中部设置3排,共18个,4个边角各设置3个。基坑周边地质条件为淤泥、淤泥质土、淤质砂层,地连墙、立柱嵌入弱风化岩层。

在土建施工阶段,根据蜗壳延伸段为直线段进行基坑支护立柱布置;由于机电设备标在基坑结构施工后进行,对高新沙泵站厂房综合布置进行局部调整,导致支护结构立柱的布置与蜗壳延伸段存在干涉;同时,进水钢管原设计分节方案与厂家加工钢管分节不一致,导致支护结构立柱的布置与机组进水管也存在干涉,具体位置如图4-41所示。泵站基坑支护立柱与部分机电设备布置存在以下问题:

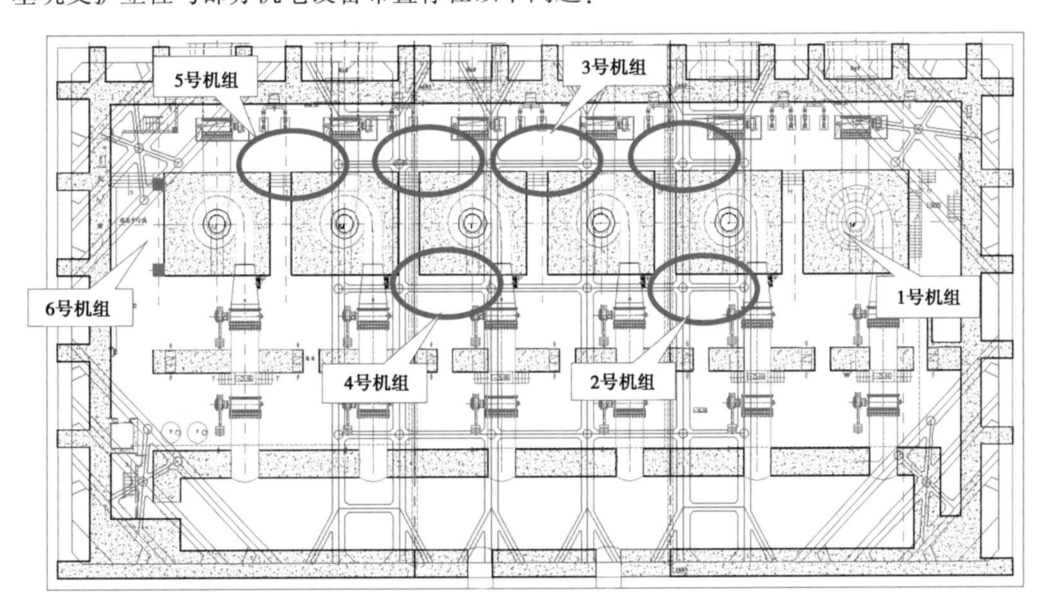

图4-41 立柱与部分机电设备干涉位置示意图

(1)立柱与2号、3号、4号和5号机进水管存在干涉。

(2)立柱与2号和4号机蜗壳延伸段存在干涉。

98.2 措施

项目法人开展了高新沙泵站基坑支护结构与机电设备安装干涉问题专题讨论会,经研究分析,采用立柱托换方案,无须拆分已经加工完成的钢管部件,但存在以下不利影响:①受已有混凝土支撑、连梁影响,托换梁截面尺寸较大,影响厂房楼板、蜗壳混凝土基础浇筑;②立柱和水平支撑体系共同承担基坑侧壁水土压力,托换工序复杂,施工风险高。

为保证基坑支护结构安全,考虑到立柱托换方案存在安全风险,最后确定对干涉部分已加工完成的钢管部件进行分割,分两期进行拼装,即与立柱干涉的钢管管节在立柱拆除后进行二期现场焊接拼装。

98.2.1　切割进水管

对 2 号、3 号、4 号和 5 号机进水管,在图 4-42 所示位置分割成两段,增加一道工地焊缝,对进水管焊缝位置预留二期混凝土浇筑。

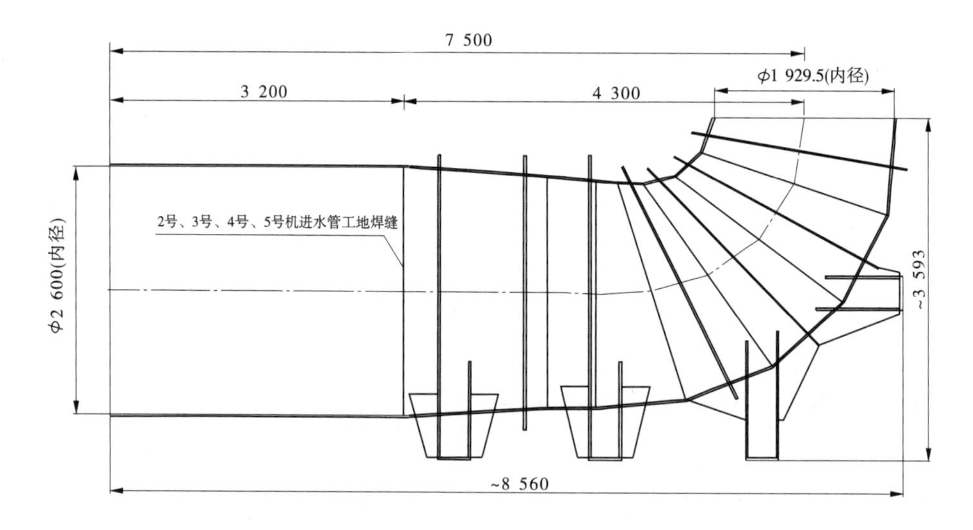

图 4-42　进水管切割位置示意图

98.2.2　切割蜗壳延伸段

对 2 号和 4 号机蜗壳延伸段,在图 4-43 所示位置分割成两段,增加一道工地焊缝,对蜗壳延伸段焊缝位置预留二期混凝土浇筑。如不影响运输安装,分割出的短管(长度 876.5 mm)可在设备加工厂内与蜗壳段焊接。

98.3　经验总结

(1)对影响先期施工土建部分的机电设备,在机电设备标招标阶段应明确机电设备的布置及尺寸要求,并与前期提供的设计资料保持一致,避免变更。

(2)在泵站的基坑设计中,当布置有立柱结构时,由于立柱通常是最后拆除的,需要考虑立柱与永久结构的相互位置关系,通过适当的调整,使立柱避开楼板的梁结构和泵站机组的蜗壳、进/出水钢管等结构,以满足永久结构的施工安装要求。

(3)在设计阶段,充分考虑影响永久建筑物以及机电安装的各种施工因素,加强与设备商、施工单位对设计和施工方案的沟通,避免钢管重新加工或蜗壳再安装。

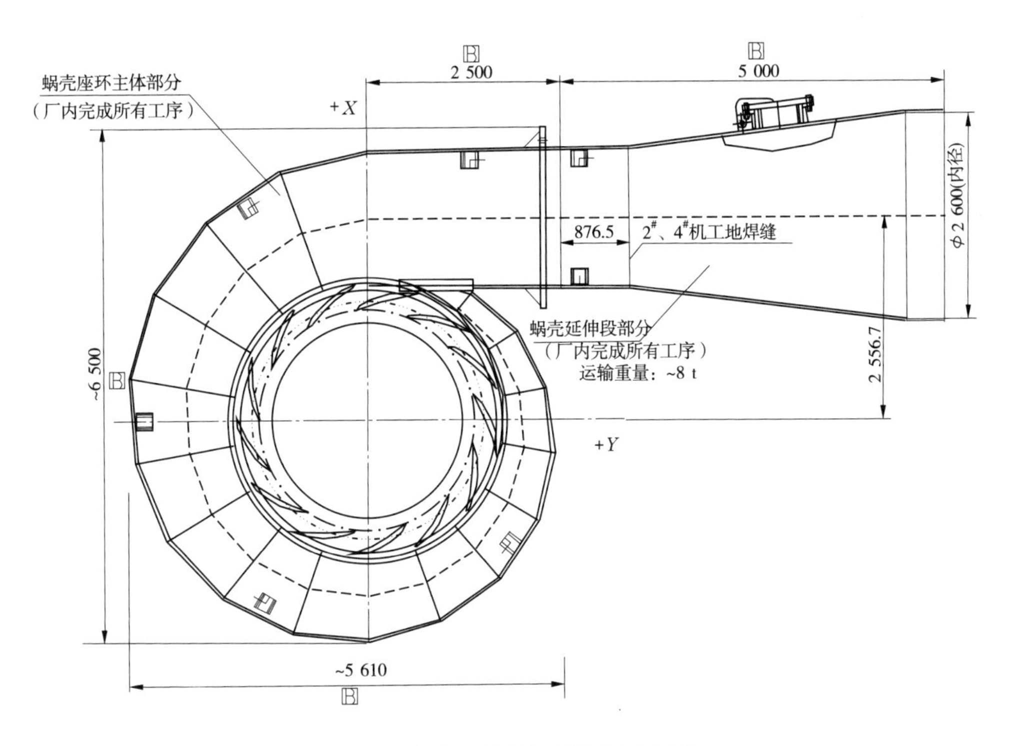

图 4-43 蜗壳延伸段切割位置示意图

99. 大埋深隧洞盾构始发移动式反力架应用

99.1　背景

珠江三角洲水资源配置工程南沙支线埋深 30 m 的盾构机采用移动式反力架。反力架主体固定在托架上,与托架间采用螺栓连接;使用移动式反力架掘进时,须在反力架卸力前移之前将盾构机筒体与托架焊接牢固。南沙支线盾构机始发过程中反力架卸力前移时,因盾构机前端水压突然增大、反力架与托架部分螺栓剪断、反力架与盾构机筒体焊接处受损,导致盾构机后退、密封帘布破坏。

99.2　措施

经过参建各方及盾构施工专家充分论证,采取回灌水平压(见图 4-44),从封闭外水通道(见图 4-45)、降低端头加固区水压、加固反力架受力部位等方面进行处置:

(1)通过外水注入,使井内水压平衡,避免井周建筑物或地表发生沉降变形。

(2)注入双液浆隔离盾构机与土体,在原地连墙部位施作混凝土灌注桩封堵泥沙。

(3)在灌注桩间、原端头加固区边缘施作 MJS 工法高压旋喷桩进行止水。

(4)在端头加固区、井周局部沉降区域施作 WSS 工法进行灌浆回填。

(5)加固反力架与托架间受力支撑,完善反力架与盾构机筒体焊接加固措施。

图 4-44　井内回灌平衡水压

事件发生后,参建各方及时按程序开展现场应急处置工作,并按处置方案实施了回灌反压、灌浆封闭,整体处置效果较好,工程质量和安全可控。

一是采用每小时 500 m^3 的“龙吸水”水泵向井内回灌水,内外水压力平衡,监测数据趋于稳定,最大限度降低工程损失和影响范围;距离井口 50 m 的河堤、100 m 的高速路桥墩无任何沉降变形。二是除进行了常规检测检验外,还通过间断抽排井内回灌水,检验灌

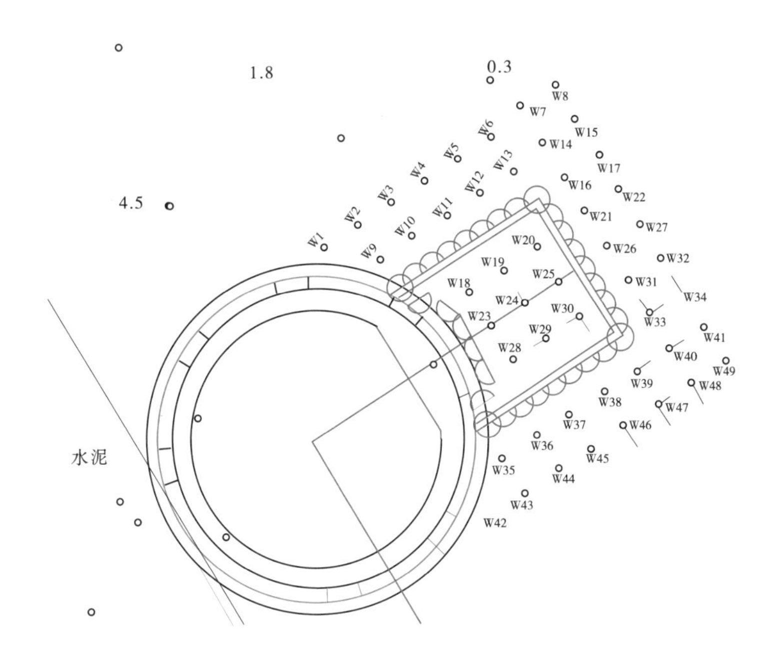

图 4-45　封闭外水通道

浆封闭外水效果;通过 3 天间断式排水检验,灌注桩封墙、MJS 止水、WSS 加固的多工法联合封堵措施可行。三是清理井底泥沙过程中,盾构机前端被双液浆和泥沙的混合物包裹较好,未渗入灌注桩水泥浆液,大大降低盾构机清理难度和时间。

99. 3　经验总结

(1)重视移动式反力架(见图 4-46)反力体系受力计算,在校核反力体系时,应结合外部水土压力加强临时反力体系的受力计算,考虑足够的安全系数。

图 4-46　移动式反力架

(2)对盾构施工风险进行全面辨识并制定有针对性的控制措施,对班组进行详细交底,关键部位责任落实到人,对重要的风险进行旁站监督。

（3）加强主要管理人员的执行力，严格按施工方案和技术交底落实，禁止依靠经验施工。

（4）严格交接班管控，做到无缝衔接，24 小时监督管理盾构施工；积极对接和使用盾构监控管理系统，充分利用信息化、智慧监管等手段，全方位监管盾构施工。

100. 制定预留孔规范

100.1 背景

大型输水工程泵站对预留孔的数量需求较多,在建筑物施工过程中易出现孔洞预留不足的问题。如在工作面已完成的情况下进行补开预留孔,将会破坏建筑美观,影响隔音,增加成本,甚至破坏建筑结构,如楼板、承重墙的开孔。为保证预留孔洞满足工程需求,项目法人在设计阶段就高度重视预留孔的合理性,组织不同专业共同对孔洞类型进行梳理;在实施阶段,针对预留孔与施工单位展开专题的图纸三方会审,确认开孔类型、位置和数量。

100.2 措施

100.2.1 梳理预留孔洞类型

预留孔洞一般可分为三类:一类是土建预留孔洞,如门窗、排气孔、混凝土风道;二类是各专业预留孔洞,如风管穿楼板及墙、电缆桥架穿楼板及墙、配电箱、消火栓、排气扇预留洞口等;三类是维修或更换设备所留的孔洞。二类孔洞尤其易出错漏,珠江三角洲水资源配置工程针对此类孔洞进行了细分与整理,如表 4-4 所示。

表 4-4 各专业所需预留孔洞

专业	混凝土预留孔洞	楼板预留孔洞	砖墙预留孔洞
电气一次	电缆孔,照明箱、动力箱的嵌装开孔	电缆孔	电缆孔,照明箱、动力箱的嵌装开孔
电气二次	电缆孔、设备接线盒	电缆孔、设备接线盒、屏柜底部开孔、气体灭火管路开孔	电缆孔、设备接线盒、气体灭火泄压孔
暖通	混凝土风道	风管、冷媒管井、水管	风管、水管、排气扇
给排水	暗敷消火栓箱	穿楼板给排水套管	暗敷消火栓箱

100.2.2 制定预留孔洞的规范表达

机电设备安装预留孔洞的尺寸应比管线实际外径大,如风管需考虑法兰的尺寸,但不宜预留过大,后续封堵工作量大。项目法人为保持预留孔洞尺寸合理和布置精准,在孔洞的位置布局前,确定结构、建筑专业资料,再确定机电、给排水等专业设计方案;进行三维协同设计、综合管线复核及碰撞检测,避免出现孔洞集中、过密、交叉或位置不当,影响后续安装的美观、维修和保养操作。建筑施工图纸中表述的"孔洞尺寸"均默认为结构预留洞口的尺寸,不含装修面层,表达方式可参考图 4-47。

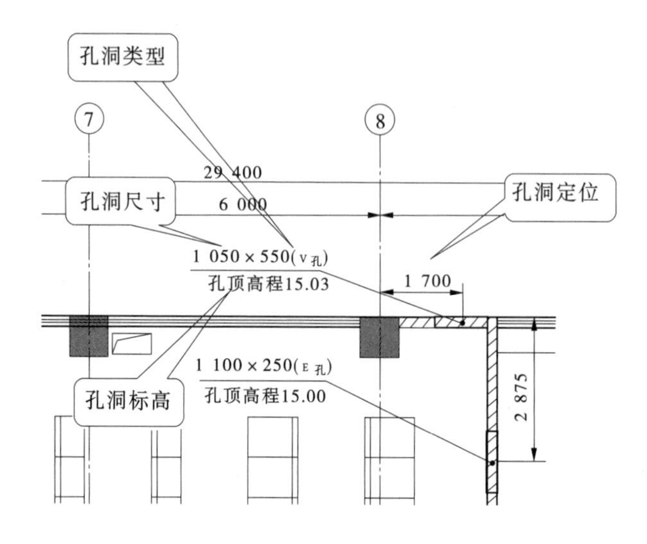

图 4-47　预留孔洞示例

100.2.3　实施阶段有效对接

设计人员应对图纸与土建技术人员进行充分的设计交底，明确孔洞预留的需求。严格把关施工过程，根据统一标准对墙、梁、板中的套管、洞等进行精确定位，以预留预埋。

100.3　成效

梳理适合本项目的预留孔类型，制定独有的设计规范，保持设计单位和施工单位的充分交流，使得预留孔洞设计与施工满足安装需求，确保设备、管道和电缆的顺利安装与维修。